高效养殖致富直通车

U0210494

高效养高产母猪

主　编　李顺才　郑心力
副主编　熊家军　李志刚
参　编　杜利强　李红强　李慧琪

机械工业出版社

本书以提高母猪生产力为核心，从猪场建筑与设备，高产母猪的营养与饲料，高产母猪的鉴定、选留与引种，优秀种公猪的培育与利用，优秀后备母猪的培育，高产母猪的发情与配种，高产母猪的妊娠与分娩，高产哺乳母猪的生产技术，高产空怀母猪的生产技术，哺乳仔猪的培育，提高母猪年繁殖力的关键技术，母猪的疾病防治，猪场的经营管理等方面详细介绍了高产母猪高效养殖过程中的一系列技术问题。本书在编写上，既注重科学性和指导性，又注重实用性和可操作性，并切实做到图文并茂，通俗易懂。

　　本书可供广大养猪场（户）及相关技术人员使用，也可作为相关农业院校师生的参考用书。

图书在版编目（CIP）数据

高效养高产母猪/李顺才，郑心力主编. —北京：机械工业出版社，2015.7（2021.1重印）

（高效养殖致富直通车）

ISBN 978-7-111-50355-2

Ⅰ.①高…　Ⅱ.①李…②郑…　Ⅲ.①母猪-饲养管理　Ⅳ.①S828.9

中国版本图书馆 CIP 数据核字（2015）第112206号

机械工业出版社（北京市百万庄大街22号　邮政编码100037）

总　策　划：李俊玲　张敬柱

策划编辑：郎　峰　高　伟　　责任编辑：郎　峰　高　伟　李俊慧

责任校对：王　欣　　　　　　　责任印制：孙　炜

保定市中画美凯印刷有限公司印刷

2021年1月第1版第11次印刷

140mm×203mm·9.5印张·272千字

标准书号：ISBN 978-7-111-50355-2

定价：35.00元

电话服务　　　　　　　　　　网络服务

客服电话：010-88361066　　　机 工 官 网：www.cmpbook.com

　　　　　010-88379833　　　机 工 官 博：weibo.com/cmp1952

　　　　　010-68326294　　　金 书 网：www.golden-book.com

封底无防伪标均为盗版　　机工教育服务网：www.cmpedu.com

序

　　改革开放以来，我国养殖业发展非常迅速，肉、蛋、奶、鱼等产品产量稳步增加，在提高人民生活水平方面发挥着越来越重要的作用。同时，从事各种养殖业也已成为农民脱贫致富的重要途径。近年来，我国经济的快速发展为养殖业提出了新要求，以市场为导向，从传统的养殖生产经营模式向现代高科技生产经营模式转变，安全、健康、优质、高效和环保已成为养殖业发展的既定方向。

　　针对我国养殖业发展的迫切需要，机械工业出版社坚持高起点、高质量、高标准的原则，组织全国20多家科研院所的理论水平高、实践经验丰富的专家学者、科研人员及一线技术人员编写了这套"高效养殖致富直通车"丛书，范围涵盖了畜牧、水产及特种经济动物的养殖技术和疾病防治技术等。

　　丛书应用了大量生产现场图片，形象直观、语言精练、简洁，深入浅出，重点突出，篇幅适中，并面向产业发展需求，密切联系生产实际，吸纳了最新科研成果，使读者能科学、快速地解决养殖过程中遇到的各种难题。丛书表现形式新颖，大部分图书采用双色印刷，设有"提示""注意"等小栏目，配有一些成功养殖的典型案例，突出实用性、可操作性和指导性。

　　丛书针对性强，性价比高，易学易用，是广大养殖户和相关技术人员、管理人员不可多得的好参谋、好帮手。

　　祝大家学用相长，读书愉快！

中国农业大学动物科技学院

前　言

　　我国是世界养猪生产和消费的第一大国，生猪存栏、出栏总量位居世界第一，猪肉产量也居世界第一。养猪业的发展不仅满足了人们对猪肉及其产品消费的需要，还为农民增收致富、农村劳动力就业、社会稳定、出口创汇、推动相关产业发展做出了重大贡献。近年来，我国养猪生产业持续高速发展，取得了举世瞩目的成就，养殖方式向集约化、规模化、产业化方向转变，由千家万户分散饲养逐步向大、中、小型规模养殖场发展，已形成一大批存栏上百、上千的规模养猪场（户）。尽管规模化养猪发展迅速，但是目前我国养猪生产普遍存在母猪产胎次数低、产仔数少、仔猪成活率不高的问题，每头母猪年提供的商品猪数量与世界养猪业发达的国家相比仍有明显差距。据报道，我国每头母猪年提供的断乳仔猪数平均只有13.5头，有的地区仅为13头左右，而养猪业发达的国家达到20头左右。因此，母猪的科学饲养管理问题越来越引起养猪界的关注，如何降低母猪空怀率，增强母猪的繁殖能力，已成为发展养猪生产的关键性问题。

　　本书基于国内母猪生产水平现状和实际需要，结合国内外最新技术研究进展，以如何提高母猪生产力为核心，从猪场建筑与设备，高产母猪的营养与饲料，高产母猪的鉴定、选留与引种，优秀种公猪的培育与利用，优秀后备母猪的培育，高产母猪的发情配种，高产母猪的妊娠与分娩，高产哺乳母猪的生产技术，高产空怀母猪的生产技术，哺乳仔猪的培育，提高母猪年繁殖力的关键技术，母猪的疾病防治，猪场的经营管理等方面详细、系统地介绍了高产母猪高效养殖的技术。全书内容通俗易懂，图文并茂，知识系统全面，技术先进、实用，可操作性强，可供广大养猪场（户）有关科技工作者参考，并可作为相关农业院校师生的参考用书。

需要特别说明的是，本书所用药物及其使用剂量仅供读者参考，不可照搬。在生产实际中，所用药物学名、常用名和实际商品名称有差异，药物浓度也有所不同，建议读者在使用每一种药物之前，参阅厂家提供的产品说明以确认药物用量、用药方法、用药时间及禁忌等。购买兽药时，执业兽医有责任根据经验和对患病动物的了解决定用药量及选择最佳治疗方案。

希望本书的出版，能对提高母猪生产水平和增加广大母猪生产者的经济效益有推动作用。本书在编写过程中得到了许多同仁的关心和支持，并且在书中引用了一些专家学者的研究成果和相关书刊资料，在此一并表示感谢。本书在编撰过程中，虽经多次修改和校正，但由于作者水平有限和时间紧迫，不当和错漏之处在所难免，诚望专家和读者提出宝贵意见。

编　者

目 录

第三章　高产母猪的鉴定、选留与引种

第四章　优秀种公猪的培育与利用

第五章　优秀后备母猪的培育

第十三章　猪场的经营管理

附录　常见计量单位名称与符号对照表

参考文献

—— 第一章 ——
猪场建筑与设备

布局科学合理的猪场，对于进行正常的养猪和取得较高效益起着重要作用。猪场建设应当以是否能满足猪的生物学需要、是否有利于猪舍内空气环境控制、是否有利于合理组织生产、是否有利于严格执行卫生防疫制度和措施以及创造良好的经济效益和社会效益为标准。

第一节　场址选择与场区布局

▇　场址选择

猪场场址选择是发展养猪生产的关键，正确选择场址并进行合理的建筑规划和布局，既可方便生产，也可为养猪生产实施防疫制度打下良好的基础。实践中应根据猪的生物学特点、养殖方式与规模综合考虑地形地势、土壤质地、周围环境、水源水质、电力供应、排污与环保、场地面积、交通等实际问题。

1. 地形地势

猪场地形要求开阔整齐，不要过于狭长，边角不要太多，并有足够的面积。猪场应选择在地势稍高、干燥、平坦、背风向阳、有缓坡排水良好（有 1%～3% 缓坡）的地方。但坡度不宜大于 20%，以免造成场内运输不便。在坡地建场宜选择背风向阳的地方，以利于防寒和保证场区较好的环境。地势低的场地易积水潮湿，夏季通风不良，空气闷热，易滋生蚊蝇和微生物，而冬季阴冷，所以不宜选择低洼潮湿的地方。为确保汛期不受洪水威胁，要求场址地势高燥，应高出历史最高洪水线以上。

2. 土壤质地

土壤的物理、化学和生物学特性，都会影响猪的健康和生产力。猪场的土壤要求透水、透气性好，容水量和吸湿性小，毛细管作用较弱，导热性较小，保温良好；不易被有机物、病原微生物污染；没有地方病，且地下水位低和非沼泽地的土壤。因此，作为建场的土壤，在保证没被污染的前提下，以选择沙壤土或壤土类较为理想。

> 【提示】 应避免在旧猪场场址或其他畜禽养殖场场址上重建或改建。

3. 周围环境

猪场中饲料、产品、粪污、废弃物等的运输量很大，所以其必须交通便利、电力充足，并保证饲料的就近供应、产品的就近销售及粪污和废弃物的就地处理，以降低生产成本和防止污染周围环境。为满足猪场的防疫需要和防止对周围环境的污染，须选择距村庄、居民生活区、屠宰场、牲畜市场、交通主干道较远，位于住宅区和饮用水源下风方向的地方。猪场距国家一、二级公路应为 300 ~ 500m，距三级公路应为 200m 以上，距四级公路应为 50 ~ 100m。一般猪场与居民生活区的距离应在 500m 以上，大型猪场应在 1000m 以上；与一般畜禽场距离应在 500m 以上，距大型畜禽场应为 1000 ~ 1500m；周围 1000m 内无化工厂、屠宰场、牲畜市场、制革厂、造纸厂、矿山等易造成环境污染的企业。

> 【提示】 禁止在风景旅游区、自然保护区、古建保护区、水源保护区、生态保护区、自然灾害频发区、畜禽疫病多发区和环境公害污染严重的地区周围建场。

4. 水源水质

猪场用水量很大，除饮用水外，冲刷圈舍和畜体、清洗和调制饲料、人员生活用水，以及消防、灌溉用水也很多。可供猪场选择的水源主要有两种，即地下水和地面水。不管以何种水源作为猪场的生产用水，都必须水量充足、水质良好、便于防护、取水方便，必须符合我国畜禽饮用水卫生标准。各类猪每头每天的总耗水量与饮水量见表1-1。

表1-1 猪群需水量估算表

（单位：L/（头·天））

猪 群 类 别	总 耗 水 量	其中饮水量
种公猪	40	10
空怀及妊娠母猪	40	12
带仔母猪	75	20
断乳仔猪	5	2
后备猪	15	6
育肥猪	25	6

5. 排污与环保

场址应远离村镇、居民生活区，并在其常年主导风向的下风向或侧风向处，避免因猪场气味扩散、废水排放和粪肥加工堆制而污染居民区环境。场址地势应低于居民生活区，避免猪场的雨雪等自然降水污染居民生活区。猪场周围应有农田、果园，以便于就地消耗大部分或部分粪水。否则需把排污处理和环境保护作为重要问题进行规划，特别是不能污染地下水和地表水源、河流。猪场平均日粪尿排泄量见表1-2。

表1-2 猪群平均日粪尿排泄量

猪 群 类 别	粪尿混合/L	粪/kg
种猪	10.0	3.0
后备种猪	9.0	3.0
哺乳母猪	14.0	2.5
哺乳仔猪	1.5	1.0
保育猪	3.0	1.0
育肥猪	6.0	2.5

6. 场地面积

猪场土地面积依猪场的任务、性质、规模和场地的具体性质而定，面积不足会造成建筑物拥挤，不利于改善场区和猪舍环境，给饲养管理及猪只防疫造成不便。种猪场生产区的总建筑面积一般可按繁殖母猪20~25m²/头计算，猪场辅助生产及生活管理区建筑面积可根据实际规模而定。不同猪场的建设用地面积不宜低于表1-3的数据。

表1-3　猪场建设占地面积 　　（单位：亩）

占地面积	100 头基础母猪规模	300 头基础母猪规模	600 头基础母猪规模
建设用地面积	8	20	40

注：1 亩 = 666.67m²

二 场区规划

在选定场址之后，就需要根据猪场的近期或远景规划，依据利于生产、利于防疫、节约用地、便于生活管理与运输等原则，考虑当地气候、风向、地形地势、猪场建筑物和设施的大小，合理规划全场的道路、排水系统、场区绿化等，安排各功能区的位置及每种建筑物和设施的位置和朝向。场地规划时，一般把整个场地分为生活区、生产管理区、生产区、隔离区4个功能区。为便于防疫与安全生产，应根据当地全年主导风向和场地地势，顺序安排以上各区（图1-1）。

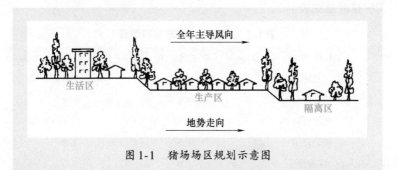

图1-1　猪场场区规划示意图

1. 生活区

生活区包括办公室、接待室、财务室、食堂、宿舍等,这是管理人员和家属日常生活的地方,应单独设立。一般将其设在生产区的上风向,或与风向平行的一侧。此外猪场周围应建围墙或设防疫沟,以防兽害和避免闲杂人员进入场区。

2. 生产管理区

生产管理区包括猪场生产管理必需的附属建筑物,如饲料加工车间、饲料库、修理车间、变电所、锅炉房、水泵房等。此区和日常的饲养工作有密切的关系,所以这个区与生产区不宜太远。

3. 生产区

生产区是猪场的主体部分,包括各类猪舍和生产设施,其建筑面积一般占全场总建筑面积的70%~80%。生产区严禁外来车辆进入,也禁止生产区车辆外出。在靠围墙处设装猪台,禁止外来车辆进入猪场。在生产区的入口处,应设专门的消毒间或消毒池,以便进入生产区的人员和车辆进行严格的消毒。

(1) 猪舍 猪舍安排一定要考虑各类猪群的生物学特性和生产利用特点。种猪区应设在人流较少和猪场的上风向,种公猪设在种猪区的上风向,与母猪舍保持20m以上的距离,这样既可防止母猪的气味对公猪形成不良刺激,又可利用公猪的气味刺激母猪发情。商品猪区也要区别对待,如妊娠猪舍、分娩猪舍(或繁殖猪舍)应该设在较好的位置;分娩猪舍既要靠近妊娠猪舍,又要接近保育猪舍,以便于猪只的转圈;育肥猪舍应设在下风向,且离装猪台较近。

(2) 饲料加工车间 饲料加工车间宜安排在猪场的中间位置,既要考虑缩短饲喂时的运输距离,又要考虑向场内运料方便。饲料库和青贮窖应靠近饲料加工车间。

(3) 人工授精室 人工授精室应安排在公猪舍的一侧,如果其同时承担场外母猪的配种任务,室内、室外应设双重开门。

4. 隔离区

隔离区包括新购入种猪的隔离检疫舍、病猪隔离舍、兽医室、

第一章 猪场建筑与设备

5

尸体解剖和处理设施、积肥场及储存设施。该区是卫生防疫和环境保护的重点区域，应设在猪场的下风向或偏风方向、地势较低处，以免影响生产猪群。隔离区内应设隔离墙，墙体高度应在 3m 以上，进、出口应设消毒池，内放 2% 的氢氧化钠溶液，以避免疫病的传播和对环境造成污染。

5. 道路

猪场各区之间及区内道路的设计，要考虑场内各建筑之间以及猪场与场外的联系、管理和生产需要、卫生防疫要求等。生活区与场外，以及生活区与生产区之间都必须设大门。生活区与生产区之间的大门主要用于消防或其他特殊情况需要进出时使用，平时关闭，人员的进出必须通过消毒"淋浴"更衣室。道路对生产活动的正常进行，对卫生防疫及提高工作效率起着重要的作用。场内道路应分净道和污道两种，净道与污道互不交叉，出入口分开。净道的功能是人行和饲料、产品的运输；污道为运输粪便、病猪和废弃设备的专用道。路面要坚实、排水良好，不能太光滑，向侧面倾斜的坡度在 10% 左右。较大规模的猪场，主干道路面宽度应达到 5.5～6.5m，支路达到 2～3.5m。

> **【提示】** 生产区不宜设直通场外的通道。生产管理区和隔离区应分别设置通向场外的通道，以利于防疫。

6. 水塔

水塔是清洁饮水正常供应的保证，其位置选择要与水源条件相适应，且应安排在猪场最高处。

三 建筑物布局

猪场建筑物的布局在于正确安排各类建筑的位置、朝向、间距。布局时需考虑建筑物之间的功能关系、卫生防疫、通风、采光、防火、节约占地等因素。

1. 位置

生活区和生产管理区与场外联系密切，为保证猪群防疫，宜设在猪场大门附近，门口分别设行人、车辆消毒池，两侧设值班室和更衣室。生产区各类猪舍的位置依据现场地形、主风方向，根据便于猪群周转、卫生防疫等原则合理布局。猪舍依据地势由高到低和全年主风方向按照下述顺序安排在相应位置：种公猪舍、空怀及妊娠母猪舍、分娩舍、保育舍、育肥猪舍、测猪舍、装猪台等。兽医室、隔离舍、积肥场及储存设施等易被污染的设施应建在全场最下风向和地势最低处，与生产区应保持50m以上的距离。

2. 朝向

猪舍的朝向关系到猪舍的通风、采光和排污效果，主要根据当地主导风向和日照情况确定。一般要求猪舍在夏季少接受太阳辐射、舍内通风量大而均匀；冬季应多接受太阳辐射，冷风渗透少。在炎热地区，应根据当地夏季主导风向安排猪舍朝向，以加强通风效果，避免太阳辐射。在寒冷地区，应根据当地冬季主导风向确定朝向，减少冷风渗透量，增加太阳辐射。应避免主导风向与猪舍长轴垂直或平行，一般以冬季或夏季主导风向与猪舍长轴有30°~60°夹角为宜。猪舍一般以南向或南偏东、南偏西45°以内为宜。

3. 猪舍间距

合理的距离不仅有利于猪舍夏季的通风和冬季的采光，还有利于猪场对疾病的控制。猪场内各建筑物排列应整齐、合理，既要利于道路、给水排水管道、绿化、电线等的布置，又要便于生产和管理。猪舍之间的距离以能满足光照、通风、卫生防疫、防火和解决用地的要求为原则。猪舍间距一般以3~5H（H为南排猪舍的檐高）为宜。一般两排之间的距离以10~20m为宜。装猪台应设在墙外，以避免外来车辆对猪场造成污染和疾病传播。

总之，猪场布局应当根据当地的地势、地形、风向等实际情况，在遵守兽医卫生和防火要求的基础上，按建筑物之间的功能联系尽量做到建筑物最紧凑的配置，以保证最短的运输、供电、供水线路，并为实现生产过程机械化、减少基建投资、管理费用和生产成本创造条件。图1-2所示为600头基础母猪养猪场总平面简图。

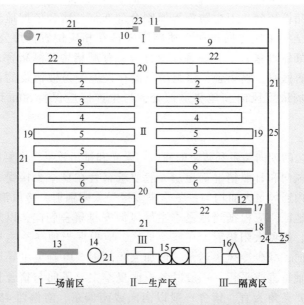

图 1-2 600 头基础母猪养猪场总平面简图

1—配种舍 2—妊娠舍 3—分娩舍 4—保育舍 5—生长舍 6—育肥舍 7—水泵房 8—生活办公用房 9—生产附属用房 10—门卫 11—消毒室 12—厕所 13—隔离舍及检室 14—死猪处理设施 15—污水处理设施 16—粪污处理设施 17—选猪间 18—装猪台 19—污道 20—净道 21—围墙 22—绿化隔离带 23—场大门 24—粪污出口 25—场外污道

第二节 猪舍设计

一 猪舍设计的一般原则

1. 创造适宜的生态环境

猪依赖于良好的环境条件而生长发育、繁殖和生产产品。必须根据猪的生物学特点,进行科学的设计。养猪饲养工艺和猪只活动所需的空间范围是确定猪舍建筑空间的基本依据之一。在建筑设计中各类猪舍的高度和面积大小,走道、门窗、栏杆的高度都与饲养工艺和猪只活动所需的空间范围直接有关。为了方便饲养,也应同时考虑人体尺度和人体活动所需的空间范围，两者应有机地结合在一起。气候条件及对环境的不同需要，对猪舍建筑设计有很大影响。例如，湿热地区猪舍设计要重点考虑隔热、通风、遮阳问题。干冷地区，需要加强猪舍外围护结构，以有利采暖保温。而日照和主导风向又是确定猪舍朝向和间距的主要因素。在设计前需要收集当地有关的气象资料及各生长阶段的猪所需环境卫生参数，作为设计的依据。

> ⟳ 【提示】 猪舍的环境控制在不同地区，因气候不同，要求也不同，故应因地制宜合理设计。过分追求最适宜的环境，会造成浪费；反之，将猪舍建造得过于简陋，起不到隔热和保温作用，影响猪的生长发育，造成生产损失，同样也是不经济的。

2. 适合工厂化生产的工艺

随着营养饲料科学、动物科学技术和兽医技术以及机械化、自动化技术的发展，工厂化养猪生产具备工业生产的特点，各生长阶段猪群的周转采取"全进全出"制，各生产环节具有严密的计划性、流水性和节奏性，并可使各项作业实现机械化和自动化。猪舍建筑设计要适合工厂化生产的工艺技术，不断满足机械化、自动化发展的需要。

3. 注意环境保护

养猪场对环境的污染，主要以恶臭和害虫为主，其次为粪尿污水造成对水质的污染。建筑设计时要充分考虑与周围环境的关系，既要防止养猪场本身对周围环境的污染，又要避免周围环境对养猪场的危害，妥善处理好猪粪便，可将其用作肥料、产生沼气，或经过处理加以利用，以保证生产顺利进行。

4. 具有良好的经济效果

在猪舍的设计和建造中，要因地制宜、就地取材，尽量做到节约劳动力、节约建筑材料和资金。设计和建造猪舍须尊重经济规律，要有周密的计划和核算，讲究经济效果。

二 猪舍的形式

猪舍按屋顶形式、墙的结构和窗户有无以及猪栏排列等形式分

为多种。

1. 按屋顶形式分类

按屋顶形式分为坡式、平顶式、拱式、钟楼式和半钟楼式猪舍。

(1) 坡式猪舍 坡式猪舍又分为单坡式、不等坡式和双坡式三种。单坡式猪舍跨度较小、结构简单、通风透光、排水好、投资少、节省建筑材料，但冬季保温性差，较适合于小型猪场。不等坡式猪舍的优点与单坡式基本相同，但保温性能较单坡式好，投资要稍多。双坡式猪舍可用于各种跨度，一般跨度大的双列式、多列式猪舍常采用这种屋顶。双坡式猪舍保温性好，若设吊顶则保温隔热性能更好。

(2) 平顶式猪舍 平顶式猪舍可以充分利用屋顶平台，保温、防水可一体完成，不需要再设天棚，缺点是防水较难做。

(3) 拱式猪舍 拱式猪舍造价较低，可以建大跨度猪舍。其缺点是屋顶保温性能较差，不便于安装天窗和其他设施，对施工技术要求也较高。

(4) 钟楼式和半钟楼式猪舍 钟楼式和半钟楼式猪舍在猪舍建筑中采用较少，在以防暑为主的地区可考虑采用此种形式。

2. 按墙的结构和窗户有无分类

猪舍按墙的结构可分为开放式、半开放式和密闭式三种，密闭式猪舍按窗户有无又可分为有窗式和无窗式两种。

(1) 开放式猪舍 开放式猪舍三面设墙，一面无墙，其通风采光好、结构简单、造价低，但受外界影响大，较难解决冬季防寒问题。

(2) 半开放式猪舍 半开放式猪舍三面设墙，一面设半截墙，其保温性能略优于开放式猪舍，冬季若在半截墙以上挂上草帘或钉上塑料布，能明显提高其保温性能。

(3) 有窗式猪舍 有窗式猪舍四面设墙，窗设在纵墙上，窗的大小、数量和结构可依当地气候条件而定。寒冷地区，猪舍南窗大、北窗要小，以利于保温。夏季炎热的地区，为解决夏季有效通风问题，还可在两纵墙上设地窗，或在屋顶设通风管、通风屋脊等。有窗式猪舍保温隔热性能较好，可根据不同季节启闭窗扇、调节通风和保温隔热。

（4）无窗式猪舍　无窗式猪舍与外界自然环境隔绝程度较高，墙上只设应急窗，仅供停电应急时用，不作采光和通风用，舍内的通风、光照、舍温全靠人工设备调控，能够较好地给猪只提供适宜的环境条件，有利于猪的生长发育，并能提高生产率。但这种猪舍土建、设备投资大，设备维修费用高，在外界气候较好时，需通过人工调控通风和采光，耗能高，采用这种猪舍的多为对环境条件要求较高的猪，如母猪产房、仔猪培育舍等。

3. 按猪栏排列分类

猪舍有单列式、双列式和多列式三种（图1-3）。单列式猪舍适宜养种猪。双列式猪舍多为封闭性猪舍，其北侧猪栏采光性较差，舍内易潮湿。多列式猪舍多用于育肥。

单列式　　　　双列式　　　　多列式

图1-3　单列式、双列式、多列式猪舍示意图

三　猪舍的基本结构

猪舍的结构主要包括屋顶、顶棚、墙体、地面、猪舍平面、门、窗等。猪舍的小气候在很大程度上取决于猪舍的结构。

1. 地面

地面是猪躺卧的"床"、是猪活动的场地，不但对猪舍卫生、猪的日增重和生产性能的发挥有很大影响，而且对猪舍保温也有非常重要的作用。猪舍的地面要求不返潮，导热系数低，易保持干燥，坚实、防滑、耐腐蚀，适宜猪的行走与躺卧。生产上猪舍地面有三合土、砖砌、石板、混凝土、漏缝地板等多种，建舍时应根据当地气候、猪的不同生理阶段、经济条件和饲养管理特点等，因地制宜地选用建筑材料。要求地面保持2%～3%的坡度，以利排水，保持地面干燥。小型猪场可选用碎砖铺底、水泥抹平地面的方式建造地面。集约化猪场，一般配种舍为半漏缝地面，一半是粪沟上铺放钢筋混凝土板条，另一半是混凝土地面；生长育肥猪舍为全漏缝地面，整个猪栏的地面都是由在粪沟上铺放的钢筋混凝土板条构成；分娩舍和保育舍为半漏缝地面，一半是粪沟上铺入由金属编织的漏缝地板网，另一半是混凝土地面，有的在混凝土地面下铺设循环式暖水管，形成暖床。

2. 墙体

墙体是建筑物的主体部分，要求坚固、耐久、耐水、抗震、防火、表面光滑，便于清扫、消毒，具有良好的保温性能。现代化猪舍的墙，有砖墙、石墙、混凝土板墙以及压型彩色钢板复合保温板等。用来分隔猪舍内成间的墙，称为隔墙；直接与外界接触的墙，称为外墙；外墙的两长墙叫纵墙或主墙；两端短墙叫端墙或山墙。一般猪舍纵墙为承重墙，山墙上设通风口和安装风机。

3. 门、窗

门是人、猪、运料车的出入口。一般在猪舍两端的墙上各设一个，若猪舍很长，在纵墙上要增设 1 ~ 2 个。双列式猪舍门的宽度一般为 1.2 ~ 1.5m，高度为 2.0 ~ 2.4m；单列式猪舍要求宽不小于 1m，高为 1.8 ~ 2.0m。外门的设置应避开冬季主导风向，门朝外开，门外设坡道，以便于猪和手推车出入。门外旁边设入舍消毒池。

{小经验}>>>>

在寒冷地区，通常设门斗以加强保温性能，防止冷空气侵入，并减少舍内热能外流。门斗深度应不小于 2.0m，宽度应比门宽 1.0 ~ 1.2m。

窗户主要用于采光和通风换气。窗户面积大，采光多、换气好，但冬季散热和夏季向舍内传热也多，不利于冬季保温和夏季防暑。窗户距地面高度 1.1 ~ 1.3m，窗顶距屋檐 0.1 ~ 0.5m，两窗间隔为固定宽度的 2 倍左右。寒冷地区，在保证采光系数的前提下，猪舍南北墙均应设置窗户，尽量多设南窗，少设北窗；同时，为利于冬季保暖防寒，常使南窗面积大、北窗面积小，并确定合理的南北窗面积比。炎热地区，南北窗面积比为 (1 ~ 2):1；寒冷地区，面积比为 (2 ~ 4):1。在窗户总面积一定时，酌情多设窗户，并沿纵墙均匀设置，使舍内光照均匀分布。

4. 屋顶

屋顶起遮挡风雨和保温隔热的作用。屋顶材料要求具有耐用、防水、防火等特点。屋顶形式有单坡式、双坡式、平顶式、钟楼式等。常用木瓦结构、钢瓦结构制成，有条件的采用铝合金波形板内外包封，内设木屋架，加玻璃纤维和塑料薄膜保湿隔热层。这种铝合金波形板屋顶，不仅经久耐用、整齐美观、便于清洁消毒，而且有利于猪舍的保温隔热和环境控制。

> ➡ **【提示】** 各地猪舍的舍内净高以 2.4~2.8m 为宜，寒冷地区可取下限，炎热地区可取上限。

5. 顶棚

猪舍设顶棚，可明显提高其保温隔热性能。冬季吊顶猪舍内的温度较舍外高 8~10℃。一般密闭式猪舍、母猪分娩舍、仔猪保育舍，都要求设顶棚。顶棚材料也要求具有防潮、耐用、防火、保温隔热等特性，高强度塑料可作为吊顶的首选材料，其次为多层板、竹板、木板等材料。

6. 猪舍平面

猪舍建筑一般选用单层矩形平面，一般不采用丁字形或工字形平面建筑。猪栏在舍内与猪舍长轴平行排列。种猪舍猪栏多为两列，中间用一条饲喂走廊隔开，两侧靠纵墙各留一条供猪进出猪栏的通道。而对于生长和育肥猪舍则只设中央通道，饲喂和赶猪共用，以最大限度利用猪舍面积。各类猪舍两端及中间分别留有横向通道，以便管理操作和保持猪栏内的环境条件一致。根据猪舍跨度也可把猪栏沿猪舍长轴单列或双列排布。分娩哺乳或断乳仔猪舍多采用多个单间"全进全出"制管理，猪栏也是沿单个猪舍的长轴排列。

四 不同猪舍的建筑及内部布置

1. 公猪舍

公猪舍可独立设计，也可与配种母猪舍对应排列设计。设计公猪舍时，应考虑保护公猪的肢蹄健康和符合公猪睾丸对环境气温的要求，以保证公猪正常配种能力与良好的精液品质。公猪舍多为带运动场的单列式猪舍，给公猪设运动场，保证其充足运动，可以防止公猪过肥，对其健康、精液品质、延长使用年限等均有好处。北方通常在舍外与舍内公猪栏相对的位置要配置运动场（图1-4）。公猪舍地面应选用防滑材料，材质不宜过于粗糙，地面坡度为3%。公猪栏高度不宜过低，以免公猪攀爬，磨伤猪蹄，高度不低于1.2m，面积一般为6~7m^{2}或更大些。种公猪均为单栏饲养。

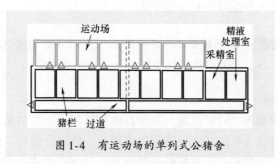

图1-4　有运动场的单列式公猪舍

　● 【提示】 高温会严重影响公猪的繁殖性能，如降低精子活力、造成死精等。因此，公猪舍的防暑降温设施至为重要，须设计喷雾降温和通风降温设备，如水帘、空调等，公猪栏的围栏一般采用栏杆，以利于通风。

2. 空怀、妊娠母猪舍

空怀、妊娠母猪舍可为单列式（可带运动场）、双列式、多列式等。空怀、妊娠母猪可以群养，也可以单养。群养时，每圈4~5头，这种方式节约圈舍，提高了猪舍的利用率，空怀母猪群养可以相互诱发发情，但发情不易检查，妊娠母猪群养易发生争食、咬架，导致死胎、流产的增多；空怀、妊娠母猪单养时，容易做发情鉴定，便于配种，利于妊娠母猪的保胎和定量饲喂，缺点是母猪运动量小，受胎率有下降趋势，肢蹄病增多，影响母猪的利用年限。群养妊娠母猪，饲喂时亦可采用隔栏定位采食，采食时猪只进入小隔栏（图1-5），平时则在大栏内自由活动。此种方式使妊娠母猪有一定活动量，可以减少母猪肢蹄病和难产率、延长母猪使用年限，且猪栏占地面积较小、利用率高，但大栏饲养猪只之间的咬斗、碰撞机会多，易导致死胎和流产。

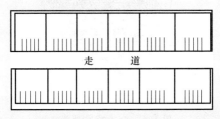

图1-5　妊娠母猪群养单饲栏

3. 分娩哺乳母猪舍

分娩哺乳母猪舍（产房）是全场投资最高，设备最佳，保温最好的猪舍。分娩哺乳母猪舍多为三通道双列式。由于产房是供母猪分娩和哺乳仔猪用的，其设计既要满足母猪需要，又要兼顾仔猪的要求。分娩母猪的适宜温度为 16～18℃，新生仔猪的热调节机能发育不全、怕冷，其适宜温度为 28～32℃，气温低时通过挤靠母猪和相互推挤取暖，这样常出现仔猪被母猪踩死、压死的现象。根据这一特点，分娩哺乳母猪舍应设母猪限位区和仔猪活动区两部分，中间部位为母猪限位区，宽一般为 0.6～0.65m，两侧为仔猪活动区，仔猪活动区内设仔猪补饲槽和保温箱，保温箱采用加热地板、红外灯等设施给仔猪局部供暖（图1-6）。保温箱在仔猪前期使用，根据舍外气候变化，可以逐渐撤掉保温箱，扩大仔猪活动范围。一般集约化养猪，多采用早期断乳。为了生产安全，妊娠母猪一般提前 1周进分娩哺乳母猪舍，分娩后，哺乳仔猪 28～35 天，再加上转群消毒所占时间，所以，每个哺乳期占用分娩哺乳母猪舍5～6周。

4. 仔猪保育舍

仔猪断乳后就转入仔猪保育舍，断乳仔猪的身体各机能发育不完全，体温调节能力差，机体抵抗力弱，易感染疾病，因此仔猪保育舍应能给仔猪提供一个温暖、清洁的环境。仔猪保育舍及上述的分娩哺乳母猪舍在冬季一般需有供暖设备，这样才能保证仔猪生活

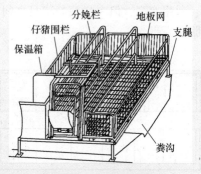

图1-6 分娩哺乳母猪栏

的环境温度较适宜。仔猪保育可采用地面或网上群养。现在的仔猪保育一般采用网上群养，网由钢丝编织，网底离地面0.3~0.5m，使仔猪脱离阴冷的水泥地面，每个仔猪保育栏的面积为3.2~3.4m²，其中栏长2m、栏宽1.6~1.7m、栏高0.65m。栏内装有饲槽和饮水器，在靠饲槽的一边，铺一块木板供仔猪躺卧。每圈可养35~70日龄的断乳仔猪10~12头，仔猪断乳后转入仔猪保育舍，最好原圈饲养，即每窝占一圈，这样可减少因并圈、重新建立优胜序列而造成的争斗、损伤。

5. 生长育肥猪舍

生长育肥猪的身体各机能均趋于完善，对不良环境条件有较强的抵抗能力，因此，可采用多种形式的圈舍饲养，可不设采暖设备，冬季不用供热但夏季要注意降温和通风换气。生长育肥猪最好原圈饲养，即每窝占一圈。也可以将两窝猪并为一圈，每圈饲养20头左右，每个圈长5.0m、宽2.4~3.2m，栏高0.9~1m，实用面积12.0~17.0m²，平均每头猪占0.6~0.8m²。地面有1/3缝隙地板，下设排粪沟。圈内有自动饲槽和饮水器，供生长育肥猪自由采食，自由饮水。

第三节 猪场常用设施、设备

一 猪栏

猪栏是组成猪舍的基本单元构件。猪栏的形状和尺寸要满足不同种类和不同日龄猪的要求，要便于饲养人员操作。猪栏根据材料不同分为实体猪栏、栏栅式猪栏、综合式猪栏和装配式猪栏四种（图1-7）。实体猪栏采用砖砌结构（厚度120mm，高度1.0～1.2m），外抹水泥，或用水泥预制构件组装而成；栏栅式猪栏采用金属型材焊接成栏栅状再固定而成，栏栅式猪栏的间距为成年猪小于或等于10cm、哺乳仔猪小于或等于3.5cm、保育猪小于或等于5.5cm、生长猪小于或等于8.0cm、育肥猪小于或等于9cm；综合式猪栏采用两种方式综合而成，两猪栏相邻的隔栏采用实体结构，沿饲喂通道的正面采用栏栅式结构。根据猪栏内饲养猪只的种类不同，猪栏可分为公猪栏、配种栏、母猪栏、分娩栏、保育栏、生长栏、育肥栏等。猪栏占地面积应根据饲养猪的数量和每头猪所需的面积而定（表1-4）。

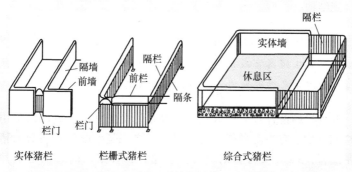

图1-7　猪栏形式

表1-4　各类猪的圈养头数及每头猪的占栏面积和采食宽度

猪群类别	大栏群养头数/头	每圈适宜头数/头	占栏面积/（m²/头）	采食宽度/（cm/头）
断乳仔猪	20～30	8～12	0.3～0.4	18～22
后备猪	20～30	4～5	1.0	30～35
空怀母猪	12～15	4～5	2.0～2.5	34～40
妊娠前期母猪	12～15	2～4	2.5～3.0	35～40
妊娠后期母猪	5～12	1～2	3.0～3.5	40～50

（续）

猪 群 类 别	大栏群养头数/头	每圈适宜头数/头	占栏面积/（m²/头）	采食宽度/（cm/头）
含防压架的母猪	—	1	4.0	40 ~ 50
哺乳母猪	1 ~ 2	1 ~ 2	6.0 ~ 9.0	40 ~ 50
生长育肥猪	10 ~ 15	8 ~ 12	0.8 ~ 1.0	35 ~ 40
公猪	1 ~ 2	1	6.0 ~ 8.0	35 ~ 45

1. 公猪栏与配种栏

公猪栏按每饲养 1 头种公猪设计，一般占地 6 ~ 7m² 或者更大些。栏的长、宽可根据舍内栏架布置来确定，栏高一般为 1.2 ~ 1.4m，栏栅结构可以是金属的，也可以是混凝土结构的，栏门均采用金属结构。

⚠ 【注意】 若公猪能轻易爬上圈栏，易养成自淫的恶癖，会伤及公猪生殖器官或出现无成熟精子的现象，若公猪栏过于狭窄会导致睾丸摩擦创伤，从而影响繁殖性能。

配种栏的设置有多种方式，可以专门设配种栏，也可以利用公猪栏和母猪栏充当配种栏。其配置方式之一是待配母猪栏与公猪栏紧密配置，3 ~ 4 头母猪对应一个公猪栏，公猪栏同时也是配种栏（图 1-8a）。第二种配置方式是待配母猪栏与公猪栏隔通道相结合配置，公猪栏也是配种栏，配种时把母猪赶到公猪栏内配种，此种配置的公猪虽不能直接接触母猪，但如果采用铁围栏，可相互观望，有利于母猪发情（图 1-8b）。第三种配置方式是将公猪、母猪分别设栏饲养，配置专门的配种栏，配种时，将公、母猪同时赶入配种栏内配种，配种完成后，将公、母猪赶回各自的猪栏（图 1-8c、d）。生产中较常用的是第一、第二种配置，它省去了专用配种栏，配种时只需移动母猪即可，可简化操作，在规模较大、集约化程度较高的猪场多采用第一种配置方式。

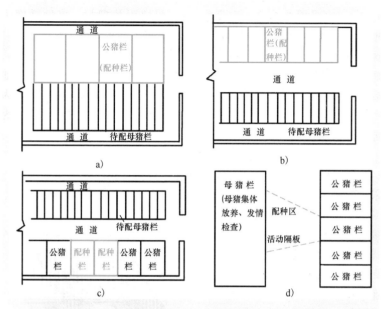

图1-8　配种栏配置方式

2. 母猪栏

现代化猪场繁殖母猪的饲养方式，有大栏分组群饲、小栏单体限位饲养和大小栏相结合群养（图1-5）三种方式。其中小栏单体限位饲养，具有占地面积少，便于观察母猪发情及及时配种，母猪不争食、不打架，避免互相干扰，减少机械性流产等优点，但小栏单体限位饲养投资大，母猪运动量小，不利于延长繁殖母猪的使用寿命。母猪栏的栏长、栏宽可根据猪舍内栏架布置来确定，栏高一般为0.9～1.0m。单体栏，一般栏长为2m、宽为0.65m，栏高为1m。

3. 分娩栏

分娩栏是母猪分娩哺乳的场所。分娩栏的中间为母猪限位架，是母猪分娩和仔猪哺乳的地方，两侧是仔猪采食、饮水、取暖和活动的地方，母猪限位架后部安装漏缝地板以清除粪便和污物，限位架两侧是仔猪活动栏，用于隔离仔猪，限位架一般采用圆钢管和铝合金制成。分娩栏的尺寸与猪场选用的母猪品种体型有关，长度一般为 2.2～2.3m，宽度为 1.7～2.0m，母猪限位栏的宽度为 0.6～0.65m（多采用 0.6m），高度为 1m，母猪限位栅栏，离地高度为 30cm，并每隔 30cm 焊一弧脚。典型的分娩栏结构如图 1-6 所示。分娩栏地面可采用不同材料和结构形式，有的采用结实的混凝土地面，地面从前至后有 3% 的坡度，便于排水；也有的采用部分金属漏缝地板，即栏的后半部地面为金属漏缝地板，下面为粪沟，前半部分为实体混凝土地面；还有的采用全金属漏缝地板，即栏内地面全部为金属漏缝地板，下面为粪沟。

4. 保育栏

保育栏是一种饲养断乳仔猪的理想设备。我国集约化猪场广泛采用的是高床网上保育栏（图 1-9），其主要由金属编织漏缝地板网、围栏、自动落料饲槽、连接板、支腿等组成。由金属编织的漏缝地板网通过支腿设在粪沟上，围栏由连接板固定在金属漏缝地板网上，相邻两栏在间隔栏处设有一个双面自动落料饲槽，供两栏仔猪自由采食。网上饲养仔猪，粪便、尿随时可通过漏缝地板网落入粪沟中，保持了网床上的干燥、清洁，使仔猪脱离了粪尿的污染，

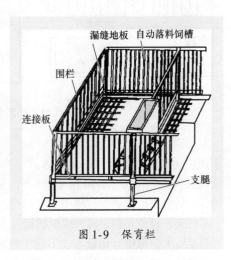

图 1-9　保育栏

减少了疾病的发生。保育栏的长、宽、高，视猪舍结构不同而定，常用的规格栏为栏长 2m、栏宽 1.7m、栏高 0.6m，侧栏间隙 6cm，离地面高度为 25～30cm。它可养 10～25kg 的仔猪 10～12 头。在生产中因地制宜，保育栏也有采用金属和水泥混合结构的，这样既可节省一些金属材料，保持良好通风，又可降低造价。

5. 生长栏、育肥栏

现代化猪场的生长猪和育肥猪均采用大栏饲养，生长栏和育肥栏的结构类似，只是面积稍有差异，有些猪场为了减少转群给猪带

来的应激，常把这两个阶段并为一个阶段，采用一种形式的栏饲养。常用的有以下几种，一种是采用全金属栅栏和全水泥漏缝地板条，也就是全金属栅栏架安装在钢筋混凝土板条地面上，相邻两栏在间隔栏处设有一个双面自动饲槽。供两栏内的生长猪或育肥猪自由采食，每栏安装一个自动饮水器供猪自由饮水。另一种是采用水泥隔墙及金属大栏门，地面为水泥地面，后部有 0.8～1.0m 宽的水泥漏缝地板，下面为粪尿沟。生长栏、育肥栏的栏栅也可以全部采用水泥结构，只留一个金属小门。一般生长栏高 0.8m，育肥栏高 0.9～1.0m。占地面积生长猪按每头 0.5～0.6m^2 计，育肥猪按每头 0.8～1.0m^2 计。

二 地板

在猪舍内可选择多种不同类型的地板，包括实体、部分实体、部分漏缝地板和全漏缝地板。

1. 实体地板

实体地板一般由混凝土制成，可以铺垫草或不铺垫草。从建筑费用方面讲，其具有相对便宜的优点，但难以保持清洁和干燥，清除粪肥时需要高强度的劳力投入。实体地板能散热导致寒冷、潮湿和不卫生的环境，使仔猪体质和生产性能下降。

⚠ **【注意】** 实体地板对幼龄猪不适用，尤其是处于分娩舍和保育舍的仔猪。

2. 漏缝地板

现代化猪场为了保持栏内清洁卫生、改善环境条件、减少人工清扫，普遍采用粪尿沟上铺设漏缝地板的方式。漏缝地板有混凝土板条、板块，金属编织地板网，钢筋焊接网，塑料板块，陶瓷板块等。钢筋混凝土板条，其规格可根据猪栏及粪沟设计要求而定，漏缝断面呈梯形，上宽下窄，便于漏粪。金属编织地板网，是由直径为 5mm 的冷拔圆钢编织成的缝隙网片与角钢、扁钢焊接，再经防腐处理而成的，这种漏缝地板具有漏粪效果好、易冲洗、栏内清洁、干燥、猪只行走不打滑等优点，其使用效果较好，适于分娩母猪和保育猪使用。塑料板块，是由工程塑料模压而成的，可将小块组合成大面积，具有易冲洗消毒、保温好、防腐蚀、坚固耐用、漏粪效果好等特点，适于分娩母猪和保育仔猪使用。不同猪栏漏缝地板间隙应符合表1-5的规定。

表1-5　不同猪栏漏缝地板的间隙宽度（单位：mm）

猪　　栏	成年种猪栏	分　娩　栏	保育猪栏	生长育肥猪栏
宽　　度	20～25	10	15	20～25

三　饲槽

猪的饲槽种类很多，就其取材来分，有水泥饲槽和金属饲槽两类。根据饲喂方式（自由采食和限量饲喂），饲槽可分为自由采饲槽（自动饲槽）和限量采饲槽（限量饲槽）两种。

1. 自动饲槽

在生长、育肥猪群中，一般采用自动饲槽让猪自由采食。自动饲槽就是在饲槽的顶部装有饲料储存箱，储存一定量的饲料，随着猪的采食，饲料在重力的作用下，不断落入饲槽内。因此，自动饲槽可以间隔较长时间加一次料，大大减少了饲喂工作量，提高了劳动生产率。自动饲槽可以用钢板制造，也可以用水泥预制板拼装。在国外还有用聚乙烯塑料制造的自动饲槽。自动饲槽有长方形、圆形等多种形状。图1-10是一种采用钢板制造的长方形自动饲槽，它分双面、单面两种形式。双面自动饲槽供两个猪栏共用，单面自动饲槽供一个猪栏用。每面可同时供4头猪采食，其主要结构参数见表1-6。

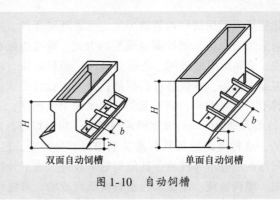

双面自动饲槽　　　　　单面自动饲槽

图1-10　自动饲槽

表1-6 钢板制自动饲槽的主要尺寸参数

（单位：mm）

	猪只类别	高度（H）	前缘高度（Y）	最大宽度（B）	采食间隔（b）
双面	保育猪	700	120	520	150
	生长猪	800	150	650	200
	育肥猪	800	180	690	250
单面	保育猪	700	120	270	150
	生长猪	800	150	330	200
	育肥猪	800	180	350	250

2. 限量饲槽

限量饲槽用于公猪、母猪等需要限量饲喂的猪群，小群饲养的母猪和公猪用的限量饲槽一般用水泥或金属制成（图1-11）。水泥饲槽坚固耐用，价格低廉，并可兼作水槽，但卫生条件较差。

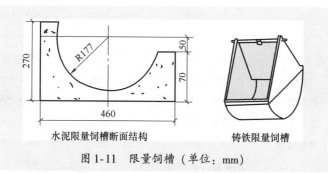

水泥限量饲槽断面结构　　　铸铁限量饲槽

图1-11　限量饲槽（单位：mm）

每头猪所需要的饲槽长度大约等于猪肩部宽度，不足时会造成饲喂时争食，太长不但造成饲料浪费，个别猪还会踏入槽内采食，弄脏饲料，每头猪采食所需采食宽度见表1-4。

四　饮水装置

猪舍的供水方式有定时供水和自动饮水两种。定时供水就是在饲喂前、后在饲槽中放水，饲槽兼作水槽。这种供水方式的缺点是不便于实现自动化，耗水量大，而且还容易造成水质污染、传播疾病等。自动饮水就是在猪舍内安装自动饮水器，使猪随时能喝到干净、卫生的水，其有利于饲养管理和防疫。自动饮水器的种类有鸭嘴式自动饮水器、乳头式自动饮水器和杯式自动饮水器等（图1-12），其中鸭嘴式自动饮水器应用较广泛。各种类型自动饮水器的安装高度见表1-7。

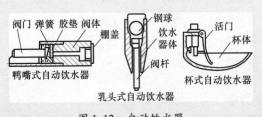

图1-12　自动饮水器

表1-7　自动饮水器的安装高度　　　（单位：mm）

猪 群 类 别	鸭嘴式自动饮水器	杯式自动饮水器	乳头式自动饮水器
公猪	750～800	250～300	800～850
母猪	650～750	150～250	700～800
后备母猪	600～650	150～250	700～800
仔猪	150～250	100～150	250～300
保育猪	300～400	150～200	300～450
生长猪	450～550	150～250	500～600
育肥猪	550～600	150～250	700～800
备注	安装时阀体斜面向上，最好与地面成45°夹角	杯口平面与地面平行	与地面成45°～75°夹角

注：1. 自动饮水器的安装高度是指阀杆末端（鸭嘴式和乳头式），或杯口平面（杯式）距地面的距离。

　　2. 鸭嘴式自动饮水器用135°弯头安装时，安装高度可再适当增高。

五　保温设施

猪场中公、母猪和育肥猪抗寒能力强，饲养密度大，其自身散热能够保持所需的舍温，一般不需要供暖。哺乳仔猪和断乳仔猪，由于自身热调节机能发育不全，对寒冷抵抗力差，要求较高的舍温，在寒冷的冬季必须供暖。在分娩舍为了满足母猪和仔猪的不同温度要求，常采用集中供暖设施，维持舍温为18℃，在仔猪栏内设置可以调节的局部供暖设施，保持局部温度达到30～32℃。在我国养猪生产实践中，猪舍集中供暖多采用热水供暖系统，该系统包括热水锅炉、供水管路、散热器、回水管路及水泵等设备。局部保温可采用远红外线取暖器、红外线灯、电热板、热水加热地板等设施。目前大多数猪场实现高床分娩和育仔，因此，最常用的局部环境供暖设备是红外线灯或远红外线板，前者发光发热，后者只发热不发光，功率规格为250W。这种设备本身的发热量和温度不能调节，但可以通过调节灯具的吊挂高度来调节小猪群的受热量，如果采用保温箱，则加热效果会更好（图1-13）。保温箱通常用水泥、木板或玻璃钢制造。典型的保温箱外形尺寸为长 1000mm × 宽 600mm × 高 600mm。传统的局部保温方法采用厚垫

图1-13　电热保温箱

草、生火炉、搭火墙、热水袋等，这些方法目前多被规模较小的猪场和农户采用，效果不甚理想，且费时费力，但费用较低。

【提示】　红外线灯泡使用寿命短，常由于舍内潮湿或清扫猪栏时将水滴溅上而损坏，而电热板优于红外线灯。

六　通风降温设备

通风是猪舍内外交换空气的过程，是调节猪舍环境最主要、最经常的手段。通风的方式有自然通风和机械通风两种。猪舍自然通风是通过开启的门、窗、风洞等来实现，自然通风不需要机械设备，可节约投资和能源，故被普遍采用，但空气流动速度和方向不易控制。集约化密闭式猪舍和大型密集饲养猪舍，靠自然通风不能完全满足猪的卫生和换气要求时，就要安装机械通风设备，进行机械通风。是否采用机械通风，可依据猪场具体情况来确定，对于猪舍面积小、跨度不大、门窗较多的猪场，为节约能源，可利用自然通风。

如果猪舍面积大、跨度大、猪的密度高，特别是采用水冲粪或水泡粪的全漏缝或半漏缝地板养猪场，一定要采用机械设备强制通风。

在生产中猪舍采用制冷设备降温，常采用水蒸发式冷风机、湿帘降温系统、降温喷头等，利用水蒸发吸收舍内热量以降低舍内温度，在干燥的气候条件下降温效果好。在母猪分娩舍内，可采用滴水降温法，使小水滴滴到母猪颈部和背部（有大量的热血通过处），在母猪背部体表蒸发，吸热降温，未等水滴流到地面就已全部蒸发掉，此法不易使地面潮湿。

七 清洁消毒设备

在猪场大门及各区入口处、各猪舍的入口处，应设相应的消毒设施，如车辆消毒池、人的脚踏消毒池或喷雾消毒室、更衣换鞋间等。常用的消毒设备有冲洗喷雾消毒机、火焰消毒器、粪沟自动冲洗设备、地面冲洗设备等。

八 排水与粪便处理系统及设备

1. 排水设施

排水设施包括雨水和污水排泄系统。排水系统多设置在各种道路的两旁及猪舍周边，一般采用斜坡式排水沟，以尽量减少污物积存。排水系统如果较长（超过200m），应增设沉淀井，以免污物淤塞，影响排水。

2. 清粪设施

每头猪平均年产粪2500kg左右，及时合理地处理猪粪，既可获得优质的肥料，又可减少其对环境的污染。猪舍的清粪系统经常是与排水系统相结合的。猪舍的清粪方式有多种，常见的有人工清粪、刮板清粪和水冲清粪等形式。

（1）人工清粪 传统的人工清粪是在地面设置粪尿沟和排粪区，排粪区地面有1%～3%的坡度，粪和污水顺坡流入粪尿沟，粪尿沟上设置铁算子，防止猪粪落入。粪尿沟每隔一定距离设置沉淀池，尿和污水由地下排出管排出舍外。猪粪则用手推车人工清除并送到储粪场。通到舍外的污水可直接排入舍外化粪池，或由地下管道排到检查井，再通过地下支管和干管排入全场污水池。沉淀池和检查井内的沉淀物要定期或不定期清除。

> ● 【提示】 猪场排雨水的地下排水系统绝不能和舍外排尿与污水的管道共用，以免加大污水处理量，同时防止雨天尿和污水溢出地面而污染环境。

（2）**刮板清粪** 如果猪舍清粪采用刮粪沟，则要安装刮板式清粪机。刮板式清粪机有两种形式。一种为单向闭合回转的乱板链，适用于双列对头式饲养猪舍，粪尿沟为无漏缝地板的明沟，刮粪板可将粪便一直刮到舍外集粪池，进一步进行处理，此种形式刮板运行时易弄伤猪腿。另一种为步进式往复循环刮板清粪机，既可用于地面浅沟刮粪，也可用于漏缝地板下的深沟刮粪，这种清粪机多用钢索牵引，由驱动装置、滑轮、副板及电控装置构成，刮板用 3mm 厚的钢板或薄钢板夹橡胶板制成，在工作状态时垂于地面，返回时拾起以离开地面，刮板的行程大于刮板间距。刮到舍外的粪便，再进一步进行处理。

（3）**水冲清粪或水泡清粪** 采用此方式的猪舍地面全部或部分采用漏缝地板，借助猪踩踏，粪便落入地板下面的粪沟。粪沟一端设有翻斗水箱或带下水管的普通水槽，可将沟内粪便冲出，流入舍外粪井或粪池。水泡式清粪，是在粪沟一端的底部设闸门或设挡水坎，使沟内保持一定深度的水。粪便落入沟内浸泡变稀，随着粪便增多，稀粪被挤出，或定期拉起闸门，使粪便流进舍外的粪井，粪井定期或不定期用污水泵抽入罐车运出。

3. 储粪设施

修建储粪场发酵处理猪粪，然后作肥料供农作物使用，或修建沼气池处理粪便污水是废物处理和利用相结合的一种很好的方法。为节约用地，在建猪舍之前先建好沼气池，位于猪舍的下面。沼气池的建设是一项专业性较强的工作，具体的设计、施工及使用请与当地沼气办公室联系，还可争取政府有关部门的资金支持。

九 检测仪器及用具

规模化猪场常用的检测仪器为超声波妊娠诊断仪，母猪配种 30

天后就可进行早期妊娠诊断，诊断准确率高达 95% ，其小型轻便、价廉。另外还有携带式数字活体测膘仪、B 超图像活体测膘仪等。

十　尸体处理设备

规模化猪场饲养密度高、规模大、疾病流行迅速、危害大，搞好死猪处理是防止疾病流行的重要措施。对死猪处理的原则：对因烈性传染病（如炭疽、气肿疽）而死的病猪尸体，必须进行焚烧火化处理；对因猪瘟等虽然传染激烈，但用常规消毒方法容易杀灭病原体的病猪和其他伤、病死亡的尸体，可用深埋法和高温分解法处理。

毁尸坑是由砖和混凝土等修建的可密闭的尸体处理设施，一般深 10m，直径 3m 左右，它利用尸体厌氧分解产生的高温杀灭病原菌，适合中、小型规模化猪场使用。毁尸坑须设置在猪场的下风区，离生产区、河流、水井 1000m 以外较干燥的地方。对少量猪尸体也可选择偏僻干燥的地方挖坑深埋，坑深 2m 以上。坑挖好后，底部先撒一层生石灰，投入猪尸体，再撒一层生石灰，用土埋实（本法不适宜处理传染病猪尸体）。

十一　其他设备

其他设备包括仔猪运输车、场内运猪车、散装饲料车、粪便运输车等运输工具，以及饲料车间、装猪台、自备电机房、生产资料仓库、锅炉房、水塔以及各种生活福利设施等。

第四节　猪舍环境管理

母猪的生产性能是由遗传和环境共同作用的。没有优良的遗传因子不能获得优质高产的产品，但是再好的良种如果没有适宜的环境条件，其遗传优势也不能得以充分发挥。因此，采用工程技术措施为母猪饲养创造适宜的生产环境条件，是推动养猪生产发展的一个有效手段。

一　猪舍的环境要求

1. 温度

猪保持体温恒定是通过物理性调节（散热）与化学调节（产

热）来实现的。研究和实践表明，热应激和冷应激给养猪生产带来的影响，需要引起足够重视。高温使母猪发情持续期缩短并使发情周期延长。在配种时期，繁殖力最易受热应激影响，环境温度升高相应使母猪体温升高，导致母猪内分泌改变，繁殖母猪发情推迟，增重速度下降，当气温达39℃时生长停止。种公猪表现性欲抑制，精子活力下降、密度降低，畸形精子增加，从而导致母猪受胎率降低。养猪生产中，要重点加强夏季猪只的防暑降温和冬季猪只的防寒保温。在夏季，应适当降低饲养密度，打开门窗，加大通风量，用冷水淋浴。猪舍周围应多植树，以绿化遮阴，搭凉棚、盖天窗，以减少辐射。冬季要适当地加大猪的饲养密度，控制门窗的启闭，增加垫草或保温设备，减少猪体热散失，并增加饲喂量以增加猪产热量。初生仔猪皮薄毛稀，且体重小、体表面积相对较大，体热调节机能尚未发育完善，在猪场规划时必须充分考虑。仔猪保温温度在30~32℃，仔猪保温可采用电热板+保温灯来实现。

2. 湿度

湿度是用来表示空气中水汽含量多少的物理量，常用相对湿度来表示。猪舍内的水汽来源有大气水蒸气、猪的呼吸道和皮肤散发的水汽、地面墙壁等物体表面蒸发的水汽。猪舍湿度过高，会明显降低猪的抗病能力，导致多种传染病的发生，特别是各种呼吸道疾病、风湿症等；分娩猪舍湿度过高，会导致母猪产仔数减少，仔猪断乳重降低；生长育肥猪舍湿度过高，会引起饲料利用率下降，日增重降低。猪舍内空气的相对湿度对猪的影响，和环境温度有密切关系。高温潮湿环境对母猪繁殖力影响较大，严重时会造成母猪不能正常发情，受胎率明显下降。猪舍内空气温度和相对湿度见表1-8。

表1-8　猪舍内空气温度和相对湿度

猪舍类别	空气温度/℃			相对湿度（%）		
	舒适范围	高临界	低临界	舒适范围	高临界	低临界
种公猪舍	15~20	25	13	60~70	85	50
空怀妊娠母猪舍	15~20	27	13	60~70	85	50

猪舍类别	空气温度/℃			相对湿度（%）		
	舒适范围	高临界	低临界	舒适范围	高临界	低临界
哺乳母猪舍	18~22	26	16	60~70	80	50
哺乳仔猪保温箱	28~32	35	27	60~70	80	50
保育猪舍	20~25	28	16	60~70	80	50
生长育肥猪舍	15~23	27	13	65~75	85	50

注：1. 表中哺乳仔猪保温箱的温度是仔猪1周龄以内的临界范围，2~4周龄时的下限温度可降至24℃。表中其他数值均指猪床上0.7cm处的温度和湿度。

2. 表中的高、低临界值指生产临界范围，过高或过低都会影响猪的生产性能和健康状况。生长育肥猪舍的温度，在月平均气温高于28℃时，允许上限提高1~3℃；月平均气温低于5℃时，允许下限降低1~5℃。

3. 在密闭式有采暖设备的猪舍，其适宜的相对湿度比上述数值要低5%~8%。

3. 空气卫生

猪舍中的有害气体主要包括氨、硫化氢和二氧化碳等，主要是由猪的呼吸、粪尿和饲料腐败分解产生的。当猪舍中的有害气体含量高于一定浓度时，就会刺激猪呼吸道黏膜，引起呼吸器官的充血、水肿，严重者还可通过肺泡进入血液，引起呼吸道疾病和中枢神经系统疾病。

（1）氨 氨主要来自于母猪粪便的分解。氨能刺激母猪黏膜，引起黏膜充血、喉头水肿、支气管炎，严重时引起肺水肿、肺出血、结膜炎、中枢神经系统麻痹、中毒性肝病等。

（2）二氧化碳 二氧化碳的主要来源是舍内猪的呼吸。二氧化碳的危害主要是造成缺氧，引起慢性毒害。猪长期处在缺氧的环境中会精神萎靡，食欲减退，体质下降，生产力降低，对疾病的抵抗力减弱，特别对结核病等传染病易于感染。

（3）硫化氢 硫化氢是具有恶臭味的有害气体，其来源于含硫有机物。硫化氢主要的危害是刺激猪黏膜，引起眼结膜炎、鼻炎、气管炎，以至肺水肿。经常吸入低浓度硫化氢可出现植物性神经紊乱。长期处在低浓度硫化氢的环境中，母猪体质变弱，抗病力下降。

（4）**粉尘** 猪舍内的粪便、饲料、猪体上的脱落物、泥土等微尘以及附着在上的病原微生物，散落在空气中形成空气中的粉尘。猪长期生活在通风不良的猪舍内时，粉尘会导致猪呼吸道疾病，引起肺炎。猪的许多病菌都是通过尘埃传播的。粉尘还成为空气中水汽的载体或凝聚核，并可吸附氨和硫化氢等有害化学物质，当其被吸入猪呼吸器官时对猪造成危害。要减少猪舍空气中的尘埃和微生物，建场时应合理设计、正确选址、合理布局，防止和杜绝传染病侵入。舍内应及时清理污物和清扫圈舍，保持合理通风换气，定期消毒。猪舍空气卫生指标见表1-9。

表1-9　猪舍空气卫生指标

猪舍类别	氨/（mg/m³）	二氧化碳/（mg/m³）	硫化氢/（mg/m³）	粉尘/（mg/m³）	细菌总数/（万个/m³）
种公猪舍	25	1500	10	1.5	6
空怀妊娠母猪舍	25	1500	10	1.5	6
哺乳母猪舍	20	1500	8	1.2	4
保育猪舍	20	1500	8	1.2	4
生长育肥猪舍	25	1500	10	1.5	6

> 【提示】 控制有害气体浓度的关键措施是及时清除粪便，经常保持栏舍的清洁干燥，并定期做好消毒工作。必要时可采用自动变速通风机排风。

4. 光照

猪舍适宜的自然光照，有利于杀菌、消毒，提高猪体的抗病能力，预防佝偻病和缺钙症的发生。据生产实践表明，保持较长的光照时间有利于母猪的发情、配种和妊娠；光照时间不足则会对猪的采食量和生长速度产生不良的影响。一般规模化猪场的光照可分为自然光照和补充光照两种，种猪舍和仔猪舍应适当保持较长的光照时间；但育肥猪舍则应保持较暗的光照环境，以利其休息和育肥。

5. 群居环境

猪是一种群居动物，具有许多群体生活习性，表现较为突出的是由争斗决定出优胜序列的等级结构，形成一个相对稳定的群体。这种稳定的社群关系对于维持整个猪群的安静、采食、活动及个体生长发育十分重要。因此，规划猪场时，应满足猪的群居习性的需求。有条件时可以考虑设运动场；无运动场时，猪舍要有足够的面积供猪活动，使猪的采食、躺卧、饮水、排泄、活动分别具有一定的空间。

6. 饲养密度

猪场的猪只饲养密度，不但会影响猪舍空气、卫生状况，而且可影响猪只采食、饮水和休息，进而影响猪体的健康和生产性能。适宜的饲养密度有利于猪的采食，可提高生长速度。而密度过大则会增加猪的活动时间，引起咬斗现象，影响增重和饲料利用率。母猪一旦受到惊吓，需要一个缓冲的空间，否则容易引起猪只之间的践踏、碰撞，造成伤害和死亡。各类猪舍应避免出现强烈噪声，采取加强猪舍周围绿化等措施，降低外部噪声的传入，确保各类猪舍的生产噪声和外界传入噪声不超过 80 分贝（dB）。另外，为了减少猪只打斗行为的发生，利于育肥猪的增重速度，应适当增大猪的占栏面积。据生产实践表明，每个猪栏的饲养密度宜按表 1-10 的数据执行。

表 1-10　猪只饲养密度

猪 群 类 别	每栏饲养猪头数	每头猪占栏面积/m²
种公猪	1	9.0 ~ 12.0
后备公猪	1 ~ 2	4.0 ~ 5.0
后备母猪	5 ~ 6	1.0 ~ 1.5
空怀妊娠母猪	4 ~ 5	2.5 ~ 3.0
哺乳母猪	1	4.2 ~ 5.0
保育仔猪	9 ~ 11	0.3 ~ 0.5
生长育肥猪	9 ~ 10	0.8 ~ 1.2

综上所述，随着养猪生产规模化和集约化程度的不断提高，与之配套的猪舍环境调控技术显得越来越重要。只有提供适宜的环境条件，优良品种的生产潜力、饲料效益、抗病能力等才会得到最大

程度的发挥，获得较高的经济效益和社会效益。

二 猪舍的环境控制措施

1. 通风换气

通风换气是控制猪舍内环境的一个重要手段。猪舍内有效通风可保持空气均匀分布，在高温环境下还可以缓解猪的热应激，降低舍内湿度和有毒、有害气体的积存，提高饲料利用率和增重速度。猪舍通风方法一般采用通风窗的自然通风与机械通风相结合的方式。自然通风换气是指利用舍内外空气密度差引起的热压或风力造成的风压来促使空气流动而进行的通风换气，适于高湿、高温季节的全面通风及寒冷季节的微弱换气。当夏季蒸发降温或开窗受到限制，使高温季节通风不良时，则要采用机械通风换气。全封闭猪舍通风一年四季要采用动力通风，春、秋、冬季节只将氨气排风扇打开即可，氨气排风扇要从地沟抽风（漏粪地板下），使地板下面呈负压状态，使有害气体被抽出舍外，新鲜空气源源不断进入舍内。夏季要采用正压通风局部降温和负压通风两种。正压通风主要是对猪进行局部降温，负压通风是将猪舍内的污浊、湿热空气排出，并通过提高风速来增加猪的舒适感。

2. 防寒保暖

要求设置顶棚，在屋顶与顶棚设置保温层、双层窗。墙体在保温隔热中起重要作用，猪舍 30% ~ 40% 的热量是通过墙体散发的。猪舍墙体可用空心砖或空心墙体，以加强隔热保温性能。除猪舍设计注重保温外，还应适当安装保温设备。分娩哺乳母猪舍的仔猪活动区还应局部采暖，局部采暖设备主要有加热地板、加热保温板、红外线灯、保育箱。北方农户的火墙、土坑采暖方式，在猪舍采暖中也可以应用。另外，冬季应堵塞风口，在地面饲养时还应铺设垫草。

> ⚠ 【注意】 防寒保暖对仔猪特别重要，分娩哺乳舍和保育舍应重点考虑。

3. 防暑降温

在夏季，大多数地区猪舍内环境温度偏高，必须注意防暑。猪舍降温的方法有很多，其中机械制冷方法，因为所需设备和运行费用都很高，不经济。绿化遮阴和遮阴棚能有效阻挡太阳辐射能，在夏季太阳辐射强烈、湿度不太大的地区，遮阴是简单有效的降温方法。通风也是一种有效的降温方法，夏季自然通风的气流速度较低，可采用机械通风来形成较强气流，进行降温。冷水降温是利用远低于舍内气温的冷水，使之与空气充分接触而进行热交换，从而降低舍内空气温度的降温方法。滴水降温是一种经济有效的降温方法，适合于公猪和分娩母猪，在这些猪的上方安装滴水降温头，水滴间隔性地滴到猪的颈部，由于猪颈部神经作用，猪会感到特别凉爽。喷雾降温是另一种经济有效的降温方式，适合公猪舍、妊娠母猪舍、育肥猪舍。

4. 合理光照

光照是猪舍小气候的重要因素之一，不仅对猪只健康与生产力有重要影响，而且直接影响人的工作条件和工作效率。为猪创造适宜的环境，必须包括适当的光照，因而猪舍必须采光。猪舍采光包括利用自然光照与借助人工照明两个方面。前者是充分利用太阳的自然光照，后者则利用人工光源以弥补自然光照的不足。开放式或半开放式猪舍和一般有窗的封闭式猪舍主要靠自然采光，必要时辅以人工照明；而无窗的封闭式猪舍则需完全靠人工照明。实践中，可根据具体情况通过合理设计门窗、安装灯具，确保猪舍光照适宜，光照均匀。猪舍人工照明宜使用节能灯，一般可按照灯距 3m、高度 2.1 ~ 2.4m，每灯光照面积 9 ~ 12m^2 的原则布置。猪舍采光参数见表 1-11。

表 1-11　猪舍采光参数

猪舍类别	自然光照		人工照明	
	窗地比	辅助照明/lx	光照强度/lx	光照时间/h
种公猪舍	1:(10 ~ 12)	50 ~ 75	50 ~ 100	10 ~ 12
空怀妊娠母猪舍	1:(12 ~ 15)	50 ~ 75	50 ~ 100	10 ~ 12
哺乳猪舍	1:(10 ~ 12)	50 ~ 75	50 ~ 100	10 ~ 12
保育猪舍	1:10	50 ~ 75	50 ~ 100	10 ~ 12
生长育肥猪舍	1:(12 ~ 15)	50 ~ 75	30 ~ 50	8 ~ 12

注：1. 窗地比是以猪舍门窗等透光构件的有效透光面积为 1，与舍内地面之比。

2. 辅助照明是指自然光照猪舍设置人工照明以备夜晚工作照明用。

5. 严格定期消毒，实行全进全出制度

一般要求做到一天两次清粪，每次清粪后进行彻底清扫，在温暖季节、通风良好的条件下，可用水冲洗地板。每周消毒一次。在免疫接种、断乳、转群、并群前都应进行一次彻底的消毒。"全进全出"制度是控制传染病和减少传染病发生的最好方式。只有这样才能确保空舍的消毒，杜绝上一批次的猪把病原微生物传给下一批次猪。生长发育迟缓的猪只最易感染疾病或者本身就是患病猪，这些猪往往成为猪场内猪病的主要传染源，及时淘汰这些病弱猪只就等于消除传染源。

6. 粪污处理与利用

分散户养的农户养殖方式，产生的粪污较少，完全可以还田作为肥料利用，基本上不存在环境污染问题。规模化猪场饲养规模大，有利于提高猪的饲养技术、防疫能力和管理水平，与传统方式即农户分散饲养相比，能够大大提高生产效率和饲料转换率，降低生产成本，从而增加经济效益。但是这种集中饲养方式造成了粪尿过度集中和冲洗水大量增加。为了运输方便，规模化猪场大多建在城市郊区，周围无足够的农田消纳数量众多的粪污，或因人为因素不加以利用，粪污任意堆放和排放时，会严重污染周围环境，同时也会污染自身环境。猪粪尿虽可引起水质和空气污染，但它含有大量的营养物质，若能合理利用，则可带来可观的经济效益。因此，我们不但应当把粪尿的污染危害降至最低限度，而且还必须采取各种有效措施，进行多层次、多环节综合处理，最大限度地利用其包含的营养物质，变废为宝，化害为利。

——第二章——
高产母猪的营养与饲料

第一节　高产母猪的常用饲料原料

一　能量饲料

能量饲料是指富含碳水化合物和脂肪，干物质中粗纤维含量低于18%，粗蛋白质含量低于20%的饲料。这类饲料的营养特点是消化率高、含能量丰富，是母猪所需能量的主要来源，是全价配合饲料中用量最大的一类饲料，但其中蛋白质含量少，特别是缺乏赖氨酸和蛋氨酸。因此，这类饲料须与蛋白质饲料配合使用。

1. 禾谷类籽实饲料

本类饲料属禾本科植物成熟的种子。常见种类有玉米、小麦、稻谷、大麦、高粱等，是猪饲粮中最重要的饲料。禾谷类籽实中无氮浸出物含量高，而粗纤维含量低，故其消化率很高，消化能也高；粗蛋白质含量低，且品质也较差，赖氨酸、色氨酸和蛋氨酸缺乏；矿物质中钙少磷多，钙磷比例不当，且磷多以植酸磷形式存在，利用率低；维生素中缺少维生素 B_2 和维生素 D。

(1) 玉米　玉米是母猪的主要能量饲料，常将它作为衡量其他能量饲料的标准。玉米能量高，含粗纤维少，适口性好，易于消化，黄色玉米中含有较多的胡萝卜素，但蛋白质含量低，仅有8.5%左右，且缺乏赖氨酸和蛋氨酸，生产中不能单用玉米喂猪，必须与品质较好的蛋白质饲料和矿物质饲料等搭配一起喂。玉米粗脂肪含量高（4%~5%），亚油酸高达2%，是禾谷类籽实中最高者。由于不饱和脂肪酸含量高，玉米不宜作为育肥后期猪的唯一能量饲料，否则易形成软脂胴体，不宜作腌肉用。玉米如果不及时晾晒或烘干，极易发霉变质，使母猪发生霉菌毒素中毒。玉米发霉的第一个征兆是胚轴变黑，然后胚变色，最后整粒玉米呈烧焦状。储存的玉米，含水量应保持在13%以下。另外，玉米细粉会引起胃溃疡，成年猪以饲喂粗粒玉米粉为好。

> 🡒 【提示】 由于玉米不饱和脂肪酸含量较高，玉米粉碎后易酸败变质，不宜久存，应现粉碎现用。夏天粉碎后宜7～10天喂完。变质后的玉米发苦，口味较差，会引起仔猪中毒死亡，妊娠母猪流产和死胎。

（2）高粱 高粱除消化能稍低于玉米外，营养特性与玉米相似，粗蛋白质含量9%左右。但高粱含有较多的单宁，具有苦涩味，影响了饲料的适口性和养分的消化率，且影响饲料蛋白质的氨基酸的利用。因此仔猪不宜用它饲喂，其他猪的饲喂用量也不宜过大，通常在配合料中占10%以下。

> 🡒 【提示】 高粱含鞣酸较多，多喂容易引起猪便秘。

（3）大麦 大麦的蛋白质含量为11%～12%，品质也较好，赖氨酸、蛋氨酸、色氨酸含量比玉米略高，其粗脂肪含量则较低。因此，大麦是育肥后期猪理想的饲料。用大麦育肥的猪能获得优质硬脂胴体，肌肉品质好。大麦粗纤维含量较高，适口性差，不宜作为仔猪的饲料。但若是裸大麦或经脱壳、压片及蒸汽处理后可取代部分玉米饲喂仔猪。大麦皮厚，含粗纤维多，喂时宜经粉碎，否则不易消化。大麦含有一定量的多缩己聚糖，饲喂过多会引起粪便黏稠和鼓胀病，用量一般不宜超过20%。

> ⚠ 【注意】 严重感染赤霉病的大麦，不仅适口性差，而且易导致中毒，因此不宜饲用。

(4) 小麦 小麦的综合营养价值高于玉米。如蛋白质含量是禾谷类籽实中最高的，必需氨基酸、钙、磷、锰、锌、铁的含量都高于玉米，磷的利用率也高于玉米。用小麦代替玉米喂育肥猪可改善胴体品质、防止背膘变厚。如果条件允许可将其作为猪主要的能量饲料。小麦可整粒或粗磨后饲喂，但不宜磨得过细，以免在猪嘴里形成糊状，而影响适口性和消化性。在正常情况下，其用量可占饲粮的10%～30%。

⚠️ **【注意】** 需要预防小麦赤霉菌，对猪可引起急性呕吐等中毒症状。

(5) 稻谷 稻谷有稻壳，粗纤维含量高，蛋白质含量比玉米略低，消化能也低于玉米，其营养价值仅为玉米的80%～85%。因此稻谷占配合饲粮的比例不宜过高（约为30%），仔猪料中不宜使用。稻谷最好去掉外壳后与蛋白质、矿物质等饲料配合使用。

2. 谷类籽实的加工副产物

生产中常用的谷类籽实加工副产物主要有小麦麸、次粉和米糠。该类饲料尤其是糠、麸的粗纤维含量较高，无氮浸出物较低，因此消化能比谷类籽实低；粗蛋白质含量较高，介于谷类籽实与豆类籽实之间；粗脂肪含量较高（米糠含量高），其中大部分为不饱和脂肪酸，易酸败；矿物质含量丰富，但利用率低，尤其是钙少磷多造成严重的不平衡；B族维生素含量丰富，但胡萝卜素和维生素D、维生素K缺乏。

(1) 小麦麸 小麦麸是小麦加工面粉时的副产品，产量大。小麦麸的特点是适口性好，粗蛋白质含量较高，达15%左右，必需氨基酸含量也高于玉米，特别是赖氨酸达0.57%，B族维生素含量丰富。小麦麸因含粗纤维较多，体积大，且含较多的植酸，所以具有轻泻性质，可作为分娩前后母猪的保健饲料，用量占饲粮的5%～25%；可作为育肥猪调节饲粮能量浓度、提高肉质的饲料，但喂量不宜超过20%，否则会影响增重。

（2）次粉 次粉的蛋白质（14%左右）和粗脂肪（2.2%）含量比小麦麸低。粗纤维含量（3.5%）比小麦麸低，有效能高于小麦麸，与玉米接近。选用次粉时要注意营养质量。灰白色次粉容重大，含小麦麸较少，粗蛋白质与粗纤维含量较少；浅褐色次粉容重小，含小麦麸较多，粗蛋白质与粗纤维含量较高，能值较低。次粉用于粉状饲料中，易造成糊口现象，影响适口性。次粉是很好的颗粒黏结剂，适合于制颗粒饲料。

（3）米糠 稻谷的加工工艺不同，可得到不同的副产物，如砻糠、统糠和米糠。其中只有米糠才属于能量饲料。砻糠由谷壳碾磨而成，含有大量的粗纤维和粗灰分（利用率很低），属于粗饲料，营养价值极低，不能用作猪饲料。统糠为稻谷碾米时一次分离出的含砻糠、种皮及少量的糊粉层、胚和胚乳的混合物，营养价值介于砻糠和米糠之间，也属于粗饲料，对猪的营养价值低。统糠不宜用于仔猪，如果将其作为生长肥猪后期的限饲饲料，则用量不宜超过10%。米糠是糙米加工成精米时的副产物，由种皮、糊粉层、胚和少量的胚乳组成，100kg稻谷脱壳可产出米糠6kg。米糠含脂肪高（平均为16.5%），其中油酸及亚油酸占脂肪酸的79.2%，故其脂肪的营养价值可与玉米相比。米糠有轻泻作用，在饲粮中用量不宜多，尤其是仔猪和妊娠母猪。

3. 糟渣类饲料

本类饲料主要是谷实类籽实淀粉生产过程中和酿酒后的副产品，常见的有粉渣、白酒糟、啤酒糟等。用糟渣类饲料喂猪应注意搭配能量、蛋白质、矿物质和维生素等饲料，以保证猪的营养平衡。

（1）粉渣 粉渣干物质中的主要成分为无氮浸出物，水溶性维生素、蛋白质、钙、磷含量少。鲜粉渣含水量高，由于含可溶性糖，粉渣易发酵产酸，且易被腐败菌和霉菌污染而变质，丧失饲用价值。因此鲜粉渣宜青贮保存，以防止霉败。

> ⚠ **【注意】** 哺乳母猪饲粮中不宜加粉渣，尤其是干粉渣，否则乳中脂肪变硬，易引起仔猪下痢。

（2）啤酒糟 干啤酒糟的营养价值较高，如粗蛋白质含量为20%～32%，粗脂肪含量为6%～8%，无氮浸出物含量为39%～48%，亚油酸含量为3.4%，钙多磷少，粗纤维含量为13%～19%；鲜啤酒糟含水量为80%左右，易自行发酵而腐败变质。所以，如果使用鲜啤酒糟应直接就近饲喂，或青贮一段时间后再喂。啤酒糟的粗纤维含量较高，不宜喂仔猪，在生长育肥猪的饲粮中其含量也应控制在20%以下。

（3）白酒糟 白酒糟因原料不同和酿造方法不同，营养价值差异较大。但总的来说，粗蛋白质、粗脂肪、粗纤维等成分所占比例比原料相应提高，而无氮浸出物含量则相应降低，B族维生素含量较高。新鲜白酒糟在生长育肥猪饲粮中用量不宜超过20%，干白酒糟在10%以下。而仔猪、妊娠母猪和种公猪不宜用其饲喂。一时喂不完的鲜白酒糟应在窖中或水泥地面彻底踩实保存，表层发霉结块部分不能饲喂，以防中毒。以稻壳为发酵辅料的白酒糟，由于粗纤维含量过高，不适于喂猪。

> ➡ **【提示】** 仔猪、妊娠母猪和哺乳母猪不宜多用酒糟饲喂，以免引起仔猪腹泻，导致妊娠母猪出现流产、产死胎、畸形胎和弱胎现象。酒糟发霉结块变质的不能喂猪。

4. 富含淀粉的块根块茎类饲料

常见的淀粉质的块根块茎饲料主要有甘薯（红苕）、马铃薯（土豆）等薯类作物。鲜块根块茎的水分高（75%～90%），营养成分含量较低，故消化能低。但若按干物质计，其消化能与禾本科籽实近似；

粗蛋白质含量低，且其中非蛋白氮占一半以上，蛋白质的品质也差；矿物质含量不平衡，钾多，钙、磷含量极少；B族维生素含量较高。

(1) 甘薯 又称地瓜、红苕、白薯等，干物质含量为25%～30%，主要是淀粉和糖淀粉，占85%以上，蛋白质、钙磷含量都很少，且缺乏赖氨酸、蛋氨酸和色氨酸。黄色品种（指甘薯肉质部分）富含胡萝卜素。甘薯风干物的营养价值几乎与谷物相同。甘薯多汁、味甜、适口性好，特别对育肥期、哺乳期的母畜有促进消化、积累脂肪、增加泌乳的功能。甘薯还是草食家畜冬季不可缺少的多汁饲料及胡萝卜素的重要来源。甘薯干可用于生产全价饲料，由于其具有黏性，适合加工颗粒饲料。鲜甘薯不耐储藏，易霉烂变质，低温易冻坏，高温易发芽，保存温度以13℃左右为宜。甘薯水分含量高，体积大，一时喂不完，可采用下列方法储存：一是青贮，将甘薯洗净，用粉碎机打碎装窖青贮，亦可将薯块与薯藤一起打碎青贮；二是制成薯糠，将甘薯打碎，掺入30%糠麸，晒干收藏；三是将甘薯磨粉，粉渣用来喂猪，一时用不完的可青贮保存。

⚠ **【注意】** 甘薯储存不当时会发芽、腐烂或出现黑斑，产生毒性酮，对猪造成危害。

(2) 马铃薯 又称土豆、洋芋等。马铃薯的营养成分与饲用价值和甘薯相似，干物质中主要成分是淀粉（80%以上），有效能值接近玉米，粗纤维含量较甘薯少；蛋白质含量比甘薯多，且生物学价值较高；含较多的B族维生素。马铃薯煮熟喂猪的效果明显优于生喂。如果采用生喂则需将马铃薯去芽和绿皮后装在过水的容器中，流水浸泡一昼夜后饲喂。马铃薯中含有生物碱毒素——龙葵素，尤以芽、芽眼和青绿色皮中含量高。如果马铃薯已发芽或皮变绿则应先去芽及绿皮，然后采用煮熟、青贮或烘干粉碎后饲喂。

➡ **【提示】** 马铃薯中毒是大量饲喂开花、结果期马铃薯茎叶或其发芽、腐烂块根时所致的一种中毒病。临床表现以出血性胃肠炎和神经损害为特征。妊娠母猪中毒往往发生流产。

二 蛋白质饲料

凡粗纤维含量低于18%，粗蛋白质含量不低于20%的饲料称为蛋白质饲料。蛋白质饲料是养猪生产中的主要饲料之一，主要来源有植物性蛋白质、动物性蛋白质和单细胞蛋白质饲料三大类。

1. 植物性蛋白质饲料

植物性蛋白质饲料是蛋白质饲料中使用最多的一类。植物性蛋白质饲料主要包括豆科籽实、饼粕类饲料和其他制造业的副产品。植物性蛋白质饲料粗蛋白质含量高，蛋白质中的必需氨基酸含量也较平衡，故蛋白质的利用率高于禾谷类籽实饲料蛋白质的利用率；无氮浸出物含量低；粗脂肪含量因种类、加工工艺不同变化较大；粗纤维含量一般不高，但棉籽饼、葵籽饼、花生饼等的粗纤维含量较高；矿物质含量与谷类籽实相似，也是钙少磷多；B族维生素含量丰富，胡萝卜素含量较少；该类饲料如果用量过大，适口性较差；油籽饼（粕）等含有毒素或不良物质，如果不脱毒就大量利用，易中毒。

（1）饼（粕）类饲料 常用的饼粕类饲料有大豆饼（粕）、花生仁饼（粕）、菜籽饼（粕）、棉籽饼（粕）等，它们是植物性蛋白质的重要来源。通常将经压榨法得到的副产物称为饼，而将浸提法或预压浸提法得到的副产物称为粕。饼与粕相比，后者的蛋白质和氨基酸含量略高些，而有效能略低些。

1）大豆饼（粕） 大豆饼（粕）是目前生产上用量最多、使用最广泛的植物性蛋白质饲料，在猪的不同生长阶段均可使用。大豆饼（粕）风味好、色泽佳、适口性好，饲喂价值在各种饼粕饲料中最高。大豆饼（粕）蛋白质含量高于其他饼（粕），可达40%～47%，必需氨基酸的组成和比例较好，赖氨酸含量较高；缺点是蛋氨酸和胱氨酸含量不足，B族维生素含量较低。大豆饼（粕）所含抗营养因子（与大豆相同）的含量与大豆提取油脂时的水分、温度和加热时间有关，适当的水分和加热时间，有助于消除有害物质，又不破坏蛋白质的营养价值。饲用大豆饼（粕）时国家标准规定的感官性状为：呈黄褐色饼状或小片状（大豆饼），呈浅褐色或浅黄色不规则的碎片状（大豆粕）；色泽一致，无发酵、霉变、结块、虫蛀及异味、异臭；水分含量不得超过13.0%，不得掺入饲料用大豆饼（粕）以外的东西。除粗蛋白质、粗纤维和粗灰分为质量的控制指标外，规定饲用大豆饼（粕）中脲酶活性不得超过0.4%。由于普通加热处理不能完全破坏大豆中的抗原物质，因此饲喂仔猪的饼粕最好经过膨化处理或控制饼粕在饲粮中的适宜比例。大豆饼（粕）应熟喂，在饲粮中可占10%~25%，喂量过多会引起消化不良和造成饲料浪费。

⚠️ 【注意】 当大豆饼（粕）作为猪饲粮唯一的蛋白质来源时，需注意钙、磷和B族维生素（特别是B_{12}）的平衡。

2）菜籽饼（粕） 菜籽饼（粕）的蛋白质含量为35%~40%，蛋白质中氨基酸比较完全，但赖氨酸较低，蛋氨酸较高，可以用其代替部分豆饼喂猪。菜籽饼（粕）粗纤维含量较高，是大豆饼的2倍。菜籽饼（粕）含有的多种抗营养因子（如硫葡萄糖甙及其降解产生的多种有毒产物及单宁等）可严重降低饲料的适口性，引起胃肠道炎症，降低养分消化率，致猪甲状腺肿大、抑制生长、影响母猪繁殖。菜籽饼（粕）在猪饲粮中的适宜用量主要取决于其中毒素的含量。目前生产上合理利用菜籽饼（粕）有两种方法：一是限量使用，育肥猪用量应限制在5%以下，母猪应限制在3%以下，仔猪用量为4%~5%，成年猪为5%~8%；二是进行脱毒处理，常用的脱毒方法有坑埋法、水洗法、加热钝化酶法、氨碱处理法等。

➡️ 【提示】 菜籽饼过量饲喂或不经适当处理就喂猪，可引起中毒和死亡。育肥猪多表现急性症状，死亡快；妊娠母猪可发生流产。妊娠后期母猪和哺乳母猪不宜饲用。

3）棉籽饼（粕） 棉籽经脱壳取油后的副产品棉籽饼（粕），是重要的植物性蛋白质饲料资源（如带壳的棉籽饼则属粗饲料）。去壳棉籽饼（粕）的粗蛋白质含量可达41%，粗纤维含量低，能值与大豆饼接近；未去壳棉籽饼含粗蛋白质20%~30%，粗纤维含量为11%~20%。棉籽饼（粕）的赖氨酸和蛋氨酸含量较低，精氨酸含量较高。棉籽饼（粕）中含有毒的游离棉酚，棉酚在体内特别是肝中蓄积可引起棉籽饼中毒，因而限制了其用于猪饲养。为了防止游离棉酚的有毒作用，可用棉酚和硫酸亚铁按1:5的比例添加硫酸亚铁，或棉酚与铁1:1，经充分混合后饲喂。

⚠️ 【注意】 妊娠母猪和仔猪对棉籽饼毒性物质特别敏感，如果母猪大量饲喂未经处理的棉籽饼，则不仅易引起母猪中毒，而且可通过乳汁引起仔猪中毒。

4）花生仁饼（粕） 我国市场销售的花生饼（粕）是去壳后榨油的副产品，故习惯上又叫花生仁饼（粕），其蛋白质含量为38%~47%，粗纤维含量为4%~5%；其中精氨酸和组氨酸的含量相当高，但赖氨酸（1.2%~2.1%）和蛋氨酸（0.4%~0.7%）含量低。花生仁饼（粕）香味较浓，对猪的适口性好，但由于不饱和脂肪酸含量高，喂量不宜过多，一般不宜超过10%。花生仁饼（粕）很容易发霉，特别是在温暖潮湿条件下，黄曲霉繁殖很快，并产生黄曲霉毒素，这种毒素经蒸煮也不能去掉。因此，花生仁饼（粕）必须在干燥、通风、避光条件下妥善储存，储存期不宜过长。

⚠️ 【注意】 发霉的花生仁饼不能饲用，哺乳仔猪饲粮最好不用花生仁饼（粕）。

(2) 豆科籽实 按主要营养成分含量特点，可将豆类可分为两种类型。一类是高脂肪、高蛋白质类型，如大豆、秣食豆、黑豆、花生等；另一类是高碳水化合物、高蛋白质类型，如豌豆、蚕豆、箭舌豌豆等。用作饲料的主要是后一类型，前一类型仅限于黑豆和秣食豆，而大豆、花生很少直接作饲料。

1）蚕豆（胡豆） 蚕豆中粗蛋白质含量为24.9%~27.3%，蛋白质中氨基酸以赖氨酸含量较高，而蛋氨酸含量很低，其他氨基酸含量则较平衡。蚕豆的脂肪含量低（1.0%~1.6%）而粗纤维含量高（7.5%~8.2%），因而其消化率低于大多数蛋白质饲料。因此用蚕豆作为猪的蛋白质补充料时，应与其他蛋白质饲料配合使用。蚕豆的种皮含较多的单宁（0.3%～0.5%），影响其适口性和养分的消化，因此用量应控制为5%～15%。蚕豆中含有一些不良因子，影响其适口性和营养物质的消化率，为降低不良因子活性，蒸煮是有益的。

⚠️ **【注意】** 蚕豆含钙、铁和锰的量明显低于其他蛋白质饲料。若饲粮中蚕豆比例高，则需额外加锰。

2）豌豆　豌豆风干物质中粗蛋白质含量为24%，蛋白质中含有丰富的赖氨酸，而其他必需氨基酸含量都较低，特别是含硫氨基酸和色氨酸。豌豆中粗纤维含量约为7%，粗脂肪含量约为2%，各种微量元素含量偏低。其作为饲粮蛋白质补料时，需与含蛋氨酸多的其他饲料搭配，或添加合成氨基酸。生豌豆含有胰蛋白酶抑制剂、氰糖甙、单宁等多种抗营养因子。因此，豌豆与大豆相同宜熟喂。粉碎后育肥猪可利用到12%，但需要补充蛋氨酸，对生长及胴体品质无不良影响。种猪亦可用之。煮熟后可用到20%～30%。

3）大豆　大豆是含蛋白质（32%～40%）、粗脂肪（17%～20%）高，粗纤维低的高能量高蛋白质饲料，且赖氨酸含量高，与能量饲料配合使用，可弥补能量饲料蛋白质低、赖氨酸缺乏的弱点。但大豆中蛋氨酸含量相对较低，应注意平衡。在猪饲粮中多应用经过加热处理的全脂大豆，因其蛋白质和能量水平较高，是配制仔猪全价饲料的理想原料。用全脂大豆饲喂母猪，可以产生高脂初乳和乳汁，提高母猪泌乳量，增加仔猪糖原储备，可获得更多的断乳仔猪，提高仔猪断乳重。生大豆中存在多种抗营养因子，如胰蛋白酶抑制剂、大豆凝集素、胃肠胀气因子、大豆抗原等。如果生喂会造成养分的消化率下降和干扰猪的正常生理过程，引起腹泻（即使加热处理这种抗原仍有较强的活性），抑制生长。

⚠️ **【注意】** 大豆应熟喂，且用量不宜过大。

2. 动物性蛋白质饲料
动物性蛋白质饲料包括鱼粉、肉粉、肉骨粉、血粉、血浆蛋白粉、蚕蛹、羽毛粉及乳制品等。动物性蛋白质饲料的蛋白质含量高，多数都在50%以上；必需氨基酸含量较高，蛋白质生物学价值较高；不含粗纤维，消化利用率高；矿物质元素丰富，比例平衡，利用率高；维生素丰富，特别是 B_{12} 含量高；一些动物性蛋白质饲料含有生长未知因子，有利于猪生长。所以，品质优良的动物性蛋白质饲料是补充谷实及糠麸类能量饲料、植物性蛋白质饲料中重要的必需氨基酸、限制性氨基酸的良好来源，同时也是补充维生素、矿物质和某些生长因子的良好来源。

（1）鱼粉　鱼粉是品质及使用效果最好的蛋白质饲料。因原料加工条件不同，鱼粉中营养成分差异较大。优质鱼粉的粗蛋白质含量一般为53%～65%，氨基酸平衡性好，生物学价值高，并富含丰富的钙磷和各种维生素（特别是含有植物性蛋白质饲料中所没有的维生素 B_{12}）。鱼粉的种类很多，因鱼的来源和加工过程不同，饲用价值各异。进口优质鱼粉的外观呈浅黄色，浅褐色，有点发青，有特殊鱼粉香味，不发热，不结块，无霉变和刺激味，蛋白质含量在62%以上，适口性好，动物性蛋白质饲料所具有的各种营养特点都很突出。进口鱼粉以秘鲁和智利的质量最好。国产鱼粉的质量较差，粗蛋白质含量多在40%以下，粗纤维含量高，盐分含量也高，饲喂时要注意添加比例，防止盐中毒。鱼粉在猪饲粮中的用量一般为3.0%～10.0%，给哺乳母猪加喂5%的优质鱼粉，可明显提高仔猪的断乳重；公猪饲料中加适量鱼粉，可提高公猪性欲和精子活力与数量。鱼粉在加工和储藏期间易受光、水、温度、氧、外界微生物的作用而发生一系列的水解和氧化过程，使产品变质酸败生成有害有毒物质，因此判定鱼粉的质量除了营养指标外，还要考虑鱼粉的新鲜度指标。对鱼粉质量可根据其外观及感官简易鉴别（表2-1），必要时需进行实验室鉴别。

表2-1　鱼粉的感官鉴别

鱼粉种类	色　泽	气　味	质　感
优质鱼粉	红棕色、黄棕色或褐色	浓咸腥味	细度均匀、手捻无沙粒感，手感疏松

鱼粉种类	色　泽	气　味	质　感
劣质鱼粉	浅黄色、青白色或黑褐色	腥臭或腐臭味	细度和均匀度较差，手捻有沙粒感，手感较硬
掺假鱼粉	黄白色或红黄色	淡腥味、油脂味或氨味	细度和均匀度较差，手捻有沙粒感或油腻感，在放大镜下观察有植物纤维

⚠ 【注意】　使用鱼粉时应注意鉴别，优质鱼粉的盐分含量不超过1%，含盐分过高的鱼粉应限制使用，以防引起食盐中毒。另外，应对鱼粉妥善储存，特别是高温、高湿季节容易发生霉变、生虫或酸败，导致鱼粉变质，以致不能饲用。

（2）肉粉和肉骨粉　肉骨粉或肉粉是以动物屠宰场副产品中除去可食部分之后的残骨、脂肪、内脏、碎肉等为主要原料，经过脱油后再干燥粉碎而得的混合物。通常含骨量小于10%的为肉粉；而高于10%的为肉骨粉。肉粉粗蛋白质含量为50%～60%，肉骨粉则因其肉骨比不同而蛋白质含量亦有差异，一般为40%～50%，最好与植物性蛋白质饲料搭配使用，喂量占饲粮的3%～10%。正常的肉粉和肉骨粉为褐色、灰褐色的粉状物，产品中不应含毛发、蹄、角、皮革、排泄物及胃内容物。

⚠ 【注意】　使用肉粉与肉骨粉时应注意，肉骨粉不耐久藏，应避免使用脂肪已氧化酸败的变质肉骨粉；监控肉骨粉的卫生指标，如原料是否来源于患病动物，尤其是疯牛病患牛，是否受到过沙门氏菌和其他有害微生物的污染等。

（3）血粉　血粉是畜禽鲜血经脱水加工而成的一种产品，是屠宰场的主要副产品之一，是一个来源广、产量大的动物性蛋白质饲料。血粉的蛋白质含量很高（80%～90%），赖氨酸含量丰富，比鱼粉高近1倍，此外色氨酸、组氨酸和苏氨酸含量也高，但蛋氨酸含量偏低，异亮氨酸缺乏，故血粉是属于高能量高蛋白质，而氨基酸不平衡的蛋白质饲料，宜与其他蛋白质饲料配合使用。血粉味苦，适口性差，用量不宜过高，一般控制在5%以下，且仔猪不宜使用。

> ➡ 【提示】 饲喂血粉过多时可能引起腹泻。

（4）蚕蛹 蚕蛹是缫丝工业的副产品，是高能量、高蛋白质饲料，蚕蛹的脂肪含量可高达22.0%以上。蚕蛹虽属于高能量高蛋白质饲料，但蚕蛹脂肪具有特殊的气味，适口性较差，且容易氧化酸败，不易储存。变质蚕蛹用量过高，会降低猪生产性能，并使猪肉产生异味，体脂变黄。蚕蛹产量少，价格高，饲粮中仅用3%~5%。

3. 单细胞蛋白质饲料

单细胞蛋白质饲料主要包括一些微生物和单细胞藻类，如各种酵母、蓝藻、小球藻类等。单细胞蛋白质饲料的蛋白质含量较高，品质较好；维生素含量较丰富，特别是酵母，是B族维生素最好的来源之一；矿物质含量不平衡，钙少磷多；核酸含量较高，细菌类含20%，酵母类含6%~12%，藻类含3.8%；由于酵母带苦味，藻类和细菌具有特殊的异样气味，故此类蛋白质饲料适口性差。根据以上特点，生产中利用单细胞蛋白质饲料配合猪的饲粮时，应与其他蛋白质、矿物质饲料搭配使用。目前，我国生产的单细胞蛋白质几乎都是酵母，酵母喂猪效果显著。其用量一般为2%~3%，以不超过5%为宜。

三 青饲料

青饲料是指富含水分和叶绿素的植物性饲料，包括作物的茎叶、藤蔓、水生植物、天然牧草和栽培牧草。青饲料鲜嫩可口、营养丰富、水分含量高，栽培或野生的陆生青饲料含水分为70%~85%。水生青饲料含水分为90%~95%，因此青饲料中干物质含量少，营养浓度低。品质较好、新鲜状态下，禾本科和蔬菜类青饲料含粗蛋白质1.5%~3%，豆科青饲料含粗蛋白质3%~5%，按干物质计算，前者粗蛋白质含量为13%~15%，后者含量高达18%~24%，这样的粗蛋白质含量可以满足猪各个生长阶段对蛋白质的需要。而且青饲料蛋白质的品质好，尤其是赖氨酸含量较多，可以弥补禾谷类籽实赖氨酸不足的缺陷。青饲料是养猪生产上维生素营养的良好来源，特别是胡萝卜素、B族维生素含量丰富，但缺乏维生素D。青饲料中富含猪所需的矿物质，且钙磷及微量元素比较平衡，基本能满足猪的需要。青饲料含粗纤维少，幼嫩多汁、适口性好、消化率高，是猪特别喜爱的一种饲料，尤其适用幼龄猪的采食。新鲜状态下所含有的各种酶、有机酸能促进养分消化，调节胃肠道的pH，消化利用率高，而所含有的生长未知因子，能够促进猪的生长和繁殖。总之，青饲料是一种营养较平衡的饲料。但新鲜青饲料水分含量高，体积大，猪对其采食有限，再加上青饲料生产受季节限制，供应不稳定。

⚠️ 【注意】 青饲料越新鲜品质越好，营养越丰富。如果堆积过久，则很容易发热变黄，不仅破坏适口性，破坏掉了部分维生素，而且还会产生亚硝酸盐而引起猪中毒。

1. 天然牧草

天然牧草种类主要有禾本科、豆科、菊科及莎草科四大类。相比之下豆科牧草的营养价值最高，禾本科虽粗纤维含量高，但适口性好，尤其是幼嫩时期。莎草科质硬且味淡，饲用价值较低。

2. 栽培牧草

栽培牧草主要有禾本科和豆科两大类。与天然牧草相比，栽培牧草的粗纤维含量低，可溶性糖含量较高，适口性好，粗蛋白质含量较高，因此营养价值更高。常见品种：禾本科牧草有多花黑麦草、青刈玉米、苏丹草等；豆科的有紫花苜蓿、红三叶、白三叶、紫云英。豆科牧草粗蛋白质含量高，常达15%～20%，质地柔软，适口性好，是猪很好的蛋白质补充饲料，使用得当，可减少蛋白质饲料的用量。其他科的牧草如聚合草、荞麦等也是良好的青饲料。

➡️ 【提示】 人工栽培的牧草应注意适时收割，否则饲用价值会降低。

3. 蔬菜类

蔬菜类饲料包括叶菜及块根、块茎和瓜类的茎叶，不少人类食用的蔬菜也可以作饲料。常见的品种有甘蓝、白菜、青菜、牛皮菜、苋菜、甘薯藤、甜菜及胡萝卜的茎叶、木薯及南瓜的叶等。该类饲料栽培条件好，在收获适时的条件下，一般质地柔嫩、适口性好，且种类多，可利用时间长，因此在猪生产上被广泛采用。但该类饲料的水分含量高，鲜样的能值低，应注意控制猪饲粮中的用量。此外，该类饲料在调制和饲喂过程中，应特别注意可能引起的亚硝酸盐中毒问题，以及某些饲料如牛皮菜、甜菜叶等的草酸含量过多而导致的缺钙的影响。

⚠️ **【注意】** 蔬菜类饲料在饲用时要防止焖制，以免引起猪亚硝酸盐中毒。

4. 水生植物

常用的水生植物饲料主要有水浮莲、水花生、水芹菜和浮萍等。其具有生长快、产量高、不占地和利用时间长的优势。但该类饲料的水分含量为95%左右，营养物质含量低，因而是青饲料中最差的一类。生喂时易使猪感染寄生虫病。

⚠️ **【注意】** 采用青贮的方法将水生植物饲料处理后再喂猪，既能防止感染寄生虫病，又能提高其饲用价值。

四 粗饲料

凡是在饲料干物质中粗纤维含量等于或大于18%、可利用能量很低的饲料都称为粗饲料。粗饲料主要包括青干草和秸秆类饲料。粗饲料的一般特点是含粗纤维多，适口性差，不易消化。不同类型的粗饲料质量差别较大，一般嫩的优于老的，绿色的优于枯黄的，叶片多的优于叶片少的。

常用的优质粗饲料有青干草、甘薯藤、花生藤、槐叶粉等。这类饲料的木质化程度低，粗纤维含量较低（18%~30%），蛋白质和维生素较全面，适口性好，也比较容易消化。用于喂猪的青干草主要指苜蓿、黑麦草、红苕藤叶及松针叶和槐树叶等。不适于喂猪的农副产物有稻壳、花生皮、高粱壳、谷壳、葵花籽皮等。青干草一般是植物在尚未开花之前，适时收割干制而成的饲料，因仍具有绿色，故而得名。青干草的干燥方法可分为自然干燥和人工干燥两种。自然干燥是利用阳光或环境温度使饲料脱水，达到干制的目的。经自然干燥制成的干草，营养成分损失在20%左右，其中胡萝卜素损失70%~80%，粗蛋白质损失20%~50%，但由于阳光照射，维生素D含量会显著增加。人工干燥是利用各种热源进行干燥，其优点是营养损失少，仅为自然干燥的10%~30%，其中粗蛋白质损失5%，胡萝卜素损失10%左右，但维生素C损失严重，且缺乏维生素D。青干草可作为维生素和蛋白质的补充料，成为配合饲料的重要组成部分。青干草尽管饲用价值较高，但由于粗纤维含量较高，配合比例应依据猪的年龄、生产方式等来确定。粗饲料，特别是农作物秸秆和秕壳类饲料，一般只能作填充饲料利用，喂量不宜超过饲粮的5%，优质干草粉可占日粮的10%~20%。粗饲料喂前必须彻底粉碎，以细为好。

> 【提示】 青干草喂猪前，要用粉碎机粉碎成细糠状粉末，直径应为1mm以下，一般越细越好。禾本科青干草粉与豆科青干草粉搭配使用效果更好。

五 矿物质饲料

常规饲料中的矿物质含量往往不能满足猪的营养需要，常常要用专门的矿物质饲料来补充。一般常用的矿物质饲料有食盐、含钙饲料和钙磷平衡的饲料。

1. 食盐

植物性饲料中含钠和氯较少，而钾含量高，为了保持猪体内的钾和钠的平衡关系、维持正常生理活动，需补饲食盐。食盐中含钠39%、含氯60%，饲粮中添加0.3%食盐，可改善饲料的适口性，增进食欲，从而促进生长。

2. 含钙饲料

常用的含钙饲料有碳酸钙、石粉、贝壳粉、蛋壳粉等。

（1）碳酸钙 颜色呈白色或灰白色，是用石灰石煅烧成氧化钙，加水调制成石灰乳，再与二氧化碳作用，得到沉淀的碳酸钙。碳酸钙的含钙量为38%以上。

(2) 石粉 又名石灰石粉，为天然的碳酸钙，呈灰白色，含钙量为30%~37%，是价廉物美的钙源饲料。生产上使用石粉时应注意氟含量不应超过1000mg/kg，砷、铅、钡等重金属含量不应超过5~10mg/kg。猪用石灰石粉的粒度为32~36目，其在饲粮中用量为：仔猪1.0%~1.5%，育肥猪为2%，种猪为2%~3%。

(3) 贝壳粉 贝壳粉为灰白色粉末，是牡蛎等的壳经粉碎而成的产品，含钙量约为35%。

3. 钙磷平衡的饲料

常用的钙磷平衡的饲料主要有骨粉、磷酸氢钙等。

(1) 骨粉 骨粉因加工方法不同，有蒸骨粉、煮骨粉、脱脂骨粉等，含钙量为24%~28%，含磷量为10%~12%，是很好的钙磷平衡的饲料，一般用量占饲粮的1.5%~2%。

(2) 磷酸氢钙 它为白色或灰白色粉末，含钙22%~23%，磷16%~18%。磷酸氢钙是猪饲料中的优质钙磷补充料，但要注意铅含量不能超过50mg/kg，氟与磷之比不超过1:100。

六 维生素饲料

猪只需要的维生素，除由常规饲料，特别是青饲料、酵母、糠麸提供外，主要靠工业合成的维生素添加剂来补充。因为常规饲料中所含的维生素变化较大且易遭破坏，生产上在平衡饲粮中的维生素时，一般都将常规饲料中所含的维生素忽略不计，猪需要的维生素全部通过补充维生素添加剂来解决。

七 饲料添加剂

饲料添加剂是指在配合饲料时添加的各种微量成分。其目的在于满足养猪生产的特殊需要，如保健、促生长、增食欲、防饲料变质、改善饲料及畜产品品质、改善养殖环境等，从而提高经济效益。饲料添加剂可分为营养性添加剂和非营养性添加剂两类。

1. 营养性添加剂

营养性添加剂包括必需氨基酸、维生素、微量元素等主要用于补充和平衡配合饲粮的营养成分，以提高饲料的营养价值。

（1）**氨基酸添加剂**　在我国，猪饲粮中动物性蛋白质饲料缺乏，而植物性蛋白质饲料，尤其是猪的主要饲料——谷类饲料必需氨基酸含量不平衡，因此需要氨基酸添加剂来平衡或补足。养猪生产中常用的氨基酸添加剂是赖氨酸和蛋氨酸。

赖氨酸添加剂，赖氨酸有 L 与 D 两种异构体。动物只能利用 L-赖氨酸。商品赖氨酸添加剂为 L-赖氨酸·盐酸，商品上标明的含量为 98%，指的是 L-赖氨酸和盐酸的含量，L-赖氨酸的含量只有 78% 左右，在使用这种添加剂时，要按实际含量计算。此外，还有一种赖氨酸添加剂是 DL-赖氨酸·盐酸。其中 D 型赖氨酸是发酵或化学合成工艺中的半成品，没有进行转化 L-型的工艺，必须注意 L-型的实际含量。

蛋氨酸添加剂，蛋氨酸的 D 型和 L 型同样可被猪体利用，具有相同的生物活性。因此 DL-型蛋氨酸添加剂的活性成分含量如果标明为 98%，在使用时不用折算。

（2）**维生素添加剂**　随着营养科学的进展，各种维生素在猪体内的作用及需要量逐步明确，因此在饲料内添加维生素，得到日益广泛的应用。常用的维生素添加剂有维生素 A、维生素 D、维生素 E、维生素 K 和硫胺素、核黄素、钴胺素、泛酸、叶酸、烟酸等，并多采用复合添加剂的形式（即将几种维生素配合添加）。维生素添加的数量除按营养需要规定外，还应考虑日粮组成、环境条件（气温、饲养方式等）、饲料中维生素的利用率、猪维生素的消耗及各种逆境因素的影响。

> ➡ **【提示】**　购买维生素添加剂时要注意密封性和有效保存期，过期的维生素添加剂效价降低，甚至完全失效。添加维生素的饲料不宜长时间储存。

（3）**微量元素添加剂**　目前我国养猪生产中添加的微量元素主要有铁、铜、锰、锌、钴、硒和碘等。添加剂的原料是含有这些微量元素的化合物。常用的有碳酸盐、硫酸盐或氧化物类的无机矿物盐。但必须注意：添加铁时不能用氧化铁（仔猪不能吸收）；添加硒时只能用亚硒酸钠或硒酸钠；添加碘时可用碘化钾、碘化钠、碘酸钾、碘酸钙。近年来微量元素添加剂已从无机盐发展到有机酸金属螯合物和氨基酸金属螯合物。这些螯合物中微量元素的利用率都较无机矿物盐高。

⚠ 【注意】 各种营养性添加剂由于添加量小，应充分搅拌均匀，以免造成浪费与意外事故。

2. 非营养性添加剂

非营养性添加剂包括抗生素、酶制剂、益生素、酸化剂、激素、离子交换化合物等，主要作用是促生长、保健康和改善饲料品质。常用的有抗生素添加剂、抗氧化添加剂、防霉剂、酶制剂、益生素、酸化剂等。

第二节　高产母猪的饲养标准与饲料配合

一　母猪的营养需要

1. 后备母猪的营养需要

为使后备母猪维持正常的生长和繁殖机能的正常发育，应满足其对各种营养的需要。后备母猪阶段骨骼和肌肉生长强度较大，而脂肪沉积较少，其不同于育肥猪，生长速度过快会降低其种用价值。因此，根据后备猪的生长发育规律，后备母猪不应追求高的生长速度。一般认为适宜的营养水平是后备猪生长发育的保证，过高过低均会造成不良影响，特别对母猪可能导致发情推迟或不发情，影响繁殖成绩。实践证明，采用中等偏上的营养水平，后备母猪体质结实、健壮，可为以后的繁殖表现打下基础。后备母猪还处于生长发育阶段，饲喂含有全价蛋白质和氨基酸平衡的饲料是非常重要的。后备母猪的饲养不同于经产母猪，其营养需要应与经产母猪相区别。必须使后备母猪在尽可能好的膘情下开始它的第一次妊娠。通常，如果后备母猪在第一次受孕或第一次哺乳期间没有足够的脂肪储存，它将耗尽所储存的脂肪以保证胎儿或仔猪的良好发育。其结果是，母猪在恶劣的膘情下进入第二个繁殖周期，这样便会导致第二窝产仔数少，仔猪发育不良。体脂储存少的后备母猪在繁殖周期中会很快消耗掉其储存的体脂，使其繁殖性能降低而遭淘汰，甚至到第三或第四次分娩后繁殖性能已完全丧失。而后备母猪能量摄入过多时，过多的脂肪渗入乳腺泡，限制乳腺系统的血液循环，从而导致乳房发育不良，影响泌乳量；如果过分限饲，又会推迟母猪初情期的出现。因此，确定后备母猪营养水平是否合适的主要标志是保持其良好的种用体况，初情期适时出现，并达到要求的初配体重。达到90~100kg 的后备母猪，根据体况要注意加料和限料。后备母猪前期蛋白质和能量要求高，蛋白质18%，能量12.60MJ/kg；后期蛋白质16%~17%，能量11.76~12.18MJ/kg。此外，充足而全面的维生素和微量元素营养也是其旺盛代谢活动和正常生理机能所必需的。很多试验研究表明，猪最大骨骼矿化要比最快生长率对钙、磷的需要量更高。从50kg 体重开始，后备母猪日粮的钙、磷含量要比育肥猪至少高0.1%。后备母猪的日粮除要求额外较高水平的钙、磷之外，如果能再补充高水平的铜、锌、铁、碘、锰等微量元素，将有助于提高母猪体内这些矿物质的储备，从而改善以后的繁殖表现。

> 【提示】 后备母猪饲料中营养水平和营养物质的含量应根据后备母猪生长发育阶段、饲养环境等因素而定，要注意能量和蛋白质的比例，特别要满足矿物质、维生素和必需氨基酸的供给，切忌饲用大量的能量饲料，以防止后备母猪过肥或过瘦而影响种用价值。

2. 妊娠母猪的营养需要

(1) 妊娠母猪的营养需要特点 妊娠母猪在 100 多天的妊娠期里，生理上发生了显著变化，所需要的营养除供给自身所需要外，还要满足新生命诞生的需要。因此，必须科学合理地配制全价饲粮，才能使妊娠母猪产出较多的仔猪。妊娠母猪的营养代谢的吸收高于空怀母猪，采食量增加，喜睡卧，体重迅速增加。母猪在妊娠期，中青年母猪体重增重45~60kg；成年母猪增重35~50kg。在增重中，母猪自身增重和子宫及内容物增重大致各半。妊娠母猪自身体重增加是前期高于后期，子宫内容物增重是后期高于前期。因此，应按妊娠期胎儿生长发育和体重变化规律，给予相应的营养水平。在妊娠前期胎儿绝对体重小，营养需要也相对较少。到妊娠后期胎儿体重增长很快，且能量转化为胎儿增重的效率较高，后期养分需要明显高于前期。营养不足会造成母猪消瘦，胎儿发育受阻，初生体重小或弱胎和死胎增加；相反，过高会使母猪肥胖，不仅浪费饲养费用，且因体内脂肪沉积而影响胎儿生长发育。肥胖的母猪，泌乳期食欲不旺，影响泌乳力发挥，失重多，对断乳后发情配种不利。从保证胚胎顺利发育和充分利用饲料的角度上考虑，母猪妊娠期营养水平应采取"前低、后高"的饲养方式，分别给以不同营养水平的全价饲料。即妊娠前期在一定限度内降低营养水平，到妊娠后期再适当提高营养水平。整个妊娠期内，经产母猪增重以保持 30 ~ 35kg 为宜，初产母猪增重以保持 35 ~ 45kg 为宜（均包括子宫内容物）。

（2）**妊娠母猪的能量需要** 妊娠期营养水平过高，母猪体脂肪储存较多，是一种很不经济的饲养方式。特别是母猪在妊娠初期采食的能量水平过高，会导致胚胎死亡率增高。试验表明，按不同体重，在一定的消化能基础上，每提高 6.28MJ 消化能，产仔数减少 0.5 头。前期能量水平过高，体内沉积脂肪过多，则会导致母猪在哺乳期内食欲降低，采食量减少，既影响泌乳力发挥，又使母猪失重过多，还会推迟下次发情配种的时间。据研究，母猪的维持代谢能需要每天每千克代谢体重 0.44MJ。1 头 120 ~ 215kg 的母猪每天需要维持代谢能 17 ~ 25MJ。蛋白质的维持需要为 90 ~ 140g。我国猪的饲养标准规定，妊娠前期的消化能是在维持基础上增加 10%，妊娠后期的消化能是在前期的基础上增加 15%。饲养标准按四个体重等级（90kg 以下、90 ~ 120kg、120 ~ 150kg、150kg 以上）及妊娠前后期分别供给的消化能分别为：前期 17.57MJ、19.92MJ、22.26MJ 及 23.43MJ；后期分别为 23.43MJ、25.77MJ、28.12MJ 及 29.29MJ。

（3）**妊娠母猪的蛋白质和氨基酸需要** 蛋白质对母猪繁殖的影响，要经过连续几个繁殖周期才能确定。如果能量水平正常，蛋白质水平对产仔数影响较小，但可以影响仔猪的初生重和母猪产后泌乳力。因此,在整个妊娠期,合理的蛋白质水平是非常重要的。如果长期缺乏蛋白质,就会影响到以后的繁殖性能及仔猪生后的表现,对初产母猪影响尤为明显。所以,为获得良好的繁殖成绩,必须给予一定数量的蛋白质,同时考虑饲料蛋白质的品质。我国猪的饲养标准规定,妊娠母猪前期饲粮(风干物质)粗蛋白质浓度为11%,后期为12%。90kg以下、90~120kg、120~150kg和150kg以上的妊娠母猪,粗蛋白质的需要量(g/日)为:妊娠前期依次为165、187、209和220;妊娠后期相应为240、264、288和300。对妊娠母猪,除满足蛋白质需要外,尚需满足其对必需氨基酸的需要。饲养妊娠母猪通常以谷物籽实和糠麸作为基础饲料,故赖氨酸经常为第一限制氨基酸,蛋氨酸、苏氨酸和异亮氨酸等亦可能成为限制氨基酸。初产母猪妊娠初期日需可消化赖氨酸只有8g,妊娠后期增至13~14g。成年母猪增重量较小,妊娠期日需可消化赖氨酸仅10g。我国现行妊娠母猪标准中,仅规定了饲粮中上述几种氨基酸的浓度,其中赖氨酸为0.35%~0.36%、蛋氨酸+胱氨酸为0.19%、苏氨酸为0.28%、异亮氨酸为0.31%。

(4) 妊娠母猪的矿物质和维生素需要 妊娠母猪对矿物质的需要,取决于妊娠期间体内物质的沉积量与其利用效率。钙和磷对妊娠母猪非常重要,是保证胎儿骨骼生长和防止母猪产后截瘫的重要元素。饲粮中钙缺乏时,会导致母猪骨质疏松症,容易造成产前和产后截瘫,并降低产后泌乳量。胚胎及胎儿,特别是后期胎儿,由于骨骼需要大量的钙,缺钙时可引起骨软病。磷缺乏时,可导致母猪流产甚至不孕。正常情况下,妊娠母猪前期日需钙10~12g,磷8~10g;妊娠后期日需钙13~15g,磷10~12g。钙磷比为(1~1.5):1。钠和氯的补充通常以食盐(氯化钠)作为补添物,妊娠母猪食盐的需要量为饲粮的0.32%。此外直接或间接影响母猪正常繁殖机能的还有铁、铜、锰、碘、硒等。妊娠母猪饲粮含量(mg/kg)分别为:铁65、锌42、锰8、碘0.11、硒0.13。目前,一般的猪场多用优质草粉和各种青饲料来满足妊娠母猪对维生素的需要,在缺少草粉和青饲料时,应在饲粮中添加矿物质与维生素预混合饲料。缺乏维生素A,胚胎可能被吸收、早死或早产,并多产畸形和弱仔。

【注意】 植物性饲料，特别是谷物饲料中所含的大部分磷为植酸磷，母猪不能有效利用它。因此，必须以矿物质磷源或动物性饲料供给母猪一定量的磷。

3. 哺乳母猪的营养需要

哺乳母猪需要消耗一定的体储备来获取维持和泌乳的营养需要，体储备过度损失会降低其体重，导致断乳到再次发情的时间延长，受胎率降低并易被提前淘汰。因此，必须重视哺乳母猪营养的合理供给，以充分发挥其泌乳性能，这样既能促进仔猪的生长发育，提高仔猪的哺育率，又可避免母猪在哺乳期内失重过多，影响断乳后母猪的再次发情配种。

(1) 哺乳母猪的能量需要 哺乳母猪的维持代谢能需要为每千克代谢体重 0.37MJ。我国不同体重哺乳母猪每天消化能的需要量的计算，按每哺育一头仔猪需要 4.49MJ（相当于每千克含 12.983MJ 的消化能的饲料 0.4kg）的消化能估算母猪的泌乳需要，再加上按体重估算的维持需要量。我国猪的饲养标准中，哺乳母猪按四个体重（kg）等级（120 以下、120~150、150~180 和 180 以上）每头每天消化能需要量分别为 58.234MJ、60.73MJ、63.10MJ 和 64.31MJ，并建议其每千克饲粮应含消化能 12.13MJ。

【提示】 生产实践中，母猪受胃肠容量限制，往往不能摄取足够的饲料，从而会利用体内已积累的营养。如果过度利用机体积累的营养，就会出现泌乳量减少、哺乳仔猪生长停滞、繁殖失败等问题。

(2) 哺乳母猪的蛋白质和氨基酸需要 哺乳母猪的蛋白质需要包括维持需要和泌乳需要两部分。母猪维持平均需要 86g 可消化粗蛋白质。母猪每天泌乳量为 5~7kg，乳汁含蛋白质约 6%，而饲料中消化蛋白质的利用率为 70% 左右，故每千克猪泌乳需要可消化粗蛋白质 86g，乳中蛋白质含赖氨酸 7.58%、色氨酸 1.30%、蛋氨酸 1.36%。因此，要保证必需氨基酸的需要，在日粮不限量的情况下，粗蛋白质水平达到 14%，并不降低育成数、泌乳量、乳蛋白质量，也不影响仔猪的发育。

赖氨酸作为饲粮中的第一限制性氨基酸，对改善母猪繁殖性能具有重要意义，哺乳母猪日需可消化赖氨酸 48~52g。研究认为，缬氨酸大量用于维持哺乳母猪乳腺的生理功能，高产母猪对缬氨酸的需要量比赖氨酸高 20%，为保证泌乳量和提高仔猪日增重，必须注意缬氨酸和赖氨酸的比例。在高产哺乳期日粮中，缬氨酸和赖氨酸的比例应在 1.2:1 以上。

（3）哺乳母猪的矿物质和维生素需要 为保证母猪的正常泌乳，必须提供足量的矿物质和维生素。哺乳母猪正常新陈代谢和泌乳需要一定数量的钙和磷，如果饲粮中钙、磷供给不足，母猪就要动用自身骨骼中的钙和磷供泌乳之需，这样会导致母猪食欲减退，泌乳量下降，严重的会引起母猪产后瘫痪。每天需供给每头泌乳母猪 30.7~33.9g 的钙和 21.6~23.9g 的磷；每千克饲粮中应含钙 0.64% 和磷 0.46%。哺乳母猪对食盐的需要量大致为每 100kg 体重 12~15g，相当于每千克饲粮中含盐 0.44%。仔猪生长发育所需的维生素几乎都是由母乳中获得的，如果母猪缺乏维生素 A 会造成泌乳量和乳品质下降，严重时导致子宫黏膜上皮的病变，引发流产、胎儿畸形、死胎及产后胎盘滞留于子宫内等。维生素 D 缺乏会引起母猪产后瘫痪。生产中在可能条件下，应多喂母猪一些青饲料，或在饲粮中添加适量的复合维生素，以满足泌乳需要。

二 母猪的饲养标准

饲养标准是用以表明母猪在一定生理阶段，从事某种方式的生产，为达到某一生产水平和效率，每只母猪每日供给的各种营养物质的种类和数量，或每千克饲粮各种营养物质的含量或百分比。它加有安全系数，并附相应的饲料营养价值表。母猪在不同生长时期和不同生理状况下，对各种营养的需要量是不同的，根据饲养标准配合日粮，能经济有效地利用饲料，充分发挥母猪的生产潜力。母猪的饲养标准，许多国家都有其独特的饲养标准，各国的饲养标准，其内容不尽相同。但总的来看，基本上大同小异，所以各国间的饲养标准都可以互相参考。我国母猪常用的饲养标准见表2-2、表2-3、

表2-4和表2-5。

表2-2 中国肉脂型后备母猪每千克饲粮养分含量

指 标	小型（体重/kg）			大型（体重/kg）		
	10～20	20～35	35～60	20～35	35～60	60～90
消化能/MJ	12. 55	12. 55	12. 34	12. 55	12. 34	12. 13
代谢能/MJ	11. 83	11. 72	11. 15	11. 63	11. 51	11. 34
粗蛋白质（%）	16	14	13	16	14	13
赖氨酸（%）	0. 70	0. 62	0. 53	0. 62	0. 53	0. 48
蛋氨酸＋胱氨酸(%)	0. 45	0. 40	0. 35	0. 40	0. 35	0. 34
苏氨酸（%）	0. 45	0. 40	0. 34	0. 40	0. 34	0. 31
异亮氨酸（%）	0. 50	0. 45	0. 38	0. 45	0. 38	0. 34
钙（%）	0. 6	0. 6	0. 6	0. 6	0. 6	0. 6
磷（%）	0. 5	0. 5	0. 5	0. 5	0. 5	0. 5
食盐（%）	0. 4	0. 4	0. 4	0. 4	0. 4	0. 4
铁/mg	71	53	44	53	44	38
锌/mg	71	53	43	53	44	38
铜/mg	2	2	2	2	2	2
锰/mg	5	4	3	4	3	3
碘/mg	0. 14	0. 14	0. 14	0. 14	0. 14	0. 14
硒/mg	0. 15	0. 15	0. 15	0. 15	0. 15	0. 15
维生素 A/国际单位	1560	1250	1120	1160	1120	1110
维生素 D/国际单位	178	178	130	178	130	115
维生素 E/国际单位	10	10	10	10	10	10
维生素 K/mg	2	2	2	2	2	2
维生素 B_1/mg	1	1	1	1	1	1
维生素 B_2/mg	2. 7	2. 3	2. 0	2. 3	2. 0	1. 9
烟酸/mg	16	12	10	12	10	9
泛酸/mg	10	10	10	10	10	10
生物素/mg	0. 09	0. 09	0. 09	0. 09	0. 09	0. 09
叶酸/mg	0. 50	0. 50	0. 50	0. 50	0. 50	0. 50
维生素 B_{12}/μg	10	10	10	10	10	10

表 2-3　瘦肉型妊娠母猪每千克饲粮养分含量（88% 干物质）

指　标	妊　娠　前　期			妊　娠　后　期		
配种体重/kg	120~150	150~180	>180	120~150	150~180	>180
预期胎产仔数	10	11	11	10	11	11
采食量/(kg/天)	2.10	2.10	2.00	2.60	2.80	3.00
饲粮消化能含量/(MJ/kg)	12.75	12.35	12.15	12.75	12.55	12.55
饲粮代谢能含量/(MJ/kg)	12.25	11.85	11.65	12.25	12.05	12.05
粗蛋白质（%）	13.0	12.0	12.0	14.0	13.0	12.0
能量蛋白比/(kJ/%)	981	1029	1013	911	965	1045
赖氨酸能量比/(g/MJ)	0.42	0.40	0.38	0.42	0.41	0.38
赖氨酸（%）	0.53	0.49	0.46	0.53	0.51	0.48
蛋氨酸（%）	0.14	0.13	0.12	0.14	0.13	0.12
蛋氨酸+胱氨酸（%）	0.34	0.32	0.31	0.34	0.33	0.32
苏氨酸（%）	0.40	0.39	0.37	0.40	0.40	0.38
色氨酸（%）	0.10	0.09	0.09	0.10	0.09	0.09
异亮氨酸（%）	0.29	0.28	0.26	0.29	0.29	0.27
亮氨酸（%）	0.45	0.41	0.37	0.45	0.42	0.38
精氨酸（%）	0.06	0.02	0.00	0.06	0.02	0
缬氨酸（%）	0.35	0.32	0.30	0.35	0.33	0.31
组氨酸（%）	0.17	0.16	0.15	0.17	0.17	0.16
苯丙氨酸（%）	0.29	0.27	0.25	0.29	0.28	0.26
苯丙氨酸+酪氨酸（%）	0.49	0.45	0.43	0.49	0.47	0.44
钙（%）			0.68			
总磷（%）			0.54			
非植酸磷（%）			0.32			
钠（%）			0.14			
氯（%）			0.11			
镁（%）			0.04			
钾（%）			0.18			
铜/mg			5.0			

（续）

指　标	妊娠前期	妊娠后期
碘/mg	0.13	
铁/mg	75.0	
锰/mg	18.0	
硒/mg	0.14	
锌/mg	45.0	
维生素 A/国际单位	3620	
维生素 D_3/国际单位	180	
维生素 E/国际单位	40	
维生素 K/mg	0.50	
硫胺素/mg	0.90	
核黄素/mg	3.40	
泛酸/mg	11	
烟酸/mg	9.05	
吡哆醇/mg	0.90	
生物素/mg	0.19	
叶酸/mg	1.20	
维生素 B_{12}/μg	14	
胆碱/g	1.15	
亚油酸（%）	0.10	

表2-4　瘦肉型哺乳母猪每千克饲粮养分含量（88% 干物质）

指　标	分娩体重/kg			
	140~180		180~240	
哺乳期体重变化/kg	0.0	-10.0	-7.5	-15
哺乳窝仔数/头	9	9	10	10
采食量/（kg/天）	5.25	4.65	5.65	5.20
饲粮消化能含量/（MJ/kg）	13.80	13.80	13.80	13.80
饲粮代谢能含量/（MJ/kg）	13.25	13.25	13.25	13.25

指　标	分娩体重/kg			
	140～180		180～240	
粗蛋白质（%）	17.5	18.0	18.0	18.5
能量蛋白比/（kJ/%）	789	767	767	746
赖氨酸能量比/（g/MJ）	0.64	0.67	0.66	0.68
赖氨酸（%）	0.88	0.93	0.91	0.94
蛋氨酸（%）	0.22	0.24	0.23	0.24
蛋氨酸＋胱氨酸（%）	0.42	0.45	0.44	0.45
苏氨酸（%）	0.56	0.59	0.58	0.60
色氨酸（%）	0.16	0.17	0.17	0.18
异亮氨酸（%）	0.49	0.52	0.51	0.53
亮氨酸（%）	0.95	1.01	0.98	1.02
精氨酸（%）	0.48	0.48	0.47	0.47
缬氨酸（%）	0.74	0.79	0.77	0.81
组氨酸（%）	0.34	0.36	0.35	0.37
苯丙氨酸（%）	0.47	0.50	0.48	0.50
苯丙氨酸＋酪氨酸（%）	0.97	1.03	1.00	1.04
钙（%）		0.77		
总磷（%）		0.62		
有效磷（%）		0.36		
钠（%）		0.21		
氯（%）		0.16		
镁（%）		0.04		
钾（%）		0.21		
铜/mg		5.0		
碘/mg		0.14		
铁/mg		80.0		
锰/mg		20.5		

（续）

指　　标	分娩体重/kg	
	140～180	180～240
硒/mg	0.15	
锌/mg	51.0	
维生素 A/国际单位	2050	
维生素 D$_3$/国际单位	205	
维生素 E/国际单位	45	
维生素 K/mg	0.5	
硫胺素/mg	1.00	
核黄素/mg	3.85	
泛酸/mg	12	
烟酸/mg	10.25	
吡哆醇/mg	1.00	
生物素/mg	0.21	
叶酸/mg	1.35	
维生素 B$_{12}$/μg	15.0	
胆碱/g	1.00	
亚油酸/%	0.10	

表2-5　中国肉脂型妊娠、哺乳母猪每千克饲粮养分含量

指　　标	妊　娠　母　猪		哺　乳　母　猪
	妊娠前期	妊娠后期	
消化能/MJ	11.72	11.72	12.13
代谢能/MJ	11.09	11.09	11.72
粗蛋白质（%）	11.0	12.0	14.0
赖氨酸（%）	0.35	0.36	0.50
蛋氨酸＋胱氨酸（%）	0.19	0.19	0.31
苏氨酸（%）	0.28	0.28	0.37
异亮氨酸（%）	0.31	0.31	0.33

指　　标	妊 娠 母 猪		哺 乳 母 猪
	妊娠前期	妊娠后期	
钙（%）	0.61	0.61	0.64
总磷（%）	0.49	0.49	0.46
食盐（%）	0.32	0.32	0.44
铜/mg	4.00	4.00	8.00
碘/mg	0.11	0.11	0.12
铁/mg	65	65	70
锰/mg	8	8	4.4
硒/mg	0.13	0.13	0.15
锌/mg	4.2	4.2	4.4
维生素 A/国际单位	3200	3300	1700
维生素 D/国际单位	160	160	172
维生素 E/国际单位	8	8	9
维生素 K/mg	1.70	1.70	1.70
硫胺素/mg	0.80	0.80	0.90
核黄素/mg	2.50	2.50	2.60
泛酸/mg	9.70	9.70	10.00
烟酸/mg	8.00	8.00	9.00
生物素/mg	0.08	0.08	0.09
叶酸/mg	0.50	0.50	1.30
维生素 B_{12}/μg	12.00	12.00	13.00

三 高产母猪的饲粮配合

1. 饲粮配合的原则

（1）保证饲料的安全性　　配合母猪饲粮，应把安全性放在首位。只有首先考虑到配合饲料的安全性，才能慎重选料和合理用料。慎重选料就是注意掌握饲料的质量和等级，最好在配料前先对各种饲料进行检测，也就是要做到心中有数。凡是霉败变质、被毒素污染的饲料都不准使用。饲料本身含有毒物质者，如棉籽饼、菜籽饼等，应控制用量，做到合理用料，防止中毒。要充分估计到有些添加剂可能发生的毒害，应遵守其使用期和停用期的相关规定。

（2）选用并依据饲养标准和饲料营养价值表 饲养标准是配合饲粮的标准，饲料的营养价值是基础。饲养标准的种类很多，在配合饲料时应选择适合的饲养标准，满足母猪的营养需要，并力求符合标准。首先应根据母猪的品种、生产性能等参考猪的饲养标准制定符合本品种的饲养标准，作为饲料配方的养分含量依据。查阅饲料营养价值表时应尽量选择接近本地区饲料的营养价值，以减少误差。在承认饲养标准和饲料营养价值表的前提下，应首先保证能量、蛋白质及限制性氨基酸、钙、有效磷、地区性缺乏的微量元素与重要维生素的供给量，并根据母猪的膘情、季节等条件的变化，对饲养标准做适当的增减调整。

（3）饲料适口性要好 适口性差的饲料母猪不爱吃，采食量减少，营养水平再高也很难满足猪的营养需求。通常影响饲料适口性的因素有味道（例如甜味、某些芳香物质、谷氨酸钠等可提高猪的饲料适口性），粒度，矿物质或粗纤维的多少等。设计配方时应考虑：一要严防有特殊气味、霉变或过粗的原料，以免影响饲粮的适口性；二要根据饲养对象适当添加香甜料或调料，尤其是对刚开食的仔猪。

（4）饲料要多样化 为使不同饲料间养分互相搭配补充，提高配合饲粮的营养价值，生产中应根据母猪对各种养分的需要，以及在不同饲料中各种养分的有无及多少进行搭配才合理。但不可盲目地追求样数，如果搭配后养分并不平衡，多者更多，少者相对更少，效果反而不好。例如，在氨基酸互补上，玉米、高粱、花生仁饼和芝麻饼的蛋白质中，第一限制氨基酸都是赖氨酸，所以这5种饲料不管怎么搭配，饲养效果都不理想。

（5）注意饲料容积 一个好的配合饲料，应该既保证养分够，又保证吃饱而不过食浪费。不同大小的猪，在消化道容积、饲料通过消化道的速度和消化能力等方面是不相同的。因此，饲料的容积和单位重量中的养分含量，应该与母猪的消化生理要求相适应。例如，幼猪消化能力差，就应配成易消化、养分含量高、饲料容积较小的配合饲料；妊娠前期的母猪，则可以多纤维及青饲料等所谓大容积饲料为主。总之，饲料容积关系到采食量，进食过多或不足都不好。

（6）考虑经济原则 在养猪生产中，饲料的成本占总成本的60%~70%，为了提高经济效益，降低饲料成本，应在满足母猪营养需要的前提下，充分利用当地生产的和价值便宜的饲料，尽量就地取材，物尽其用，降低生产成本。

（7）饲料应储存在干燥、阴凉处 高温、高湿环境会加快饲料中维生素和养分的破坏。虽然添加霉菌抑制剂和抗氧化剂有助于延长饲料的储存期，但也应在4周内用完。

（8）饲粮配合要相对稳定 如果确需改变时，应逐渐过渡，应有一周的过渡期。如果突然变化过大，会引起应激反应，降低母猪的生产性能。

2. 母猪饲粮配方设计的注意事项

母猪营养充足对实现最大生产能力和经济效益至关重要。母猪的营养需要得不到满足会导致产仔数减少，仔猪初生体重减轻、存活率降低，母猪产奶量降低，断乳到配种间隔时间延长，受胎率降低，缩短母猪繁殖寿命。

（1）实施"低妊娠、高泌乳"的营养供给方案 能量和营养水平是影响繁殖效率的重要因素，传统的母猪饲喂策略通常是在妊娠期储备能量和营养，以满足哺乳期摄入的不足。此种策略的缺点是母猪在妊娠期的饲料采食量增加会导致哺乳期采食量减少，从而早开始动用体内储备，且在妊娠期高营养水平导致两次转化并不经济。现代母猪都是瘦肉型且有良好的生产性能，在体内储备较少时便开始繁殖。研究表明，采用限制妊娠期的饲料采食量的方法将会减少泌乳期体重的损失，而且可延长母猪的繁殖寿命。成功饲喂现代母猪的关键在于坚持哺乳期的充分饲喂，而在妊娠期限制饲喂。设计母猪饲粮配方时应坚持这一原则。

（2）重视饲料品质，控制杂粮用量 母猪饲粮配方是以保证良好的繁殖性能为根本出发点的。配方设计时应合理确定配合饲料中营养成分的含量，注意强化维生素、矿物质、微量元素等与猪胚胎发育有关的营养物质；注意控制能量水平；保证日粮蛋白质水平及氨基酸平衡，保证钙、磷平衡；配方设计时，应根据母猪的营养需要量，确定一个适宜的标准。一些地区，习惯把低质原料或杂粕用在成年猪和母猪饲料中，以节约饲料成本。但杂粕通常含有较高的抗营养因子和毒素，会损害母猪的健康，造成母猪生产力下降、繁殖性能减弱甚至不孕。因此，应限制低质原料和杂粕在后备母猪、妊娠母猪和哺乳母猪饲料中的比例。

（3）提高哺乳母猪泌乳量的营养措施　仔猪断乳重主要由母猪泌乳量决定。母猪在泌乳期的营养需要量要大大超过妊娠期，母猪只有吃够相适应的饲料，才能提供大量泌乳所需的营养物质，按照哺乳母猪的营养需要量配制并供给合理的饲料是提高母猪泌乳量的关键。一般母猪带仔数如果少于 6 头，应限制饲喂，而带 8 头以上仔猪的母猪，只要不显得太肥，就不必限量，以尽可能提高泌乳量为准。

（4）预防哺乳期母猪发生便秘　由于生理上的原因，母猪经常便秘，哺乳期母猪更易发生便秘。传统的做法是在哺乳期饲料中用较大量的糠麸类饲料来预防便秘。但糠麸类饲料含粗纤维量高，会使饲料容积增大，从而降低饲粮的营养浓度；并且母猪采食后占据母猪较大的胃部空间，会减少母猪的饲料摄入量，同时增加母猪食后体增热，造成能量浪费，加重母猪分娩后厌食的情形。最好的措施是使用缓泻剂缓解母猪便秘。

3. 母猪饲粮配方设计方法

饲粮配方设计的方法包括手工配方和计算机配方两种。其中手工配方容易掌握，但完成配方的速度慢。日粮配合的理想工具是计算机，计算机可以应用先进的线性规划法，迅速完成配方，而且可以把成本降到最低。计算机配方现有出售的软件，其运算简单，此处不做详细介绍。下面只介绍一下手工配方方法，供小型猪场或个体户参考应用。手工配方方法主要有试差法和线性规划法等。试差法运算简单、容易掌握，可借助笔算、珠算、电子计算器完成，在实践中应用仍相当普遍，现简要介绍如下：

（1）**确定相应的饲养标准** 根据母猪的品种类型、生长阶段、生产水平，查找猪的饲养标准，确定日粮的主要营养指标，一般需列出代谢能、粗蛋白质、钙、磷、赖氨酸、蛋氨酸、蛋氨酸＋胱氨酸等。

（2）**确定饲料种类和大概比例** 根据市场行情，提出被选饲料原料，在猪饲料营养价值表中，查出选用饲料的成分及营养价值。后备母猪配合饲粮中玉米、糙米等谷物籽实类能量饲料占 20% ~ 45%，麸皮占 20% ~ 30%，统糠等粗饲料可占 10% ~ 20%，饼粕类等植物性蛋白质饲料占 15% ~ 25%，矿物质、复合预混料占 1% ~ 3%。妊娠母猪配合饲料中玉米、大麦、糙米等谷物籽实类能量饲料占 45% ~ 75%，麸皮占 20% ~ 30%，饼粕类等植物性蛋白质饲料占 10% ~ 20%，鱼粉等动物性蛋白质饲料占 0% ~ 5%，优质牧草类饲料占 0% ~ 10%，矿物质、复合预混料等占 2% ~ 4%。哺乳母猪配合饲料中玉米、糙米等谷物籽实类能量饲料占 45% ~ 65%，麸皮等糠麸类饲料占 5% ~ 30%，饼粕类植物性蛋白质饲料占 25% ~ 30%，优质牧草类占 0% ~ 10%，矿物质、复合预混料占 1% ~ 4%。各类饲料占猪饲粮中的大致比例见表 2-6。

表 2-6 猪常用饲料参考配比量

饲 料 名 称	参考用量（%）	饲 料 名 称	参考用量（%）
玉米	45 ~ 65	花生仁饼	8 ~ 15
大麦	8 ~ 15	粉渣	5 ~ 15
高粱	8 ~ 10	酒糟	5 ~ 10
稻谷	5 ~ 10	豆腐渣	10 ~ 15
碎米	20 ~ 45	血粉	3 ~ 5
小米	8 ~ 10	鱼粉	3 ~ 8
青稞	10 ~ 15	蚕蛹粉	3 ~ 8
麸皮	10 ~ 15	肉骨粉	3 ~ 8
次粉	10 ~ 15	骨粉	1 ~ 2
米糠	15 ~ 20	贝壳粉	0.5 ~ 3
统糠	10 ~ 15	石粉	0.5 ~ 2

（续）

饲料名称	参考用量（%）	饲料名称	参考用量（%）
大豆	5~10	食盐	0.2~0.3
黑豆	5~10	草粉	3~5
豌豆	5~10	饲料酵母	5~10
豆饼（粕）	10~20	氨基酸	0.1~0.4
棉籽饼	5~10	维生素	0.01~0.03
糠饼	10~15	微量元素	0.02

（3）初算　将各种饲料的一定百分比，按猪常用饲料成分表计算饲料的营养成分含量，所得结果与饲养标准进行比较。

（4）调整　反复调整饲料原料比例，直到与标准的要求一致或接近。如果粗蛋白质含量低于标准，则可用含粗蛋白质高的饲料（鱼粉、豆饼等）与含粗蛋白质较低的饲料（玉米、麦麸等）互换一定比例，使日粮的粗蛋白质含量达到标准。当代谢能低于标准时，可用含代谢能高的玉米与含代谢能低的糠麸等饲料互换一定比例，使日粮的代谢能达到标准。经过调整，各种营养已很接近标准时，最后加入矿物质饲料、微量元素、氨基酸和维生素，使其达到全价标准。

四　典型饲粮配方

几种典型饲粮配方见表2-7～表2-10。

表2-7　后备母猪饲粮配方示例（%）

成　　分	配　方　1	配　方　2	配　方　3
玉米	39.5	30.0	25.0
麸皮	25.0	30.0	30.0
谷糠	3.5	14.5	18.0
蚕豆	12.0	6.0	10.0
菜籽饼	10.0	10.0	7.0
骨粉	1.0	1.0	1.0

成　　分	配　方　1	配　方　2	配　方　3
草粉	6.0	6.0	6.0
食盐	0.5	0.5	0.5
油脂	1.5	1.5	1.5
复合预混剂	1.0	0.5	1.0

表2-8　妊娠母猪饲粮配方示例（%）

成　　分	配方1	配方2	配方3	配方4	配方5
玉米	54.6	52.0	49.5	54.0	53.1
豆粕	11.4	8.1	8.6	4.4	8.7
麸皮	30.0	30.0	30.0	30.0	30.0
鱼粉	—	—	—	2.0	—
菜籽饼	—	6.0	5.0	6.0	4.2
花生仁饼	—	—	3.0	—	—
石粉	1.3	1.3	1.4	1.3	1.4
氢钙	1.4	1.3	1.2	1.0	1.3
食盐	0.3	0.3	0.3	0.3	0.3
预混料	1.0	1.0	1.0	1.0	1.0

表2-9　哺乳母猪饲粮配方示例（%）

成　　分	配方1	配方2	配方3	配方4	配方5
玉米	62.25	61.75	71.75	48.00	61.00
次粉	20.00	—	—	—	—
麸皮	—	20.00	—	30.00	22.00
大豆粉	14.25	15.00	15.00	—	—
豆粕（饼）	—	—	—	10.00	9.00
菜籽饼	—	—	—	9.50	2.00
苜蓿粉	—	—	10.00	—	—
鱼粉	—	—	—	—	4.00

（续）

成　　分	配方 1	配方 2	配方 3	配方 4	配方 5
骨粉	—	—	—	2.00	0.60
石灰石粉	1.50	1.50	0.75	—	1.00
磷酸氢钙	1.25	1.00	1.75	—	—
食盐	0.50	0.50	0.50	0.50	0.40
预混料	0.25	0.25	0.25	—	—

表 2-10　空怀母猪饲粮配方示例（%）

成　　分	配方 1	配方 2	配方 3	配方 4	配方 5
玉米	46.5	48.0	48.5	48.5	48.0
麸皮	51.0	36.5	30.0	30.0	30.5
豆饼	—	—	—	19.0	10.0
葵花饼	—	14.0	19.0	—	9.0
骨粉	2.0	1.0	2.0	2.0	2.0
食盐	0.5	0.5	0.5	0.5	0.5

第三章

高产母猪的鉴定、选留与引种

第一节　常见优良猪品种（品系）

优良的种猪是现代化和高效养猪生产的基础，没有良好的品种，再好的管理、饲料和环境条件也不能养好猪而取得最佳的经济效益。因此，必须按照生长快、肉质好、瘦肉多、耗料少、产仔率高、抗逆性强的原则来选择品种。

一　主要引进品种

引进品种是指我国从国外引入的品种。我国从 19 世纪末期起至今，从国外引入的外来品种有十余个，其中对我国猪种改良影响较大的有大约克夏猪、兰德瑞斯猪（我国俗称长白猪）、杜洛克猪、汉普夏猪、皮特兰猪、巴克夏猪、苏白猪、克米洛夫猪、斯格配套系猪等。其中不少猪种在我国长期进行纯种繁育和驯化，已经成为我国猪种资源的一部分，有的已与原来引进时的性能有所不同。这些引进品种都是适于集约化养猪生产的高度培育品种，具有生长速度快、屠宰率和胴体瘦肉率高、繁殖性能较好（没有中国本地猪种多）、仔猪初生重较大、断乳成活率高等优点。但是，这些品种的母猪发情迟、征候不明显，公猪配种能力也不及本地猪种强，肉质欠佳，在比较粗劣的饲养条件下，生长发育缓慢，有时还不及中国地方猪种。

1. 长白猪（兰德瑞斯猪）

（1）产地与分布　长白猪原产于丹麦，是世界上分布最广的著名瘦肉型猪种。1964 年由瑞典引入，是我国引入品种中数量最多的猪种。目前，我国引进的长白猪多为丹麦系、瑞典系、荷兰系、比利时系、德国系、挪威系、加拿大系和美国系，但以丹麦系或新丹麦系长白猪分布最广。

（2）体型外貌　长白猪被毛白色，体长，故称长白猪。长白猪头小、清秀且狭长，颜面平直，耳大、向前倾。嘴直而较长，头肩轻，体躯前窄呈流线形，背线平直且稍呈弓形，腹线平直而不松弛，腿臀丰满，蹄质坚实。成年母猪有效乳头 14 个以上，排列均匀，体重不小于 200kg。公猪睾丸发育正常，成年公猪体重不小于 250kg。

（3）生长育肥性能　在良好的饲养条件下，长白猪生长发育较快。60 日龄至体重 100kg 平均日增重 660g，165～175 日龄体重达100kg，料重比（3.0～3.2）∶1。体重 100kg 时屠宰，屠宰率 73%～76%，平均背膘厚 1.7～2.0cm，胴体瘦肉率 65%，眼肌面积 38cm^2，后腿比例 29%～33%，肉质良好。

（4）繁殖性能　长白猪母猪初情期 170～200 日龄，8 月龄120kg 适配。公猪 10 月龄 160kg 适配。初产母猪每胎产仔 10～11 头，经产母猪每胎产仔 11～12 头。

（5）杂交利用　在我国农村用长白猪作杂交改良父本，在养猪业较发达地区常将其作为三元杂交的第一父本，杂种优势较为明显。在适宜的饲养管理条件下，以长白猪作父本与地方猪种进行杂交，育肥期日增重可达 600g 以上，胴体瘦肉率可达 47%～54%。长白猪与我国培育品种杂交，其商品猪育肥期日增重可达 700g 左右、胴体瘦肉率可达 52%～58%。长白猪与杜洛克猪杂交，其商品猪育肥期日增重可达 800g 以上，胴体瘦肉率可达 64% 以上。

2. 大约克夏猪

（1）产地与分布　大约克夏猪原产于英国北部的约克夏郡及其临近地区。约克夏猪有大、中、小三个类型，大约克夏猪又叫大白猪，是世界上分布最广的著名瘦肉型猪种之一。引入我国后经多年的培育驯化，已有了较好的适应性。目前，我国引入的主要是英国系、法国系、加拿大系和美国系等大白猪。

（2）外貌特征　全身被毛白色，允许有小暗斑。体形较大且体形匀称，头颈比较瘦长，面微凹，耳大小适中、稍直立，嘴稍长；体躯较长，胸部深广，背平直、略呈弓形，腹线平直，臀部和后腿较为丰满，四肢坚实有力。成年母猪有效乳头 12 个以上，排列均匀，体重不小于 180kg。成年公猪睾丸发育正常，体重不小于 300kg。

（3）生长育肥性能　其主要特点是生长快，饲料利用率高，胴体瘦肉率高。60 日龄至 100kg 平均日增重 750g，160 日龄体重达 100kg，料重比（2.8 ~ 3.0）∶1。体重 100kg 时屠宰，屠宰率 75%，平均背膘厚 2.1cm，胴体瘦肉率 62%，眼肌面积 31cm^2，后腿比例 33%，肉质良好。

（4）繁殖性能　性成熟较晚，母猪 5 月龄开始发情。大约克夏母猪 8 月龄 120kg 适配，公猪 160kg 适配。初产母猪每胎产仔 9 ~ 10 头，经产母猪每胎产仔 10 ~ 12 头，育成率 85% ~ 95%，具有强的繁殖性能。

（5）杂交利用　在我国农村养猪生产中，大白猪一般作父本杂交改良地方猪种；在养猪业较发达地区，大白猪多作为三元杂交的第一母本。用我国地方猪种作母本，大白猪作父本，进行两品种杂交，可有效提高商品猪的生长速度和瘦肉率，日增重一般可达 500 ~ 600g，胴体瘦肉率为 48% ~ 52%。用长白猪与我国地方猪种杂交的杂种作母本，大约克夏猪作第二父本，商品猪的胴体瘦肉率为 56% ~ 58%。用大白猪作父本与我国培育的肉脂型品种猪杂交，商品猪的胴体瘦肉率多为 58% ~ 62%。用大白猪作父本，用长白猪作母本生产的杂种猪作母本，用杜洛克公猪或皮特兰公猪配种，其三元杂种商品猪的胴体瘦肉率在 65% 以上。

3. 杜洛克猪

（1）产地与分布　杜洛克猪原产于美国东北部，其主要亲本是纽约州的杜洛克和新泽西州的泽西红，故原名杜洛克泽西，现简称杜洛克，俗称红毛猪，是世界四大著名猪种之一。多年来，我国曾先后从英国、日本、美国、丹麦、匈牙利等国引进杜洛克猪，现已遍布全国。

（2）外貌特征　全身被毛为红棕色，色泽深浅不一，变异范围由金黄色到深红砖色。皮肤上可能出现黑色小斑点，但不出现大的黑斑、黑毛和白毛。体躯高大，粗壮结实，头小、轻秀，嘴短直，两耳中等大、略向前倾，耳尖稍弯曲，面部微凹；胸宽且深，背腰在生长期呈平直状态，后期逐渐成弓形；后躯腿臀肌肉丰满、发达，蹄呈黑色、多直立。成年母猪有效乳头 12 个以上，排列均匀，体重不小于 250kg。公猪睾丸发育正常，体重不小于 300kg。

（3）生长育肥性能 杜洛克猪是生长发育最快的猪种，适应性较强，能耐低温气候。60 日龄至体重 100kg 平均日增重 795g，150～153 日龄体重达 100kg，料重比（2.58～2.80）:1。体重 100kg 时屠宰，屠宰率 72.5%，胴体瘦肉率 62%，肉质良好，肌纤维较粗。

（4）繁殖性能 性成熟较晚，繁殖力稍弱。杜洛克母猪 9～10 月龄 120kg 适配，公猪 10 月龄 160kg 适配。初产母猪每胎产仔 8 头，经产母猪每胎产仔 9.5 头。母性较强，育成率较高。

（5）杂交利用 杜洛克猪具有体质健壮、生长发育速度快的优点，但繁殖性能方面较差些，故在与其他猪种杂交时经常作为父本，是生产杂交瘦肉型猪的良好终端父本。用杜洛克猪作父本与地方猪种进行二元杂交，一代杂种日增重可达 500～600g，胴体瘦肉率 50% 左右。用杜洛克猪作父本与培育品种进行二元或三元杂交，杂种后代日增重可达 600～800g，胴体瘦肉率可达 56%～62%。

4. 汉普夏猪

（1）产地与分布 汉普夏猪原产于美国肯塔基州的布奥尼，是美国第二位普及的猪种，现广泛分布于世界各地。我国在 1936 年曾引入过，但大批量引入在 1983 年之后，其数量和利用不如长白猪、大白猪和杜洛克猪。

（2）外貌特征 该猪毛色特点是被毛黑色，在肩和前肢有一条白带围绕（包括肩胛部、前胸部和前肢），一般不超过 1/4，故又称银带猪。头中等大，耳中等大且直立，嘴较长而直，体躯较长，背略呈弓形，体质健壮，后躯臀部肌肉发达，性情活泼。成年母猪体重为 250～350kg，成年公猪 300～400kg。

（3）生长育肥性能 在良好的饲料管理条件下，6 月龄体重超过 100kg，日增重 650～850g，料重比（2.7～3.0）:1，屠宰率 72%～75%，眼肌面积 33.4cm²，胴体瘦肉率 63%。

（4）繁殖性能 性成熟晚，母猪一般在7~8月龄、体重90~110kg时开始发情配种。产仔数较少，初产母猪每胎产仔7~8头，经产母猪每胎产仔8~9头，平均产仔8.66头。

（5）杂交利用 汉普夏猪一般作杂交父本。与我国地方品种杂交，效果不如长白猪、大白猪和杜洛克猪的杂种优势大，但胴体瘦肉率提高较大。用汉普夏公猪与长太（长白公猪配太湖母猪）杂交母猪杂交，其三品种杂交猪在育肥期日增重700g左右，胴体瘦肉率可达56%。

5. 皮特兰猪

（1）产地与分布 皮特兰猪原产于比利时布拉帮特地区的皮特兰村，于1950年作为品种登记。我国从20世纪80年代开始引进。

（2）外貌特征 被毛灰白色，夹有形状各异的大块黑色斑点，偶尔出现少量棕色毛。头部清秀，颜面平直，嘴大且直，耳中等大、微向前倾。体躯呈圆柱形，腹部平行于背部，肩部和臀部肌肉特别发达，呈双肌臀，有"健美运动员"之称。成年母猪体重180~250kg，成年公猪200~300kg。

（3）生长育肥性能 在较好的饲料营养和适宜的环境条件下，皮特兰猪生长迅速，6月龄体重可达90~100kg，日增重700~800g，料重比（2.5~2.8）:1。胴体品质较好，突出表现在背膘薄、胴体瘦肉率高。但氟烷阳性率高，易发生猪应激综合征（PSE）。目前，比利时、德国和法国等国利用基因检测技术，剔除了氟烷隐性基因携带者，选育了抗应激皮特兰专门化品系。

（4）繁殖性能 母猪的初情期一般在190日龄，每胎产仔10头左右，产活仔9头左右。母猪母性不亚于我国的一般地方品种，仔猪育成率为92%~98%。

（5）杂交利用 皮特兰猪胴体瘦肉率很高，能显著提高杂交后代的胴体瘦肉率，但繁殖性能欠佳，故在经济杂交中多用其作父本进行二元或三元杂交。由于杜洛克猪生长发育快、氟烷阳性基因频率低，可利用皮特兰猪与杜洛克猪杂交，杂交一代公猪作为杂交体系中的父本，这样既可提高瘦肉率，又可减少应激综合征的发生。如皮、杜、长、大四元杂交猪后躯、臀部肌肉非常丰满，90kg体重胴体瘦肉率可达67%，应激综合征的发生率低。

6. 斯格配套系猪

（1）产地与分布　斯格配套系猪简称斯格猪，是比利时主要利用比利时长白、英系长白、荷系长白、法系长白、德系长白、丹系长白经杂交育成的超级瘦肉型猪，为专门化品系。该品种早在20世纪80年代初期引入我国，目前主要分布在湖北、江苏、广西、广东、福建、贵州、北京、河北、辽宁和黑龙江等省市区。

（2）外貌特征　斯格猪体型外貌与长白猪相似，只是后腿和臀部发达，四肢比长白猪短，嘴筒也较长白猪短一些。

（3）生产育肥性能　斯格猪生长发育较快，5~6月龄体重可达100kg，父系猪育肥期日增重为800g以上，料重比为2.6:1左右，胴体瘦肉率65%~67%。母系猪的日增重、料重比和胴体瘦肉率低于父系。其商品猪生长快，育肥期日增重800g左右，料重比（2.2~2.8):1，胴体肉质好，屠宰率75%~78%，胴体瘦肉率64%~66%。

（4）繁殖性能　斯格猪繁殖性能好，初产母猪平均每胎产活仔猪8.7头，初生仔猪重为1.34kg；经产母猪平均每胎产活仔猪10.2头。仔猪成活率90%以上。

（5）杂交利用　利用斯格猪作父本开展杂交利用，在增重、料重比和提高胴体瘦肉率方面均有良好效果。

二　主要培育品种

培育品种通常是指在我国鸦片战争（1840年）以后，尤其是中华人民共和国成立以来，利用从国外引入的品种与我国地方品种杂交而培育成的品种。这些培育品种改变了许多地方品种的缺点，与地方品种相比，培育品种一般个体大，体长、胸围和体高明显提高，后躯发达，皮薄，体质细致。同时，也继承了地方品种的发情明显、繁殖力高、肉质好、抗逆性强等优点。但与引进品种相比，也存在着一些缺点，如群体小、遗传稳定性不高、整齐度差、后躯发育不够理想、腹围较大、生长速度较低等。

1. 三江白猪

（1）产地与分布　三江白猪为利用长白猪和东北民猪杂交培育而成的我国第一个瘦肉型猪种。其分布于黑龙江东部合江省的国有农场及其附近，产区为著名的三江平原地区。

（2）外貌特征　体型似长白猪，被毛全白，但被毛密而长。头轻，鼻长，耳下垂或稍前倾，背腰宽平，后躯丰满，四肢强健，蹄质结实，有乳头7对。成年母猪体重200~250kg，公猪250~300kg。

（3）生长育肥性能　增重快，饲料利用率高，育肥猪平均日增重500g以上，180日龄体重可达90kg。瘦肉率高，平均背膘厚2.9cm，胴体瘦肉率为58%以上，腿臀瘦肉率比例为30.04%。

（4）繁殖性能　繁殖力高，适应性强，在 -25 ~ -31℃的严寒条件下能正常产仔和哺育仔猪。种猪8月龄即可参加配种，初产母猪平均每胎产仔10.17头，经产母猪每胎产仔12头以上。

（5）杂交利用　三江白猪与哈白、苏白、大白猪的正反交均表现出明显的杂种优势，而以三江白猪作父本的反交组合优于相应的正交组合。目前以三江白猪作母本与杜洛克猪杂交，其杂种猪的日增重为650g以上，胴体瘦肉率62%以上，且肉质优良。

2. 湖北白猪

（1）产地与分布　湖北白猪是由大白猪、长白猪与本地通城猪、监利猪和荣昌猪杂交培育而成的瘦肉型猪种，具有胴体瘦肉率高，肉质好，生长发育较快，繁殖性能优良，能耐受长江中游地区夏季高温、冬季湿冷等气候条件。主要分布于华中地区。

（2）外貌特征　全身被毛白色，头中等大，嘴直而长；两耳中等大、略前倾稍下垂，背腰平直，中躯较长，腹线平直，腿臀肌肉丰满，肢蹄结实，有效乳头12个以上。成年母猪体重200~250kg，公猪体重250~300kg。

（3）生长育肥性能　湖北白猪生长发育快，育肥期日增重698g，料重比3.5:1以下。171日龄体重可达90kg，屠宰率75%，眼肌面积30~34cm²，腿臀比例30%~33%，胴体瘦肉率58%~62%。

（4）繁殖性能　繁殖力较强，初产母猪每胎产仔9.5~10.5头，经产（3胎以上）母猪每胎产仔12头以上。高产母猪繁殖利用到14胎仍有繁殖能力。

（5）杂交利用　以湖北白猪为母本与杜洛克猪、汉普夏猪等杂交均有较好的配合力，特别是与杜洛克猪杂交效果明显。杜×湖一代杂种猪体重 20 ~ 90kg 阶段，日增重 645g，料重比为 3.41∶1，胴体瘦肉率为 64%，且肉质优良，肉色鲜红，优于其他组合。

3. 苏太猪

(1) 产地与分布 苏太猪是以太湖猪为母本，导入杜洛克猪血统的 50% 通过横交固定、继代选育等技术措施，经过 8 个世代培育而成的。苏太猪产于江苏省，主要分布在江苏省苏州市及周边地区。

(2) 外貌特征 苏太猪被毛黑色而偏浅，耳中等大而垂向前下方，头面有清晰皱纹，嘴中等长。背平直，腹较小，四肢结实，后躯丰满，具有明显的瘦肉型特征。

(3) 生长育肥性能 苏太猪食谱广，耐粗饲，可充分利用糠麸、糟渣、藤蔓等农副产品，母猪日粮中粗纤维可高达 20% 左右，是一个典型的节粮型品种。其具有生长速度快，胴体瘦肉率高，抗逆性强，肉质优良等特点。育肥猪体重达 90kg 日龄为 178.9 天，料重比3.18∶1，屠宰率 72.85%，胴体瘦肉率 55.98%。

(4) 繁殖性能 苏太猪 150 日龄左右性成熟，母猪发情明显。初产母猪平均每胎产仔 11.68 头，经产母猪平均每胎产仔 14.45 头，是当今国内外产仔数最多的品种之一。

(5) 杂交利用 苏太猪基本保持了太湖猪高繁殖力的特点，在生产中主要作母本。以苏太猪为母本，与大约克夏猪或长白猪公猪杂交生产的杂种猪，164 日龄体重达到 90kg，25 ~ 90kg 阶段日增重 720g，料重比 2.98∶1，胴体瘦肉率 60% 以上。

4. 北京黑猪

(1) 产地与分布 北京黑猪是利用巴克夏猪、中约克夏猪、苏联大白猪（苏白猪）与华北本地黑猪杂交培育而成的，产于北京市，主要分布在北京市朝阳区、海淀区、昌平区、顺义区等区。

(2) 外貌特征 北京黑猪体型较大，体质结实，结构匀称，全身背毛黑色。头大小适中，两耳向前上方直立或平伸，面微凹，额较宽。颈肩结合良好，背腰平直且宽。四肢健壮，腿臀较丰满。乳头一般 7 对以上。成年母猪体重 220kg，成年公猪 260kg。

(3) 生长育肥性能 北京黑猪经过多年培育，生长育肥性能有较大提高，据测定，其生长育肥期日增重 700g 以上，料重比 3.0∶1。

体重90kg时屠宰，胴体瘦肉率55%～57%，且肉质优良。

(4) 繁殖性能 母猪初情期198～215日龄，小公猪8月龄体重100kg左右可用于配种。初产母猪平均每胎产仔9～10头，经产母猪平均每胎产仔11.5头。据测定，母猪可平均年产2.2胎，提供10周龄小猪22头。

(5) 杂交利用 北京黑猪属优良瘦肉型的配套母系猪种。以北京黑猪为母本，以长白猪作为第一父本，大约克夏猪和杜洛克猪分别为终端父本，进行二元杂交，产生的大×（长×北）和杜×（长×北）杂交猪，体重20～90kg阶段，日增重分别为679g和623g，料重比3.19∶1和3.35∶1。体重90kg屠宰，屠宰率分别为72.3%和75.0%，胴体瘦肉率为58.2%和58.5%。这两个杂交组合为优选组合。

5. 新淮猪

(1) 产地与分布 新淮猪育成于江苏省淮安市，是用约克夏猪为父本，淮阴猪为母本进行杂交培育而成的适应淮河中下游地区放牧饲养条件下的新猪种。其主要分布于江苏省。

(2) 外貌特征 除体躯末端有少量白斑外，全身被毛呈黑色。头稍长，嘴筒平直或微凹。耳中等大，向前下方倾垂。背腰平直，腹稍大但不下垂。臀倾斜，四肢健壮。乳头7对。成年母猪体重180～190kg，公猪230～250kg。

(3) 生长育肥性能 在以青饲料为主的饲养条件下，8月龄育肥体重100.8kg，日增重490g，料重比3.65∶1。体重87kg时屠宰，屠宰率71%，膘厚3.5cm，胴体瘦肉率45%左右，眼肌面积25cm²，腿臀比例25%。

(4) 繁殖性能 性成熟早，公、母猪3月龄左右有性行为。初产母猪每胎产仔11头，经产母猪每胎产仔13头。

(5) 杂交利用 与引入品种杂交效果明显，以汉普夏猪为父本的二元杂交组合较优，日增重705g，每千克增重消耗38.99MJ能量，屠宰率76.6%，胴体瘦肉率53.07%。

6. 上海白猪

(1) 产地与分布 上海白猪的血统来源较复杂，主要由约克夏猪、苏白猪和当地太湖猪杂交培育而成。产于上海市，分布于上海近郊各县。

（2）外貌特征 上海白猪属于肉脂兼用型。被毛白色。体质结实，体型中等偏大。头面平直或微凹，耳中等大略向前倾。背宽，腰稍宽，腿臀较丰满。乳头多数为 7 对。成年母猪体重 170～190kg，公猪体重 225～250kg。

（3）生长育肥性能 育肥猪体重 20～90kg 阶段，日增重 615g 左右，料重比 3.61:1。体重 90kg 屠宰，屠宰率 70%，眼肌面积 26cm^2，腿臀比例 27%，胴体瘦肉率 52.5%，肉质优良。

（4）繁殖性能 公猪多在 8 月龄、体重 100kg 以上开始配种。母猪 6 月龄开始发情，8 月龄后配种。初产母猪平均每胎产仔 9 头，经产母猪平均每胎产仔 12.13 头。

（5）杂交利用 上海白猪胴体瘦肉率较高、生长较快、产仔较多，在继续加强本品种选育的同时，应以上海白猪为母本进行杂交利用。对已推广的杂交组合进行比较，以（杜洛克猪×汉普夏猪）×（长白猪×上海白猪）、长白猪×上海白猪、杜洛克猪×（长白猪×上海白猪）3 个杂交组合的繁殖性能较高，平均产仔数均在 12 头以上，双月断乳窝重分别为 223.60kg、180.05kg 和 165.30kg；育肥猪试验结果，以（杜洛克猪×汉普夏猪）×（长白猪×上海白猪）、杜洛克猪×（长白猪×上海白猪）、杜洛克猪×上海白猪 3 个杂交组合的产肉性能较高，平均日增重分别为 624g、621g 和 658g，胴体瘦肉率分别为 65.51%、63.53% 和 61.66%。

7. 浙江中白猪

（1）产地与分布 浙江中白猪是在利用金华猪、中约克夏猪、长白猪进行杂交的基础上，采用继代选育的方法育成。浙江中白猪产于浙江省，主要分布在浙江省湖州、杭州、宁波等地区。

（2）外貌特征 浙江中白猪具有明显的瘦肉型猪外形特征，全身被毛白色，体型中等。头颈较细，面部平直或微凹。耳中等大，前倾或稍下垂。背腰长，腹线较平直。腿臀肌肉较丰满。乳头 7 对以上。成年母猪平均体重 158kg，公猪 200kg 左右。

（3）生长育肥性能 生长育肥猪日增重 528g，料重比 3.34:1。

体重90kg屠宰，屠宰率73%，胴体瘦肉率57%。

（4）繁殖性能 母猪初情期157日龄左右，8月龄初配。初产母猪平均每胎产仔9.42头，经产母猪平均每胎产仔13.11头，平均产活仔12.11头，成活率91.3%。

（5）杂交利用 浙江中白猪繁殖力较强，生长快，胴体瘦肉率较高，是一个较好的母本品种。以浙江中白猪为杂交母本，用杜洛克猪、汉普夏猪、长白猪和大约克夏猪作父本，杂种 F_1 代都有较好的杂种优势，其中以杜洛克猪作父本的效果最佳。杂种 F_1 代猪175日龄体重达90kg以上，体重 20～90kg 阶段，日增重700g，料重比3.1∶1。体重90kg屠宰，屠宰率73%以上，胴体瘦肉率60%以上，肉质优良。

三 主要地方品种

地方品种通常是指原产于当地的，由劳动人民长期培育而且近100多年来未与外国猪种杂交过的一类品种。我国地域宽广，地形复杂，气候各异，各地区农业生产条件和农业耕作制度差异悬殊，社会经济条件和各民族生活习惯及要求各不相同，猪的选育程度和饲养基础不尽一致，经过长期的自然选择和人工选择，我国人民培育出类型繁多、品质优良和各具特点的猪品种。如民猪、马身猪、太湖猪、金华猪、宁乡猪、大花白猪、陆川猪、荣昌猪、内江猪、八眉猪、两广小花猪、香猪、淮南猪和南阳黑猪等。这些猪种大都具有对周围环境适应性强、耐粗饲、抗病性强、繁殖力高、肉质好等特点。但也存在生长速度慢，出栏率和屠宰率偏低，瘦肉率低等缺点。以这些地方良种为母本，引入的国外瘦肉型优良猪种为父本，进行有选择的杂交，将会收到良好的效果。

1. 民猪

（1）产地与分布 民猪原称为"东北民猪"，主要分布在辽宁、吉林、黑龙江、河北等省的部分地区。

（2）外貌特征 民猪分为大（大民猪）、中（二民猪）和小（荷包）三种类型，以中型猪多见。民猪全身被毛黑色，毛密而长，猪鬃较多，冬季密生绒毛。头中等大，面直而长，耳大、下垂。体躯扁平，背腰窄狭，臀部倾斜，四肢粗壮。乳头7～8对。

（3）生长育肥性能　民猪抗逆性强和适应性好，产区和分布区气候寒冷、圈舍保温条件差、管理粗放，经过长期的自然选择和人工选择，增强了民猪的抗寒能力。生长育肥猪日增重450g左右。体重90kg屠宰，胴体瘦肉率45%左右，肉质优良。

（4）繁殖性能　民猪性成熟早，母猪初情期在128~142日龄，体重60kg时卵泡成熟，并能排卵。公猪一般于9月龄体重90kg，母猪于8月龄体重80kg左右开始配种。母猪发情征候明显，受胎率高，护仔性强，分娩时不需要人工护理。初产母猪每胎产仔11~12头，经产母猪每胎产仔13~15头，其在我国地方猪种中仅次于繁殖力最高的太湖猪。

（5）杂交利用　民猪与其他品种正反交都表现较强的杂种优势。以民猪为基础培育成的哈白猪、新金猪、三江白猪等均能保留民猪的抗寒性强、繁殖力高和肉质好等优点。

2. 太湖猪

（1）产地与分布　太湖猪产于长江下游太湖流域的沿江沿海地区，其中产于上海嘉定区的称"梅山猪"，产于上海松江区的称"枫泾猪"，产于浙江省嘉兴、平湖的称"嘉兴黑猪"，产于常州市武进区的称"焦溪猪"，产于江苏省靖江的称"礼士桥猪"，产于上海崇明、江苏省启东、江苏省海门一带的称"沙湖头猪"。从1973年开始将它们统称太湖猪。

（2）外貌特征　太湖猪体型中等，以梅山猪最大。头大额宽，面微凹，额有皱纹。耳特大，耳软下垂，耳尖同嘴角齐或超过嘴角。背腰宽而微凹，腹大而下垂，大腿欠丰满，后躯皮肤有皱褶。毛色全黑或青灰色。梅山猪、枫泾猪和嘉兴黑猪具有"四白脚"，也有的尾尖为白色。乳头数8~9对。成年母猪体重114kg，公猪体重140kg。

（3）生长育肥性能　生长速度较慢，6~9月龄体重65~90kg，屠宰率65%~67%；75kg屠宰，胴体瘦肉率39.9%~45%。

（4）繁殖性能　太湖猪性成熟较早，3月龄即可达性成熟，平均每胎产仔15.8头，泌乳力强、哺育率高。据我国关于太湖猪繁殖性能的研究结果表明，太湖猪的高繁殖力与排卵数多和胚胎死亡率低有直接关系。

(5) 杂交利用 太湖猪具有高繁殖力，世界许多国家如法国、英国、匈牙利、朝鲜、日本、美国等国引入太湖猪与其本国猪种进行杂交，以期提高其本国猪种的繁殖力。

3. 金华猪

(1) 产地与分布 适于腌制优质的金华火腿及腌肉，产于浙江省金华地区的义乌、东阳和金华 3 个市。

(2) 外貌特征 金华猪毛色以中间白、两头黑为特征，故称"两头乌"或"金华两头乌猪"。金华猪体型中等偏小。头型分为寿字头、老鼠头和中间型 3 种。耳中等大、下垂，背凹，腹下垂，臀宽而倾斜。四肢细短，蹄坚实呈玉色。乳头 8 对左右。成年母猪体重 110kg，成年公猪体重 140kg。

(3) 生长育肥性能 在每千克配合饲料含消化能 12.56MJ，粗蛋白质 14% 和精、青饲料比例 1∶1 的营养条件下，金华猪育肥期日增重 464g。体重 70kg 屠宰，屠宰率 72.1%，胴体瘦肉率 43.14%。

(4) 繁殖性能 金华猪性情温顺，母性好，性成熟早。一般 5 ~ 6 月龄、体重 60kg 以上初配，初产母猪平均每胎产仔 11.55 头，经产母猪平均每胎产仔 14.22 头。

(5) 杂交利用 以金华猪为母本，与长白猪、大白猪、中约克夏猪、杜洛克猪和汉普夏猪等引入品种杂交，肌内脂肪表现为杂种优势。长、金杂种的肌纤维直径增大，约、金杂种猪肉质较为理想。杂种猪的日增重约 550g，胴体瘦肉率 50.0%，胴体每千克增重消耗消化能 48.06MJ。

4. 荣昌猪

(1) 产地与分布 荣昌猪原产于四川省荣昌和隆昌两县，主要分布在永川区、泸州市、合江县、纳溪区、大足区、铜梁区、江津区、宜宾市等地。

(2) 外貌特征 荣昌猪全身被毛白色，多数两眼周围、头部、尾根和体躯出现黑斑，鬃毛洁白、刚韧。头大小适中，面微凹，耳中等大、下垂，额部皱纹横行、有旋毛。体躯较长，发育匀称，背腰微凹，腹大而深，臀部稍倾斜，四肢细致、结实。乳头 6 ~ 7 对。

（3）生长育肥性能　出生后 1 年的育肥猪，体重为 75～80kg。在较好的饲养条件下，体重可达 100～125kg。以 7～8 月龄，体重 75～80kg 屠宰为宜。体重 87kg 的育肥猪，屠宰率 69%，胴体瘦肉率为 42%～46%，腿臀比例为 29%。荣昌猪的鬃毛以洁白光泽、刚韧质优而著称中、外。一头猪产鬃 200～300g，净毛率 90%。

（4）繁殖性能　荣昌猪属早熟品种，性成熟早。公猪 4 月龄性成熟，5 月龄可以用于配种；母猪 3 月龄即已性成熟，4～5 月龄可以初配。性情温顺，泌乳力较高，乳房疾病少，仔猪哺育成活率高。初产母猪每胎产仔 9 头左右，经产母猪每胎产仔 12 头左右。

（5）杂交利用　以荣昌猪为母本与大白猪、巴克夏猪和长白猪杂交，以长白猪与荣昌猪的配合力较好，日增重的优势率为 14%～18%，饲料利用的优势率为 8%～14%；用汉普夏猪和杜洛克猪分别与荣昌猪杂交，杂交种胴体瘦肉率可达到 57% 和 54%。

5. 内江猪

（1）产地与分布　内江猪原产于四川省盆地中部的内江市等地，历史上曾称为"东乡猪"。主要分布在内江、资中、简阳、资阳、安岳、威远、隆昌、乐至等县（市）。

（2）外貌特征　内江猪被毛全黑色，鬃毛粗长。体型较大，体质疏松。头大，嘴筒短，额面横纹深陷成沟，额皮中部隆起成块，俗称"盖碗"。耳中等大、下垂。体躯宽深，背腰微凹，腹大不拖地，臀宽稍后倾，四肢较粗壮。皮厚，成年种猪体侧及后腿皮肤有深皱褶。乳头粗大，一般 6～7 对。

（3）生长育肥性能　内江猪早期（体重 60kg）的增重较快，但后期（体重 70～90kg 阶段）的生长速度减弱。在适宜的饲养水平下，7 月龄体重可达 90kg，育肥猪料重比 3.5∶1 左右。体重 90kg 屠宰，屠宰率 68% 左右，胴体瘦肉率 38% 左右。在极端不良的环境和饲养条件下，有较强的抗逆性，其生长猪在高温（33.5℃）条件下舍饲，其增重和饲料转化率比长白猪高。由低海拔（500m）移至高海拔（3400m）地区饲养能适应和正常生长，表明其对高海拔生态条件有良好的适应能力。

（4）繁殖性能　内江猪性成熟较早，小公猪 56 日龄出现交配行为，105 日龄第一次使母猪受孕。小母猪的初情期为 115 日龄，130 日龄能受孕产仔。内江猪属中等繁殖力，初产母猪平均每胎产仔 9.5 头左右，经产母猪平均每胎产仔 10.5 头左右。

（5）杂交利用 内江猪对外界刺激反应迟钝，对逆境有良好的适应性。在我国炎热的南方或寒冷的北方，在沿海或海拔 4000m 以上的高原都能正常繁殖和生长，是猪经济杂交的良好亲本之一，对极端生态环境地区尤为适应。内江猪与地方猪种、培育猪种和引入猪种杂交都有较强的杂种优势。

6. 两广小花猪

（1）产地与分布 由陆川猪、福绵猪、公馆猪和广东小耳花猪（包括黄塘猪、塘缀猪、中桐猪、桂墟猪）归并统称两广小花猪。原产于陆川、玉林、合浦、高州、化州、吴川、郁南等地。主要分布在广东省和广西壮族自治区相邻的浔江、西江流域的南部，包括广东的湛江、肇庆、江门、茂名和广西的玉林、梧州等地区。

（2）外貌特征 两广小花猪被毛稀疏，毛色均为黑白花，除头、耳、背、腰、臀为黑色外，其余均为白色，黑白交界处有 4~5cm 的黑皮白毛的灰色带。两广小花猪体短和腿矮为其特征，表现为头短、颈短、耳短、身短、脚短和尾短的特点，故有"六短猪"之称。额较宽，有斜方形或菱形皱纹，中间有白斑三角星，耳小、向外平伸。背腰宽广、下凹，腹大多拖地，体长与胸围几乎相等。乳头 6~7 对。

（3）生长育肥性能 两广小花猪各类群育肥性能略有差异。6 月龄母猪体重 38kg，成年母猪体重 112kg。育肥猪 11~87kg，日增重 309g，每千克增重消耗消化能 52.5MJ。体重 75kg 屠宰，屠宰率 67.72%，胴体瘦肉率 37.2%。

（4）繁殖性能 两广小花猪性成熟早，小母猪 4~5 月龄体重不到 30kg 即开始发情，多在 6~7 月龄、体重 40kg 以上时开始配种。初产母猪每胎产仔 8~10 头，经产母猪每胎产仔 10~12 头。

（5）杂交利用 两广小花猪在杂交利用中作母本，与引入的长白猪、巴克夏猪和大白猪杂交，杂种猪在 15~90kg 阶段日增重分别为 577g、525g 和 514g。上述杂交组合获得杂一代的屠宰率分别为 68.8%、70.0% 和 72.7%。进行三元杂交可以取得较好的经济效益，长×（约×两）杂种猪的日增重比两广小花猪提高 35.5%，饲料利用率提高 36.2%。

7. 香猪

（1）产地与分布　香猪是我国小体型地方猪种，原产于贵州省的从江县、三都水族自治县和广西壮族自治区的环江毛南族自治县。主要分布在贵州和广西接壤的榕江、荔波、融水苗族自治、雷山、丹寨等县。

（2）外貌特征　香猪被毛多全黑，但亦有"六白"或不完全"六白"的特征。体躯矮小。头较直，额部皱纹浅而少，耳较小而薄、略向两侧平伸或稍下垂。背腰宽而微凹，腹大、半圆触地，后躯较丰满。四肢短细，后肢多卧系。皮薄肉细。乳头 5 ~ 6 对。

（3）生长育肥性能　香猪早熟易肥，皮薄骨细，肉质鲜嫩。哺乳仔猪与断乳仔猪肉味香，无奶腥味与其他异味，加工成烤猪、腊肉，别具风味与特色。香猪 6 月龄体重仅 20 ~ 30kg，相当于同龄大型猪的 1/5 ~ 1/4，平均日增重 120 ~ 150g。香猪 3 ~ 8 月龄，平均日增重 186g 左右，6 ~ 7 月龄屠宰较为适宜。38.9kg 育肥猪屠宰率为 65.7%，胴体瘦肉率 46.75%。

（4）繁殖性能　香猪性成熟早，初次发情 120 日龄、体重 8kg 左右。发情征候明显。公猪性活动开始较早，170 日龄、体重 8.5 ~ 17.0kg 即可配种利用。初产母猪每胎产仔 6 头，经产母猪每胎产仔 7 ~ 8 头。

第二节　高产母猪的鉴定与选留

高产母猪是长期选择和培育的结果，母猪的生产性能只有通过不断选择才能巩固和提高。在相同条件下，提高选择的准确性是关键。品种和个体对于母猪繁殖性能有很大的影响，不同品种的繁殖力存在着较大差异，如我国太湖猪平均可高达每胎 15 头，而引进品种仅为 9 ~ 12 头。母猪的选择是养猪生产的基础性工作，欲选什么样的母猪留种，应重点从品种（品系）性能和母猪个体性状两方面进行选择评估。

■ 品种（品系）的选择

母猪养殖场（户）选留什么样的母猪留种，应从品种（品系）

性能和母猪个体性状两个方面进行选择评估。对于母猪品种（品系）性能的要求，除了瘦肉率达到瘦肉猪标准、生长发育快外，更要注重其繁殖性能和对地方饲养条件的适应性。在这方面国内的培育种占有明显优势，主要表现：①产仔数多；②性成熟早，发情征候明显，如闹圈、爬栏、爬跨同栏猪及阴户红肿等发情行为比引入品种明显，十分便于发情鉴定与及时配种，可减少漏配，提高繁殖效率；③耐粗饲，适应性强，这一特点对于许多饲养条件较简陋的养殖户来讲很重要，在我国已有不少性能优良的引入品种由于缺乏这一点，结果出现生产性能的严重下降。

二 高产母猪的生产性能

1. 繁殖性能

后备母猪应有明显的第二特征，性成熟早，一般在 6～8 月龄时配种，要求发情明显、易受孕、能正常地繁殖大量的优秀后裔。淘汰那些发情迟缓、久配不孕或有繁殖障碍的母猪。当母猪繁殖后，重点选留那些产仔数高、泌乳力强（可用 20 日龄全窝仔猪重来衡量）、母性好、仔猪育成多的种母猪。根据实际情况，淘汰繁殖性能表现不良的母猪。

2. 生产性能

要求种猪生产快、产品品质好、生产成本低，对饲料利用和转化能力强。

三 谱系选择

近交系数大于 10% 时，猪胚胎的死亡率较高，且胎儿的初生重也较轻，一些遗传畸形也会引起死亡率上升，而杂交有利于提高胎产仔数及初生重。系谱是记录母猪亲缘关系的证明。通过系谱可以查询其来源，了解其祖辈的生产性能，查找其父母代、祖代、曾祖代的生产情况和表现。遗传疾病的存在首先是影响猪群生产性能的发挥，其次给生产管理带来许多不便，严重的可使猪只死亡。所以，作为种猪应有档案记载。可以从系谱审查中，了解是否有遗传疾病史，了解母猪是否性情温顺、护仔和带仔能力如何、泌乳力是否强等。后备猪一定要来自无任何遗传疾病的家系。

四 高产母猪的外貌鉴定

随着种猪生产性能测试手段的改进，国内外种猪的选择已由过去的观测体型外貌，发展为现在的利用生产性能测定，采用 BLUP 育种值估计法估计个体育种值，根据个体估计育种值进行个体选留。母猪的体型外貌是种猪品种的标志，体型外貌的缺陷和失格就不能留作种用。在不同发育阶段，把个体估计育种值与外貌评分制定综合指数，根据个体综合选择指数，选留高产母猪个体，也是高产母猪选种中常用的方法之一。

1. 高产母猪各个部位的具体要求

每个猪品种（品系）都具有自己的外貌特征，高产母猪的体型外貌应具有品种特征，如毛色（黑、白、花等）、耳型（立垂、前倾等）、头型（大、小等）、背腰长短、体躯宽窄、四肢粗细高矮等均要符合品种的要求。一般要求鉴定的高产母猪毛色、耳型、头型、体躯符合所鉴定品种的特征，体质结实，健康，生长发育良好，各部位结构匀称、协调，肢蹄健壮，母猪乳头排列均匀，有效乳头数符合品种或育种要求，生殖器官发育良好、无遗传缺陷。

(1) 头颈 包括头面和颈部。头颈是表现猪品种特征的主要部位之一，又是神经中枢所在的部位。要求头部额宽鼻短，大小适中，与体躯大小成比例。耳的大小和形状要符合猪的品种特征（我国大多数地方猪品种耳大、下垂，大约克夏猪的耳则直立）。眼睛不内凹、不外凸，圆、大而有神。理想的猪鼻、嘴要求鼻孔大、圆，嘴筒宽、口叉深，上下唇结合整齐，咀嚼有力。颈长中等，颈部肌肉较丰满，与前躯结合自然、过渡良好，无凹陷情况。公猪头颈宜粗壮短厚，母猪则要求头型清秀，母性良好。

(2) 前躯 前躯是由肱骨头前缘至肩胛后角做垂直线之间的部分，是产肉较多的部位，要求肩胛平整，胸宽且深，胸颈与背腰结合良好，无凹陷、尖狭等缺点。

(3) 中躯 中躯是由肩胛骨后角和腰角各做一条垂线所构成的部位。要求背腰平直、宽广。应选择脊椎数多、椎体长、横突宽的骨骼结构，肋骨圆拱，且间距宽，体表弓张良好。腹部要求容积广大而充实，不下垂也不卷缩，与胸部结合自然而无凹陷，腹面最好与地面平行。

◆ 【提示】 中躯的缺点是凹腰垂腹、乳房拖地、背腰太单薄等。公猪切忌草肚垂腹。

（4）后躯　后躯是指腰角以后的部位，为肉质最好的部位。要求臀部宽、平、长、微倾斜，肌肉丰满，载肉量多。后躯宽阔的母猪，骨盆腔发达，便于安胎多产，减少难产。

◆ 【提示】 臀部尖削、荐椎高突、载肉量少是后躯的严重缺点。

（5）四肢　四肢要求骨骼结实，粗壮适中，前后开阔，肢势端正。四肢没有X、O形等不正常的形态，行走时步态轻快，两侧前后肢应该在一条直线上。后腿是经济价值最高的部位之一，要求肌肉丰满、厚、宽、长，飞节上部没有凹陷，肌肉分布一直延续到飞节。蹄的大小适中，形状一致、端正，蹄壁角质坚滑、无裂纹。系宜短而坚强，忌卧系。

（6）乳房　母猪乳头数不应少于6对，乳房发育良好，呈对称排列，乳头间隔疏密基本相等，特别是前后排列应间隔稍远，最后一对乳头要分开，乳头粗细、长短适中，无瞎乳头与副乳头。

🔑【 小经验 】>>>>

> 用双手触摸乳房，感觉硬实呈块状者多为肉乳房，则肌肉组织较多，泌乳性能较低；反之手触呈柔软海绵感，则多为乳腺组织发达，是泌乳性能高的表现。

（7）生殖器官　母猪外生殖器官发育正常，性征明显。要求阴户发育良好，阴户上翘，骨盆平正时，骨盆腔大。如果阴唇和阴蒂发育不正常（如阴门狭小或上翘），将影响母猪的配种。公猪要求睾丸大小一致、外露，轮廓明显且左右基本对称。单睾、隐睾、阴囊疝、大小差异较大、高度不等以及包皮太大明显积尿均为缺陷。

(8) 皮毛 皮宜薄而柔软，富弹性，周身平滑，肤色呈粉红。毛宜稀疏，短而有光泽。如果皮肤松弛多褶，厚皮粗毛，为体质粗糙疏松的表现。毛色又是品种的一个明显标志，要求整齐一致。

2. 长白猪、大白猪、杜洛克猪外貌评定标准

兹介绍日本种猪登录协会对长白猪、大白猪以及杜洛克猪的外形鉴定标准（表3-1、表3-2、表3-3），以供参考。

表3-1 长白猪种猪外貌评定标准

类　别	说　明	标准评分
一般外貌	大型，发育良好，舒展，全身大致呈梯形；头、颈轻，身体伸长，后躯很发达，体要高，背线稍呈弓状，腹线大致平直，各部位匀称，身体紧凑；性情温顺有精神，性征表现明显，体质强健，合乎标准。毛白色，毛质好、有光泽，皮肤平滑、无皱褶，应无斑点	25
头、颈	头轻，脸要长些，鼻平直；下巴正，面颊紧凑，目光温和有神，耳不太大，向前方倾斜盖住脸部，两耳间距不过狭；颈稍长，宽度略薄又很紧凑，向头和肩平顺地移转	5
前躯	要轻、紧凑，肩的附着好，向前肢和中躯移转良好；胸要深、充实，前胸要宽	15
中躯	背腰长，向后躯移转良好，背大体平直强壮，背的宽度不狭，肋部开张，腹部深、丰满又紧凑，下肷部深而充实	20
后躯	臀部宽、长，尾根附着高，腿厚、宽，飞节充实、紧凑，整个后躯丰满；尾的长度、粗细适中	20
乳房、生殖器官	乳房形质良好，正常的乳头有12个以上，排列整齐；乳房无过多的脂肪；生殖器官发育正常，形质良好	5
肢、蹄	四肢稍长，站立端正，肢间要宽，飞节健壮；管部不太粗，很紧凑，系部要短、有弹性，蹄质好、左右一致，步态轻盈、准确	10
合计		100

表 3-2 大约克夏猪种猪外貌评定标准

类 别	说 明	标准评分
一般外貌	大型，发育良好，有足够的体积，全身大致呈长方形；头、颈应轻，身体富有长度、深度和高度，背线和腹线外观大体平直，各部位结合良好，身体紧凑；性情温顺有精神，性征表现良好，体质强健，合乎标准；毛白色，毛质好、有光泽，皮肤平滑、无皱褶，应无斑点	25
头、颈	头要轻，脸稍长，面部稍凹下，鼻端宽，下巴正，面颊紧凑；目光温和有神，两眼间距宽，耳朵大小中等，稍向前方直立，两耳间隔宽；颈不太长，宽度中等紧凑，向前和肩移转良好	5
前躯	不重，紧凑，肩附着良好，向前肢和中躯移转良好；胸部深、充实，前胸宽	15
中躯	背腰长，向后躯移转良好，背平直，健壮，宽背，肋开张好，腹部深、丰满很紧凑，下肷部深、充实	20
后躯	臀部宽、长，尾根附着高，腿应厚、宽，飞节充实、紧凑，尾的长度、粗细适中	20
乳房、生殖器官	乳房形质良好，正常的乳头有 12 个以上，排列良好；乳房无过多的脂肪；生殖器官发育正常，形质良好	5
肢、蹄	四肢较长，站立端正，肢间距宽，飞节强健。管部不太粗，很紧凑，系部要短、有弹性，蹄质好、左右一致，步态轻盈、准确	10
合计		100

表 3-3 杜洛克种猪外貌评定标准

类 别	说 明	标准评分
一般外貌	近于大型，发育良好，全身大体呈半月状；头、颈要轻，体要高，后躯很发达，背线从头到臀部呈弓状，腹线平直，各部位结合良好，身体紧凑；性情温顺有精神，性征表现明显，体质强健，合乎标准；毛色褐色，毛质好、有光泽，皮肤平滑、无皱褶，应无斑点	25

（续）

类　别	说　明	标准评分
头、颈	头要轻，脸的长度中等，面部微凹，下巴正，面颊要紧凑，目光温和有神，两眼间距宽，耳略小，向前折弯，两耳间隔宽，颈稍短，宽度中等，很紧凑，向头和肩移转良好	5
前躯	不重，很紧凑，肩附着良好，向前肢和中躯移转良好；胸部深、充实，前胸宽	15
中躯	背腰长度中等，向后躯移转良好，背部微带弯曲，健壮，背要宽，肋开张好，腹部深，很紧凑，下肷部深、充实	20
后躯	臀部宽、长，应不倾斜，腿厚、宽，小腿很发达、紧凑，尾的长度、粗细适中	20
乳房、生殖器官	乳房形质良好，正常的乳头有 12 个以上，排列良好；乳房无过多的脂肪；生殖器官发育正常，形质良好	5
肢、蹄	四肢较长，站立端正，肢间要宽，飞节健壮。管部不太粗，很紧凑，系部要短、有弹性，蹄质好、左右一致，步态轻盈、准确	10
合计		100

3. 外貌评定方法与注意事项

外貌评定是根据品种特征和育种要求，对后备个体各部位进行外观评定的过程。评定时，人与被评定个体间保持一定距离，一般以 3 倍于猪体长的距离为宜。从正面、侧面和后面，进行一系列的观测和评定，再根据观测所得到的总体印象进行综合分析并评定优劣。评定时主要看个体体型是否与选育方向相符，体质是否结实，整体发育是否协调，品种特征是否典型，肢蹄是否健壮，有何重要失格以及一般精神表现。再令其走动，看其动作、步态以及有无跛行或其他遗传疾患。取得一个概括认识以后，再走近畜体，对各部位进行细致审查，分析优劣。为减少主观性，通常采用评分鉴定，即根据一系列评分表来评定优劣。

> 🔵 【提示】 要挑选一头母猪不难，只要其体型外貌合乎你的需要，自其外表便能决定取舍。选一群好猪留为种猪时，便不只要考虑其体型外貌了。种猪选种的遗传基因改进一定不能忽略。种猪血统、性能与外貌3项是选留种畜的三手段，古今中外皆然，选拔种猪时此三手段的实施顺序应为性能、血统与外貌。

五 健康状况

母猪健康状况，对选留母猪关系重大。在选留或购买母猪时要严把健康关，防止因带入传染病而造成猪场严重损失。母猪要选择生长发育正常，精神活泼，健康结实，无病，适应当地环境条件、饲养管理条件，并具有耐粗饲性的抗病力强的个体。购买种母猪时应该了解母猪原产地疾病情况，严禁从疫区购买母猪；购买母猪时，要观察母猪的现实表现、饮食欲、精神状态、毛色皮肤和粪便是否正常。对购买回的母猪要先隔离饲养一段时间，观察无任何疫病后，再混入猪群中饲养。

第三节　高产母猪的引种与运输

良种是提高猪生产效益的首要因素，母猪的质量是关系到养猪成败的关键环节。引种是实现品种改良和迅速提高养猪效益的有效途径。种猪场每年更新种猪，更新率为25%～35%。为达到优质、高产和高效的目的，还需引进的品种更加优良、适合本场未来发展规划的母猪。

一 引种的误区

1. 忽视猪的健康状况

母猪的健康状况是引种时必须考虑的重要问题。在引进母猪时只考虑价格和母猪体型外貌，忽视母猪的健康状况，易导致在引进母猪的同时把疾病也引了回来。

2. 过分强调猪的体型

有些猪场在引进种猪时过分强调母猪的体型，只要是臀部肥大的猪就盲目引进，而不管其生产性能、产仔数、料重比、瘦肉率、泌乳力及母性强弱等各项指标如何。殊不知，臀部过于肥大的母猪容易难产，会给猪场造成不应有的损失。

3. 引进体重过大的母猪

在引进母猪时，很多猪场喜欢引进体重大的母猪。一般体重过大的母猪往往是在 60kg 以后没有饲喂后备母猪料，而是仍然用含有促生长剂的育肥猪饲料饲喂的母猪。育肥猪饲料中的这些促生长剂会影响母猪生殖系统的发育，降低后备母猪的发情率以及配种受胎率，从而会造成很大的损失。

4. 从多家种猪场引种

一些养猪场（户）错误地认为，种源多、血缘远有利于本场猪群生产性能的改善。殊不知这样做，各个种猪场的细菌、病毒差异很大，而且现在疾病多数都呈隐性感染，不同猪场的猪混群后暴发疾病的风险性增大，所以在引进种猪时要尽量从一家种猪场引种，而不要从多家种猪场引种。

二 引种前的准备工作

1. 制订引种计划

养猪场（户）应结合自身实际情况，按照种群更新计划和就近引种的原则，确定所需品种、数量及引种场，有目的地购进能够提高本场种猪某种性能、满足自身要求以及与本场猪群健康状况相似的优良个体。引种前制订一个详细的引种计划，包括引种地、引种数量、引种时间、运输方式、运输人员等。引入种猪的数量、年龄和性别比例，应该根据饲养目的和饲养规模有计划选购，切勿贪大求洋。如果是用于纯繁，以提高猪场的生产性能，则应购买经过生产性能测定的种猪。所引母猪产地的环境和自然条件须与当地的环境自然条件大体一致。另外，引种要选择合适的时机，合适的时机引种能更好地发挥引种优势，降低引种成本，这就需要我们对种猪市场有敏锐的洞察力和用前瞻性的眼光来分析预测养猪生产。

2. 引种场家的选择

在母猪的种源上，引种应根据引种计划，选择已取得《种畜禽生产经营许可证》且质量高、信誉好的大型种猪场引种，以保证其数量和质量的稳定、可靠。要检查它们的记录，如谱系关系、品种特性、营养健康状况、年龄、免疫接种情况等，避免近亲繁殖。

3. 物质准备

要做好引种前的一切物质准备，包括运输工具的制作与消毒、饲养用具（圈舍、饲槽、饮水容器等）的消毒、饲料饮水的准备、隔离舍的消毒等，同时要准备一些外伤治疗和抗应激的药物，用于母猪的外伤治疗等。

4. 应了解的情况

（1）疫病情况　调查各地疫病流行情况和种猪质量情况，从疫病危害不严重的猪场引种，同时要了解该种猪场的免疫程序及疫病防治措施。

（2）种猪选育标准　最好能结合种猪综合选择指数来进行引种，特别是从国外引进时更应重视该项工作。

三　选择种猪时应注意的问题

引种时应注意把握引种的目的，引种是为了繁殖仔猪出售商品猪？还是为了育种？如果只是生产商品猪，应侧重引进母性和繁殖生产性能好的母猪，即产仔多、泌乳力高、母性强等，对体型和外表不要过于苛求。如果为了生产种猪，所引母猪必须血缘清楚，具有特定品种的外貌特征，母猪乳头应排列整齐、无缺陷乳头、外阴部发育正常、肢蹄发育符合种猪要求。种猪要求健康，无任何临床病症和遗传疾患（如瞎乳头等），营养状况良好，发育正常，四肢要求结构良好、强健有力。所选母猪必须经本场兽医临床检查无猪瘟、布氏杆菌病等疾病，并有兽医检疫部门出具的检疫合格证明。

四　运输时的注意事项

母猪运输是引种过程中最麻烦的环节，必须保证运输沿途道路畅通、无灾害发生，沿途无疫情，车辆状况良好。最好不使用运输商品猪的车辆装运母猪。在运载前24h开始，应使用高效的消毒剂对车辆和用具进行两次以上的严格消毒，最好能空置一天后装猪，在装猪前再用刺激性较小的消毒剂彻底消毒一次，并开好消毒证明。

要求供种猪场提前2h对准备运输的种猪停止投喂饲料，赶猪上车时不能赶得太急，装猪结束后应固定好车门。所装载猪只的数量不要过多，装得太密会引起挤压而导致种猪死亡。运载种猪的车厢应隔成若干个栏圈，安排4~6头猪为一个栏圈，隔栏最好用光滑的钢管制成，避免刮伤种猪。达到性成熟的公猪应单独隔开，并喷洒带有较浓气味的消毒药（如复合酚等）或者与母猪混装，以免公猪之间相互打架。长途运输的种猪，应对每头注射一针长效抗生素，以防止猪在途中感染细菌性疾病；对临床表现特别兴奋的种猪，可注射适量氯丙嗪等镇静剂。在运输过程中应注意防止猪的肢蹄损伤，避免其在运输途中死亡和感染疫病。长途运输的车辆，车厢最好能铺上垫料，冬天可铺上稻草、稻壳、锯末，夏天铺上细沙。

长途运输的运猪车应尽量走高速公路，避免堵车，每辆车应配备两名驾驶员交替开车，行驶过程应尽量避免急刹车。途中应注意选择没有停放其他运载动物车辆的地点就餐，绝不能与其他装运猪只的车辆一起停放。运输途中要适时停歇，检查有无伤病猪只，大量运输时最好能准备一辆备用车，以免运猪车出现故障、停留时间太长而造成不必要的损失。应经常注意观察猪群，如果出现呼吸急促、体温升高等异常情况，应及时采取有效措施。

运输时应防止猪只应激的发生。车内空间要相当大，防止拥挤造成猪只应激。冬季运输要防寒、防风、防冻，注意保暖。夏季运输要防热、防暑，注意降温，要准备充足的饮水，尽量避免在酷暑情况下装运种猪，可在早晨和傍晚装运；途中应注意经常供给饮水，有条件时可准备西瓜供猪采食。运输车辆应备有汽车帆布，若遇到烈日或暴风雨时，应将帆布遮于车顶上面，防止烈日直射和暴风雨袭击种猪，车厢两边的篷布应挂起，以便通风散热；冬季篷布应挂在车厢前上方以便挡风保暖。

五 到场后应注意的事项

1. 到场后的饲养

引进母猪到场时，应立即对装猪台、车辆、猪体及卸车周围地面进行消毒，之后将母猪卸下，按大小分群饲养，有损伤、脱肛等情况的母猪应立即隔开单栏饲养，并及时治疗。猪下车后 1 ~ 2h，不能喂给水和饲料。当然，天气特别炎热时，可饮少量清洁水。待猪稳定下来后，可供给少量的水和饲料，要少给勤给。饲料的供应，可在猪到达后的 2 ~ 3 天达到正常喂量。种猪到场后前 2 周，由于疲劳加上环境变化，机体抗病力降低，饲养管理上应注意尽量减少应激，可在饲料中添加抗生素和多种维生素，使种猪尽快恢复正常状态。

2. 严格隔离

新引进的种猪，应先饲养在隔离检疫舍，而不能直接转进猪场生产区，以免带来新的疫病，或者由不同菌株引发相同疾病。引进母猪到场后，一般需隔离 1 个月以上。隔离检疫舍应采取"全进全出"管理方式，两批引进间应彻底冲洗消毒，并保持干燥。隔离检疫舍距原有猪群至少应 300m，以利于减少潜在病原通过空气传播的危险。如果引进的种猪无法完全隔离，应把它们饲养在经高压冲洗、消毒过的空栏内，并尽可能远离原有猪群。另外，隔离舍应具有加药器、防鸟网和防鼠措施。注意饲养员和用具也要单独配备，不可与本场混用。严格检疫，特别是对布氏杆菌、伪狂犬病等疫病要特别重视，须采血经有关兽医检疫部门检测，确认没有细菌感染阳性和病毒野毒感染，并监测猪瘟、口蹄疫等抗体情况。在隔离与适应阶段，注意观察所有猪只的临床表现。一旦发病，必须马上给予药物治疗。如果怀疑是严重的新的疾病（在原有猪群中未曾发现过），需做进一步诊断。

3. 免疫接种与驱虫

在隔离期间，要注意观察猪只的生长生活情况，并根据当地疫病统计情况，注射必要的免疫疫苗。一般种猪到场一周开始，应按本场的免疫程序接种猪瘟等各类疫苗，7 月龄的后备猪在此期间可做一些引起繁殖障碍疾病的免疫注射，如细小病毒病、乙型脑炎疫苗等。在隔离期内，接种完各种疫苗后，进行一次全面驱虫，使其能充分发挥生长潜能。在隔离期结束后，对该批种猪进行体表消毒，再转入生产区投入正常生产。

第四章

优秀种公猪的培育与利用

> "母猪好，好一窝；公猪好，好一坡。"这是人们在长期实践中对公猪重要性的认识。种公猪的好坏，决定着猪场生产水平的高低，也是产生经济效益的关键。

第一节 种公猪的生殖生理与选择

一 公猪的生殖器官及功能

公猪的生殖器官包括睾丸（2个）、阴囊、附睾（2个）、输精管（2个）、副性腺（其中包括前列腺及2个精囊、2个尿道球腺）、阴茎、包皮（图4-1）。

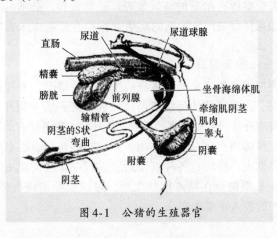

图4-1 公猪的生殖器官

1. 睾丸

公猪有一对睾丸。睾丸呈椭圆形，重 900～1000g，占体重的 0.34%～0.38%，位于阴囊内。睾丸除产生精子外，还分泌雄性激素睾酮，该激素有维持公猪雄性特征和激发公猪交配欲的作用。

2. 阴囊

公猪的阴囊较大，位于股后面、肛门腹侧不远处，与周围界限不明显。阴囊是维持精子正常生成温度的调解器官，阴囊可以保证睾丸的温度总比体温低 2～3℃。只有在较低的温度下，睾丸才能生成精子。

> ➡ 【提示】 患隐睾症的公猪不能产生正常的精子，以致造成公猪不育。

3. 附睾

附睾是睾丸的输出管，也是精子成熟和储存的场所。附睾由一条卷曲的狭窄管道组成，分为附睾头、附睾体、附睾尾三部分，精子在这条卷曲的管道中逐渐成熟。精子通过附睾尾的时间一般为 10 天（9～14 天），在这段时间里精子不仅在附睾中被吸水、浓缩和储藏，而且只有通过此过程才能最后发育成熟。

4. 输精管

输精管是精子由附睾排出的通道，它与精液囊相结合形成射精管，猪的射精管较小，在尿生殖道的起始部，开始于黏膜形成的精阜上。当公猪开始爬跨时，精子从输精管中溢出。

5. 副性腺

副性腺体是猪精囊、前列腺、尿道球腺等腺体的总称。猪的副性腺较发达，故射精量较大。公猪交配时，最先排出的为尿道腺和尿道球腺的分泌物，继而排出的为精子和附睾分泌物的混合物，以及前列腺的分泌物，这几种分泌物是组成精液的最主要部分；最后排出的为精囊的分泌物，该分泌物在前列腺酶的作用下，形成乳白色的胶凝块，有阻塞子宫颈及阴道防止精液外流的作用。保证有规律地采精，其副性腺液与精子的比率可保持稳定。

> **【提示】** 公猪每次射精并不是将全部精子射出，但若配种过勤，会导致精液中不成熟精子的比例上升；若久不配种，则精子老化、死亡分解并被吸收。

6. 阴茎

公猪阴茎为纤维型，较细，海绵体不发达，不勃起时也是硬的；有"S"状弯曲，勃起时伸直。阴茎前端呈螺旋状，勃起时尤其显著，阴茎头不明显，没有尿道突。在不交配时，一般阴茎保持于包皮内。包皮腔前端背侧有一圆孔，向上和包皮憩室相通，憩室中常含有刺激性气味的分泌物。

二 公猪生殖机能发育的阶段

1. 初情期

公猪的初情期是指公猪出现爬跨行为，阴茎能部分伸出包皮鞘，能首次射出少量精液的年龄阶段。不同品种的公猪初情期差异很大，中国优良地方种猪，如内江猪、荣昌猪、太湖猪等，初情期为72～90日龄；而引进品种，如大约克夏猪、长白猪、汉普夏猪，初情期为150～180日龄。公猪达到初情期后，在神经和激素的支配与作用下，表现性欲冲动、求偶和交配三方面的反射，统称为性行为。但初情期公猪的生殖器官及其机能还未发育完全，其射精量小，精子稀薄，畸形率高，一般不宜此时配种，否则将降低受胎率与产仔数，并影响公猪生殖器官的正常生长发育。

2. 性成熟

公猪的性成熟是指生殖器官及其机能已发育完全，具备典型第二特征，性机能成熟，能产生正常的精液（成熟的精液），一旦与母猪交配能使母猪正常受孕的年龄。性成熟是一个渐进的发育过程，可以把初情期视为性成熟的起点，经过一定时间逐渐达到性成熟。中国地方猪种3～4月龄、体重25～30kg时就达性成熟，国外引进或培育品种于6～7月龄、体重65～70kg时才达性成熟。

3. 初配年龄

初配年龄又称适配年龄。过早配种会影响公猪的生长发育，缩短利用年限。宜在性成熟后的一定时期后初配，后备公猪的适宜配种时间为引进或培育品种在9~12月龄、体重120kg以上；中国地方猪种在6~8月龄、体重50~60kg开始。

4. 繁殖机能衰退期

公猪1.5~4岁时性欲旺盛、射精量最大、繁殖机能最强。随着公猪年龄的增大，繁殖机能逐渐衰退，其有效利用年限较母猪短，公猪停止配种年龄一般不晚于6~8岁。

三 优良种公猪的选择

1. 品种选择

在商品猪生产中，最适合作种猪的是国外引进品种，如杜洛克猪、汉普夏猪、大白猪、长白猪和皮特兰猪等。它们体型好、生长速度快、饲料报酬率和瘦肉率较高，对后代有改良效果。如果不是搞纯种选育，一般不用地方品种的公猪，因其生长速度慢、瘦肉率低。近年来，也有利用杂种公猪作终端杂交、生产商品猪的，如杜洛克猪×皮特兰猪、汉普夏猪×杜洛克猪、皮特兰猪×大白猪、长白猪×大白猪等，都收到较好效果。

2. 外貌特征

种公猪应具有本品种外貌特征，如头型、耳型、毛色、体型、外貌等符合纯种猪的基本特征。例如杜洛克猪被毛呈红棕色，四肢粗壮结实；大白猪毛色全白，耳薄、向前直立，背腰平直；长白猪毛色纯白，头小、清秀，耳大、前倾，体躯较长，后躯肌肉丰满。种公猪要求精神饱满，健康，皮肤有弹性，无皮肤病，毛色光亮，身体发育良好，头颈、前躯、中躯和后躯结合自然、良好，肢势端正，肚腹平直。头大额宽，胸深宽，背宽平，体躯深；四肢强健，尤其是后肢有力，蹄趾粗壮、对称，无跛蹄。过于肥胖、瘦弱的猪不宜留作后备猪。引种公猪体重以 60 ~ 80kg 为宜（至少在计划配种前 60 天购进，以适应环境）。

3. 性特征

种公猪必须性欲强盛，体格健壮，生殖系统器官发育健全，有明显的雄性特征。要求睾丸发育良好、对称，轮廓清晰，无单睾、隐睾、赫尔尼亚，包皮积尿不明显，性行为正常，精液品质良好。种猪要求乳房排列整齐，发育良好，无翻转乳头和副乳头，且具有 6 ~ 7 对。

4. 生产性能

种公猪的某些生产性能，如生长速度、饲料转化率和背膘厚度等都具有中等到高等的遗传力。因此，被选择的公猪都应该在这方面确定它们的性能，选择具有最高性能指数的公猪作为种公猪。由于生长过快，猪的骨骼发育跟不上肌肉、脂肪等组织的生长，导致四肢发生变形；一般后备猪的生长速度不宜过快，否则对其繁殖性能有不良影响。一般到初次配种前，后备公猪平均日增重应控制在 650 ~ 750g 范围内。从这种意义上讲，后备猪主要是选择那些骨骼发育良好，肌肉发达，特别是四肢健壮的个体。

5. 系谱资料

利用系谱资料进行选择，主要是根据亲代、同胞、后裔的生产成绩来衡量被选择公猪的性能，具有优良性能的个体，在后代中能够表现出良好的遗传素质。系谱选择必须具备完整的记录档案，根据记录分析各性状逐代传递的趋向，选择综合评价指数最优的个体留作种公猪。

第二节　幼龄公猪的饲养管理

幼龄公猪是指断乳至配种前的小公猪。培育幼龄公猪的任务是获得体格健壮、发育良好、具有品种特征的高度种用价值的种猪。生产中，为使生产持续地保持较高的水平，每年必须选留和培育出优良的后备公猪，来补充和替代年老体弱、繁殖性能降低的种公猪。只有使种猪群保持以青壮年种猪为主的结构比例，才能保持并逐年提高生产水平和经济效益。所以，选择和培育好后备公猪既是养猪生产的基本建设，又是提高生产性能的希望所在，千万不能忽视。

一 幼龄公猪的营养需要特点

幼龄公猪是成年种公猪的基础，它与育肥猪不同。育肥猪生长周期短（5~6月龄），饲养时需抓住生长快的时期充分饲养，使其尽快达到上市体重。而后备公猪要培育成优良种猪，不仅生存期长（3~5岁），而且要求体型外貌、身体各部位的发育具有种用特点。因此，饲养后备种公猪既要防止生长过快过肥，又要防止生长过慢发育不良，要根据其生长发育规律，通过控制生长发育不同阶段的营养水平，改变其生长曲线，加速或抑制猪体某些部位和器官的生长发育。幼龄公猪的生长发育具有阶段性，一般6~8月龄以前发育较快，以后逐渐减慢。因此，幼龄公猪的营养需要，因其生长发育阶段不同而异。幼龄公猪的特点是生长发育快（主要是长骨骼和肌肉），为了使其充分发育，又不过肥，在满足能量的前提下，特别要注意充分满足其对矿物质、蛋白质和维生素的需要，绝不能采取喂育肥猪或成年猪的饲养方法。体重35kg以前，每千克饲粮宜含消化能12.55MJ，粗蛋白质16%；体重35~60kg时，每千克饲粮的消化能则应为12.34MJ，粗蛋白质14%；6月龄以后，体重60~90kg时，开始大量沉积体脂肪，应适当降低饲粮的能量水平，以免其过肥，失去种用价值，每千克饲粮含消化能为12.2MJ，粗蛋白质13%。

二 幼龄公猪的饲养

1. 饲喂全价日粮

为保证后备公猪正常的生长发育，特别是骨骼、肌肉的充分发育，应按相应的饲养标准配制营养全价的饲粮。要保证饲料的全价性，注意能量和蛋白质的比例，特别是矿物质、维生素和必需氨基酸的补充。按饲养标准配制饲料，而且应注意饲料原料的多样化（至少5种以上）与稳定性。

⚠ 【注意】 应控制后备公猪的饲粮体积，以防止形成垂腹而影响公猪的配种能力。

2. 限量饲喂

宜采用定时定量的限量饲喂方法，以控制体重高速增长，保证各器官系统的充分发育，避免因长得过肥而失去种用价值。每天可固定时间饲喂 4 次或 3 次。一般来说，育成阶段的日喂量占体重的 2.5%～3.0%，体重 70～80kg 的后备猪的饲料日喂量占体重的 2.0%～2.5%。以湿拌或干粉料饲喂均可，每天需供给充足的清洁饮水。青粗饲料既能给后备公猪提供营养，又能使消化器官得到锻炼，提高耐粗饲能力。为促进幼龄公猪的生长发育，有条件的猪场可饲喂些优质的青饲料和粗饲料（如苜蓿），但应以精饲料为主。

> ⊙ 【提示】 幼龄公猪饲粮中的青粗比例，应少于后备母猪，以免形成草腹大肚，影响配种。

三 幼龄公猪的管理

1. 分群管理

为降低劳动强度，减少占地面积以及便于管理，对幼龄公猪要按体重大小、强弱进行合理分群。要求同群猪体重差异最好不超过 2.5kg。刚转入后备猪群时，每圈可喂 4～6 头。圈舍要经常保持干净，温度适宜，空气新鲜，切忌潮湿、拥挤，以免猪腹泻和患皮肤病。

2. 适度运动

运动既可强健后备公猪的体质，增强四肢灵活性和坚实性，又可促进后备公猪骨骼和肌肉的正常发育，防止过肥，保持匀称结实的体型。除自由运动外，还要进行驱赶运动和放牧运动，这样既可保证食欲、增强体质，又可避免自淫的恶癖。

3. 及时调教

后备公猪从小就要加强调教管理，建立人与猪的和睦关系。一要严禁粗暴对待后备公猪，从幼猪阶段开始，进行口令和触摸等亲和训练，以利将来采精、配种等操作管理。二要训练后备公猪养成良好的生活规律，如定时饲喂、定点排泄等。三要在后备公猪达到配种年龄和体重后，及时进行配种和采精的调教。

⟶ **【提示】** 怕人的公猪性欲差，不易采精。应禁止恶声恶气等打骂，以免造成公猪怕人。

4. 定期称重

后备猪最好每月称重一次，6 月龄加测体尺，并统计其饲料消耗量。根据定期称量的个体重，掌握后备猪生长发育状况，适时调整饲粮营养水平和饲喂量，使个体达到良好的发育要求。瘦肉型后备猪体重标准见表4-1。

此外，后备公猪达到性成熟后会烦躁不安，经常相互爬跨、不好好吃食。为了克服这种现象，应在后备公猪达到性成熟后，实行单栏饲养、合群运动。另外，尚需加强防寒保温、防暑降温、清洁卫生等环境条件的管理。

表4-1　瘦肉型后备猪体重标准　（单位：kg）

品　种	性别	3 月龄	4 月龄	5 月龄	6 月龄	备　注
长白猪	公	36	55	75	100	中国猪品种志，商品瘦肉猪实验研究汇编
	母	35	52	70	90	
大约克夏猪	公	30	51	76	104	
	母	30	49	72	97	
汉普夏猪	公	38	56	75	97	
	母	32	49	62	79	
杜洛克猪	公	32	41	69	93	
	母	23	36	47	67	

四　后备公猪的选留

后备公猪的选留十分重要，它关系到猪以后的种用价值和整个猪群的质量。后备公猪的选择有 2 月龄、4 月龄、6 月龄和初配前等多次选择。2 月龄选择是窝选，就是选留大窝中的好个体。4 月龄选择主要是淘汰生长发育不良或有突出缺陷的个体。6 月龄选择可根据体型外貌、生长发育、性成熟表现、外阴器官的好坏、背膘厚薄等性状进行严格的选择。初配前选择主要是淘汰个别性器官发育不良、

第四章　优秀种公猪的培育与利用

107

性欲低下、精液品质差的后备公猪。

第三节　种公猪的饲养管理

优秀的种公猪可以增加与配母猪的受胎率、产仔数，增强仔猪生活力，同时对猪群增重速度、饲料报酬、抗病力、瘦肉率和屠宰率等生产性能有重要影响。因此，加强对种公猪的饲养管理，使其提供高品质的精液，是搞好养猪生产的物质基础。

一　种公猪的营养需要

与其他家畜的公畜比较，种公猪有射精量大（150～500mL）、精子数目多（150亿～800亿个）、交配时间长（平均10min）等特点。猪的精液中水分占97%，粗蛋白质占1.2%～2%，粗脂肪占0.2%，其余是矿物质、脂肪和各种有机浸出物。形成精液的必需氨基酸有赖氨酸、色氨酸、胱氨酸、蛋氨酸等，尤其是赖氨酸更为重要。因此生产中必须供给种公猪丰富的蛋白质，足够的能量和维生素、矿物质等营养物质才能保证种公猪每次射精的质和量。

1. 能量

种公猪饲粮的能量水平不宜太高，控制在中等偏上即可（12.5MJ/kg）。能量太低或采食量太少，公猪易消瘦，性欲降低，甚至精液品质下降，造成使用年限缩短。能量太高或采食量太大，公猪容易增肥，过肥的公猪一般不愿运动，易引起肢蹄病，配种或采精困难，从而导致性欲下降，精液品质差等。一般符合营养标准的饲料，根据种公猪体况，每天饲喂2.3～2.5kg。

2. 蛋白质

种公猪饲粮中蛋白质的数量与质量，均可影响种公猪性器官发育与精液品质。参与形成精液的必需氨基酸有赖氨酸、色氨酸、胱氨酸、蛋氨酸等，尤其是赖氨酸更为重要。因此，生产中必须供给种公猪饲粮中的蛋白质应占14%～15%，体重180～250kg的公猪，每天需要200g蛋白质，而且动物源性蛋白质要适当增加比例（一般可添加5%左右）。

3. 矿物质和维生素

矿物质和维生素均对精液品质有重大影响，饲粮中钙、磷缺乏或不足会使公猪出现死精子、发育不全或活力不强的精子。后备公猪饲粮中含钙0.90%，成年公猪饲粮中含钙0.75%可满足其繁殖需要。钙磷比要求1.25:1。饲料中缺乏铜、碘、铁、锰、硒、锌等时，可影响公猪精液的形成和品质。建议每千克公猪饲粮中硒、锰、锌含量应分别不少于0.15mg、20.0mg和50mg。每千克饲粮中应含维生素A 4100国际单位，否则会导致睾丸肿大、干枯，精液品质下降，性繁殖能力降低；维生素D不能少于275国际单位，否则会影响精液品质，同时影响钙的吸收；维生素E不能少于8337国际单位，否则影响精子的产生及引起性欲下降。

二 种公猪的饲料配合和饲喂技术

1. 饲料配合

种公猪的营养水平和饲喂量，与品种类型、体重大小、配种利用强度有关系。饲养时应随时注意营养状况，使其终年保持健康、结实，性欲旺盛，精力充沛。在全年产仔的猪场，公猪配种任务较为均匀，每月都要维持公猪配种期所需的营养水平。采用季节集中产仔时，则需要在配种前30~40天开始逐渐提高营养水平，在原有日粮基础上，加喂鱼粉、鸡蛋、多种维生素和青饲料，使种公猪在配种期内保持旺盛的性欲和良好的精液品质；待配种季节结束后，再逐渐适当降低营养水平。在寒冷季节，环境温度降低时，饲养标准相应提高10%~20%。

> 【提示】 过肥的公猪整天睡觉，性欲减弱，配种能力低，这种情况的发生，多数是由于喂猪的饲料营养不够全面造成的。

2. 饲喂技术

种公猪的饲料应能量适中，含有丰富的优质蛋白质、维生素和矿物质，体积不宜大，应以精饲料为主，以免造成垂腹。饲喂公猪要定时定量，冬季可日喂2次，夏季日喂3次，每次喂8~9成饱即可，日粮一般占体重的2.5%~3%。另外，饲粮要有良好的适口性，严禁发霉变质和有毒的饲料混入。如果不按种公猪标准配料，饲料过于单纯，含碳水化合物的饲料过多，含蛋白质、矿物质和维生素的饲料不足，再加上运动不足，会引起公猪过肥或过瘦。种公猪过肥时，应及时减少碳水化合物多的饲料，增加蛋白质饲料和青饲料，并加强运动。如果公猪太瘦，则说明营养不足或使用过度，需及时调整饲料，加强营养，减少交配次数。种公猪最好生吃干料，同时供给充足的饮水；或者用潮拌料饲喂，但不要用稀粥料喂种公猪。

> ➡ 【提示】 棉籽饼中含有的棉酚会杀死精子，种公猪饲料中应禁用。

三 种公猪的日常管理

1. 单圈饲养

种公猪单圈饲养可避免互相爬跨，减少干扰、刺激，有利于公猪健康。如果是自己培育的种公猪可在仔猪断乳后小群饲养；但到公猪性成熟以后，就应分开单个饲养。不同圈栏的公猪应避免相遇以免咬伤。

> ➡ 【提示】 除配种时间外，应做到种公猪嗅不到母猪气味、听不到母猪叫声、看不到母猪模样。

2. 建立良好的生活制度

种公猪的饲喂、采精或配种、运动、刷拭等各项作业，都应在大体固定的时间内进行，利用条件反射养成规律性的生活制度，以便于管理操作。

3. 适当运动

种公猪每天适当运动可提高新陈代谢强度，促进食欲，增强体质，避免肥胖，提高精液品质和配种能力。可采用运动场自由运动和适当的人工驱赶运动，如果有条件可以用放牧代替运动。上午、下午各运动1h左右，行程1～2km。夏天在早、晚凉爽时进行；寒冬可在中午进行1次。在配种期运动要适度，在非配种期要加强运动。

4. 刷拭、修蹄、锯牙

定时刷拭猪体，同时驱除体外寄生虫。热天可冲洗猪体，保持皮肤清洁卫生，促进血液循环并以此调教公猪，使公猪与人亲和、温顺，听从管教。注意保护公猪肢蹄，对不良的蹄形进行修蹄，保持正常蹄形，便于正常活动和配种。每天清扫圈舍 2 次，保持圈舍和猪体的清洁卫生。当獠牙向外伸出时，要及时锯掉。

5. 定期检查精液品质和称重

在配种季节到来前半个月和配种期中，要定期检查精液的品质。一般实行人工授精的公猪，每次采精都要检查精液品质，本交配种的种公猪每月也要检查 1 ~ 2 次精液品质，并要定期称重，然后根据种公猪的精液品质和体重变化来调整饲粮的营养水平和利用强度。

6. 防止咬架

公猪好斗，偶尔相遇就会咬架。公猪咬架时应迅速放出发情母猪，将公猪引走，或用木板将公猪隔开，或用水猛冲公猪眼部，将其赶走。切忌用棍棒抽打，那样会造成严重的伤亡事故。

7. 防寒防暑

公猪生长的适宜温度为 18 ~ 20℃。公猪圈舍要冬暖夏凉，保持干燥、清洁。冬季舍温不低于5℃，要防寒保暖以减少饲料消耗和疾病发生。夏季舍温应控制在30℃以下，夏季高温时要注意遮阴、通风、洒水降温，最好设有淋水装置。在公猪的舍内和小运动场安装喷雾水管和水嘴，进行喷雾降温。

四 种公猪的合理利用

种公猪精液品质的优劣和使用年限的长短，不仅与饲养管理有关，而且很大程度上取决于初配年龄和利用强度。

1. 适宜的初配年龄和体重

过早配种不仅会影响种公猪的生殖器官的正常发育，还会影响身体发育，以致缩短使用年限、降低种用价值。引进品种和培育品种的种公猪一般在 9 ~ 12 月龄，体重达 120 ~ 130kg 时开始配种；中国地方品种，以 6 ~ 8 月龄、体重 60 ~ 70kg 时开始配种较为合适。

2. 利用强度

种公猪的配种需要有计划地进行，做到每头公猪均匀使用，特别是在配种高峰季节更应如此。种公猪的利用强度应根据年龄和体质强弱合理安排。如果利用过度，会显著降低精液品质，影响受胎率；反之若长期不配种，会致使种公猪性欲不旺，精液内死、老精子增多，受配母猪的受胎率也会降低。生产中，1~2岁的青年公猪，每2~3天配种或采精1次；2~5岁的公猪，生殖机能旺盛，在饲养管理水平较高的情况下，最好每日配种1次，若需日配2次时，应早晚各一次，间隔8~10h，连续配种3~4天后休息2~3天；5岁以上公猪，年老体衰，可每隔1~2天使用1次，或及时淘汰更换。如果配种任务过重，每次配种后可加喂2~3个鸡蛋，以利于公猪体力恢复。如果采用人工授精技术，成年公猪每周采精4天，每天1~2次，然后休息。一般本交进行季节性配种的猪场，公猪与母猪比例为1:(15~20)；分散配种的猪场，公猪与母猪的比例为1:(20~30)。人工授精的猪场公猪尽量少养、精养，公猪与母猪比例以1:500为宜。

> ◉ **【提示】** 公猪配种管理中须注意以下事项：①不能在公猪圈内配种，以免留下配种气味及母猪的气味，使公猪骚动不安，影响公猪的休息和健康；②公猪配种后不能让它立刻卧于湿地，以免引起感冒，体质下降；③公猪配种后应让其充分休息，不能马上刷拭、修蹄，更不能淋浴；④公猪配种后不能马上饲喂，以免引起消化不良；⑤公猪配种后，不能马上运动，也不能在运动后马上配种。

3. 使用年限

一般的繁殖场可饲养到4~5年，种用年限为3~4年。如果使用合理，种公猪体质较好，可适当延长，延长期要适当降低使用频率，并注意增加营养供给。

4. 防止种公猪的早衰

种公猪必须有健康的体质、良好的精液和强烈的性机能，才能保证公猪配种能力，延长使用年限。但由于饲养管理不当，或配种技术掌握得不好等原因，常常会使种公猪早期衰退。种公猪早衰的原因如下：

① 配种过早易引起公猪未老先衰。为此必须克服早配，做到适龄配种。

② 饲料单一，青饲料过少，种公猪营养不良或因配种过度，造

成公猪提前早衰。为此应利用质量可靠的预混料，以及氨基酸含量齐全的蛋白质，配制成全价料，并要严格控制配种次数。

③ 长期圈养运动不足，或能量饲料过高，使公猪过肥、性欲减弱、精液品质下降、丧失配种能力。为此要饲喂优质全价料，保证公猪每天做不少于 2～4km 的充分运动，以降低膘情，保持旺盛的配种能力。

④ 公母猪同圈饲养存在弊病。由于经常爬跨接触，不仅影响食欲和增长，更容易降低性欲和配种能力，减少使用年限。为此种公猪必须单圈饲养，圈墙要高，保持环境安静，免受外界刺激，不使公猪受惊。最好使公猪看不见母猪，听不见母猪叫声，闻不到母猪气味。

5. 种公猪的淘汰

以下种公猪应适时淘汰：生殖器官疾病，几经治疗不愈；精液品质差，精子存活率 70% 以下，正常精子在 80% 以下，畸形率 18% 以上；受配母猪受胎率 50% 以下；受配母猪分娩率及产仔数低；肢蹄疾患，难以治愈；有遗传疾病；性欲低，配种能力低下，老龄、连续使用 3 年以上，有严重恶癖者，如有对人攻击的行为等；体质过瘦难以恢复或其他原因失去配种能力者。

第四章 优秀种公猪的培育与利用

第五章
优秀后备母猪的培育

从 4 月龄到第一次配种而留作种用的母猪，称为后备母猪。后备母猪是成年母猪的基础，后备母猪的生长发育，对成年母猪的生产性能、体型外貌都有直接的影响，是决定母猪群持续高产稳产的关键。为使养猪生产持续地保持较高的生产水平，每年必须选留和培育出占种母猪群25%～30%的后备母猪，以补充和替代年老体弱、繁殖性能降低的种母猪。培育后备母猪的任务是保证其正常生长发育，使其在 8 月龄达到成年体重的50%，具有适宜的繁殖体况（即八成膘），维持正常的生殖功能，从而获得体格健壮、发育良好、具有品种典型特征和种用价值高的生产母猪。

第一节 后备母猪的生长发育特点

一 体重的增长

体重是身体各部位及组织生长的综合指标，并能体现品种特性。后备母猪生长速度的快慢及发育状况，对成年母猪的最终大小影响很大。其绝对增重首先随年龄的增长而增加，到达一定时期达到一个峰值，而后随年龄的增长而下降，呈现钟形曲线。也就是说，绝对增长呈现慢-快-慢的趋势，而相对生长则是从幼年的高速率逐渐下降。后备母猪体重的绝对值随年龄的增加而增大，仔猪自生后到 4 月龄之前的相对生长强度最高，4～8 月龄增长速度最快。

二 体组织的增长规律

猪体内骨骼、肌肉、脂肪、皮的生长顺序和强度不是平衡的，而是随着年龄的增长，顺序有先有后，强度有大有小、有快有慢。瘦肉型猪种体组织的增长顺序和强度是骨骼＜皮肤＜肌肉＜脂肪，而地方猪种是骨骼＜肌肉＜皮肤＜脂肪，说明脂肪是发育最晚的组织，脂肪一般有 2/3 储存于皮下。在正常的生产条件下，瘦肉型猪在生长发育过程中，骨骼从生后到 4 月龄生长最快，4 月龄后开始下降；4～6 月龄体重 30～70kg 时肌肉增长最快，6 月龄体重到 90～100kg 时生长强度达到高峰；脂肪生长一直在上升，6～7 月龄体重 90～100kg 时达到高峰，以后下降；但绝对增重直线上升直到成年。组织生长是一个与时间有关的现象，每一组织都有最快发育时期，然后生长速度降低，另一组织的生长速度增加并达到最大；因此，会有一个肌肉生长最快的时期；之后肌肉生长下降而脂肪生长升高。现代瘦肉型猪种的肌肉生长高峰期在体重 50～70kg 之间，而脂肪型猪的肌肉生长高峰则在体重较小时发生。脂肪生长高峰期是猪最终达到的生长期，脂肪的生长速度取决于达到其他组织所需能量之后的剩余能量。因此，可以在猪采食能力的范围内，通过改变能量供应来显著提高或降低脂肪的沉积量。因此，对组织生长的规律进行了解，将有助于管理决策，培育出优秀的后备母猪。

三 各部位的生长规律

仔猪出生后，骨骼的发育强烈，尤其是后备猪阶段，中轴骨发育比外周骨骼强烈，即体躯先向长的方向发展然后再向粗的方向发展。所以，如果在 6 月龄以前，提高饲粮的营养水平，可以得到长腰条的猪；反之，得到较粗、短的猪。

四 初情期

母猪首次出现发情或排卵称为初情期。进入初情期的母猪外阴红肿，出现爬跨行为，卵巢内第一次有卵泡成熟并排卵。但此时的母猪整个生殖器官尚未发育成熟，尚不具备受孕条件。母猪的初情期一般为 5～8 月龄，平均为 7 月龄，但中国一些地方品种的初情期可提早到 3 月龄。影响母猪初情期到来的因素有很多，但最主要的有两个：一是遗传因素，主要表现在品种上，一般体型较小的品种较体型大的品种到达初情期的年龄早；近交推迟初情期，而杂交则提早进入初情期。二是管理方式，如果一群母猪在接近初情期与一头性成熟的公猪接触，则可以使初情期提早。此外，营养状况、舍饲、猪群大小和季节都对初情期有影响，例如，一般春季和夏季比秋季或冬季母猪初情期来得早。我国的地方品种初情期普遍早于引进品种，因此，在管理上要有所区别。

第二节　后备母猪的饲养管理

一　后备母猪的选留或外购

无论是猪场母猪扩群还是更新，每年都需要补充一定数量的后备母猪。为使猪场全年均衡生产，每年母猪的更新比例一般为 1/3。后备母猪可以自群选留，也可从外选购。每个猪品种（品系）都具有自己的外貌特征，后备母猪的体型外貌应具有品种特征。例如，长白猪的外形是毛色纯白，耳大且向前倾，头小嘴粗长，身腰细长，后躯发育良好，四肢细且高，给人清秀的感觉（图 5-1）。留种母猪应身体健康、结构发育良好、生长速度快、乳房和乳头、生殖器官发育良好，无肢蹄病，行走轻松自如，性情过分暴躁的不宜作种用。瘦肉型猪要求头小、躯体长、肌肉紧凑、背部略弓、臀部宽长、腿臀肌肉发达呈球形（需注意纯种猪和杂种猪的区别）。选留后备母猪时，主要是选择那些骨骼发育良好，肌肉发达，特别是四肢健壮的个体。一般后备母猪的生长速度不宜过快，否则对其繁殖性能有不良影响；一般到初次配种前，后备母猪的平均日增重应控制在 550 ~ 650g 范围内；后备母猪选择的时期，可在仔猪断乳到初次配种前这一阶段进行。规模化猪场，断乳时选留可结合转群进行，选择时尽可能从产仔数多的窝中选留，一般不要选头窝猪，最好以 3 胎的平均数为代表，不要只看某胎多，就从该窝中选。尽可能根据场内生产记录对公、母猪做出评价，从生产性能突出、后代中无遗传缺陷的父母亲的后代中选留。同窝中或其父母所产的仔猪出现遗传缺陷的不留作后备猪。后备母猪应按预留数的 3 ~ 5 倍选留，公猪则按 5

~8 倍选留。随着后备母猪的生长发育，淘汰生长发育不良或具有生理缺陷的个体。后备母猪在初次配种前还要做最后一次选择，主要是淘汰那些性器官发育不理想、发情周期没有规律性、不发情或发情症状不明显的后备母猪。

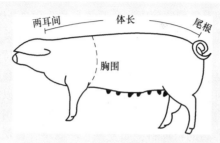

图 5-1　长白猪后备母猪理想体型
注：体长和胸围的比例应是 10:(8.0~8.5)。

如果外购，可在配种前的 2 个月进行，以保证配种前有足够的时间，以便饲养人员对其健康状况进行观察和配种前免疫，并使母猪适应环境。外购时，要严格考察后备母猪的血统、健康和免疫状况。后备母猪的引种体重以 40~70kg 较为合适。如果体重小于40kg，体型尚未固定，体型的缺陷可能在以后的生长发育过程中表现出来；而体重大于70kg 时，引种的运输途中应激过大，容易出现瘫痪、肢蹄病、跛腿和脱肛等情况，而且不利于配种前的隔离适应。

> ◆【提示】　选择和培育好后备母猪，既是养猪生产的基本建设，又是提高生产性能的希望所在，千万不能忽视。

二　后备母猪的饲养

待选后备母猪在其生长发育过程中，个体会发生变化，不能都留作种用，欲获得高种用价值的后备母猪，则需要定向培育和选择。首先必须培育中等肥瘦的体型，其衡量方法可用体长与胸围之比来进行，中型品种母猪为 10:(9~9.2)，大型品种母猪为 10:(8~8.5)。如果两者无差别或胸围大于体长，则说明后备母猪过肥，不适于种用。母猪体况过差则可能导致后备母猪初情期延迟、返情率高和寒冷天气应激条件下易出现流产等问题。培育后备母猪过程中，根据母猪生长发育阶段相应调整饲料营养水平，体重 20～40kg 阶段使用小猪料，40～70kg 阶段使用生长料，70～110kg 阶段则使用后备母猪料。至少在 70kg 体重时，对其饲料配方的矿物质和维生素进行特别处理，钙和有效磷含量应比育肥猪料高 0.05%～0.1%。配合饲料的原料要多样化，至少要有 5 种，而且原料的种类尽可能稳定不变。饲料原料种类多，既可保持营养全面，又可保持酸碱平衡；若非变更不可时也要采取逐渐变换的方法，防止引起食欲不振或消化器官疾病。作为能量饲料，玉米、小麦、大麦都可以。蛋白质饲料以豆粕为主，棉粕和菜粕不宜配入后备猪饲料中。饲料中应适当多配入一些含纤维高的粗饲料，如麦麸、啤酒糟、苜蓿草粉等，这样有助于减少消化道溃疡，降低能量浓度和饲料成本。夏季饲养可在后备母猪的饲粮中适量添加生物素和维生素 C 及碳酸氢钠等预防热应激。当后备母猪体重达到 90kg 以上时应在饲料中加入一些青饲料。适宜的饲喂量既可保证后备母猪良好的生长发育又可控制体重的高速度增长，保证各器官系统的充分发育。后备母猪在 4 月龄前应自由采食，4 月龄后视情况适当限饲，否则后备母猪会因采食太多而过肥，易患腿疾而增高淘汰率。育肥阶段（60～90kg）饲料日喂量应为体重的 2.5%～3.0%，体重达到 90kg 以上为体重的 2.0%～2.5%。在配种前 2～3 周，为增加排卵数，提高配种受胎率应实行催情饲养。具体做法是，在后备母猪前 1～2 个发情期后，将其赶到催情栏，配种前两周每日采食量增加 0.5～1.0kg，配种当天减至 2.0～2.5kg，之后恢复原来喂量。

> 【提示】 对后备待配母猪以及初产后再配母猪、断乳后体况瘦弱不发情的母猪，可采用短期催情补饲，促进母猪排卵，即在配种前 10～15 天至配种结束，对后备待配母猪和初产后再配母猪进行催情饲养。配种结束后立即降低饲养水平，减少每天多喂的饲料量；否则，可导致胚胎死亡数的增加。

三 后备母猪的管理

1. 合理分群

后备猪一般在体重25~30kg时，最迟在60kg时就应与育肥猪分开饲养。最好将后备公猪与后备母猪分开饲养。后备母猪一般为群养，按体重将后备母猪分成小群，每栏以4~10头较为适当（每栏低于4头会延迟母猪的初情期）。每头猪占栏舍地面面积以0.8~1.2m²为宜，猪栏最好有运动场，每头占地面积2m²（含运动场）。小群饲养有两种方式：一是小群合槽饲喂，这种方法的优点是操作简便，缺点是易造成强夺弱食，特别是后期限饲阶段；二是单槽饲喂，小群趴卧或运动，这种方法的优点是采食均匀，生长发育整齐，但需一定的设备。

> ⚠ 【注意】 饲养密度过大，易出现咬耳、咬尾等恶癖，影响其生长发育。

2. 适当运动

为强健体质，促使后备猪发育匀称，特别是增强四肢的灵活性和坚实性，应安排后备母猪适当运动。每圈面积不宜过小，最好带有室外运动场，让配种前后备母猪和断乳母猪拥有更大的运动空间。

3. 定期称重

定期称重既可作为后备母猪选择的依据，又可根据体重适时调整饲粮营养水平和饲喂量，从而达到控制后备猪生长发育的目的。后备母猪6月龄后，应测量活体膘厚，按月龄测定体尺和体重，并适时调整营养水平和饲喂量。任何品种的猪只都有一定的生长发育规律，换言之不同的月龄都有相对应的体重范围，对发育不良的后备母猪，应分析原因，及时进行淘汰。

4. 调教

对后备母猪进行适当调教，可以为繁殖母猪提供许多管理上的方便。后备母猪的调教要从小加强。首先从幼猪阶段开始利用称量体重、饲喂之时进行口令和触摸猪体（猪最敏感的部位是耳根部和下腹部）等亲和训练，严禁恶声恶气地打骂它们，从而建立人与猪的和睦关系，使猪愿意接近人，便于将来采精、配种、接产、哺乳等繁殖时操作管理。怕人的母猪常出现流产和难产现象。其次是训练良好的生活规律，规律性的生活使猪感到自在舒服，有利于生长发育。第三是对耳根、腹侧和乳房等敏感部位触摸训练，这样既便于以后的管理、疫苗注射，还可促进乳房的发育。

5. 加强对环境的适应能力

后备母猪要求在猪场内适应不同的生活环境，后备母猪应保持与公猪接触，若圈舍为栏杆式，可在相邻舍饲养公猪，让后备母猪接受公猪刺激（隔离栏的公猪可以每周调换一次）。若圈舍为实体墙式，则可每日将公猪赶到母猪圈内，接触几分钟。

6. 诱情

当后备母猪达到6月龄，可将性欲旺盛的成年公猪与后备母猪同时放往运动场，或将公猪赶入后备母猪栏，进行充分接触，利用公猪的追逐、拱嗅刺激后备母猪发情。7月龄时应将后备母猪迁入配种猪舍，以利于刺激后备母猪发情。如果后备母猪不能正常发情，可采取按摩乳房、让母猪接触公猪、让发情母猪爬跨或将其转移栏舍等方法诱情。必要时，采用苯甲雌二醇1~3mL或同期发情激素（PG600），一次肌内注射催情。

7. 后备母猪的淘汰

后备母猪在生长发育过程中表现出体型外貌差，或有严重遗传缺陷（如X或O型腿等），或生产性能较差而达不到育种要求的，各类患病没能及时治愈出现生长受到影响、体质羸弱、发育不良、超过300日龄（10月龄）仍不发情，经3次配种仍不能受胎（非公猪原因所致）、配上后连续两次流产的要逐步淘汰。

8. 加强日常管理

第一，做好卫生消毒工作，防止疾病发生。及时清除粪便，保持猪台清洁，注意通风；猪舍、地面、用具和食槽定期消毒；消灭蚊蝇、老鼠，禁止狗、猫进入；定期驱虫和预防接种。第二，注意防寒保暖和防暑降温工作。

引进种猪需进行严格的隔离检疫，至少观测 10 周，并完成一系列的接种、防疫、免疫、药物净化（寄生虫）工作。通过观察检疫确认健康后，方可合群配种。后备猪在配种前 1~2 个月，应接种两次伪狂犬病、乙型脑炎、细小病毒等疫苗，间隔时间为 20 天，并加强接种猪瘟、口蹄疫疫苗。其他疫苗可根据本场具体情况而定。净化猪群体内的细菌性疾病，可在饲料中添加泰妙菌素、金霉素、扶本康等，每月连续饲喂一周，直至配种。引进种猪进场后驱虫一次，配种前一个月再驱虫一次。配种前 20 天左右，用本场成年健康产仔母猪的新鲜粪便感染 2~3 天，每头 0.2kg 左右拌料饲喂，两周后再重复一次；或让其与经产母猪接触半月至一个月再进行配种，可使后备母猪对本场已存在的病原产生免疫力。对后备母猪于配种前 20 天添加抗生素药物。对患有胃肠炎、肢蹄等疾病的后备母猪应隔离单独饲养在位于猪舍最后的栏内，加强管理并治疗观察 2 个疗程，若仍不见好转，则应及时淘汰。

五 后备母猪的利用

1. 初配年龄

出现第一次发情的小母猪尚未发育成熟，身体各组织器官生长发育很强烈，虽然有性行为表现，但繁殖机能还不健全，卵巢发育不完全，排卵少。若马上开始配种，其受胎率低，产仔少而弱，出生仔猪生长发育缓慢。更为重要的是，过早配种既影响小母猪的生长发育，还会降低使用年限，甚至造成猪群品质退化。但如果过晚开配，不仅增加饲养成本，也影响母猪发育和性机能活动。如何在保证不影响母猪正常身体发育前提下，获得初配后较高的妊娠率和产仔数，这就必须要选择好初次配种的时间。从生产角度来说最佳配种时间称为初配年龄。由于初情期受品种、管理方式等诸多因素影响而出现较大的差异。猪的初配年龄一般为 8~10 月龄。一般以初次发情后 1.5~2 个月、第二次或第三次发情时，体重达到成年母猪 70% 以上时为初配年龄。初次发情的母猪应记录其初次发情日期，并加以标记，18 天后第二次发情不用再次标记，此时可考虑是否配种。

> **【提示】** 后备母猪在 160 日龄后，就应该进行跟踪观察，从 7 月龄开始可根据母猪发情状况将其划分为发情区或非发情区。8 月龄仍不发情的就要着手处理，综合处理后达 9 月龄仍不发情的应考虑淘汰。

2. 发情识别与配种

后备母猪往往发情特征不明显而且发情时间长，一般从阴户开始潮红肿大至发情结束，历经 4.5～6 天，不易掌握配种适期，致使产仔数不多。配种的适宜时间是在母猪排卵前 2～3h，即发情开始后 20～30h。实践中，可根据以下情况来判断适期进行配种：①在外阴皱褶稍红而不亮、阴门紫色或浅红色时进行配种；②注意发情开始时间，从阴户潮红开始，推后 4.5～5 天配种；③用手按压其背部不动，经过 6～12h 可进行配种，隔 8～12h 再配一次；④对瘦肉型后备母猪第一次配种用本交方式以提高受胎率和产仔数。

六　后备母猪初情迟缓的原因及其防治措施

后备母猪第一次发情的时间直接对母猪的利用效率、养猪生产成本和经济效益造成不同程度的影响。发情正常的引进品种后备母猪，若达 7 月龄后仍未见发情的，达到体成熟以后仍不见发情的后备母猪，即可视为初情期迟缓。

1. 原因

（1）饲养管理不当　后备母猪在培育期间营养水平过低或过高，造成后备母猪体况过瘦或者过肥都会影响其性成熟的正常到来。饲料中缺乏维生素、蛋白质，特别是缺乏维生素 A、维生素 D、维生素 E 等，性腺发育受到制约，都会造成性成熟延迟。过密的饲养、阳光不能充分照射、过度拥挤及频繁打斗等环境因素影响母猪的发情，致使母猪不能正常有规律地发情。再者，以每圈饲养 4～6 头为宜，单圈饲养对母猪发情有不利影响。

（2）杂交组合不合理　长大、大长等品种组合实践证明是合理、科学的，其繁殖性能是比较正常的，但如果在杂交组合中错误导入其他血统的后备母猪，其后代部分后备母猪繁殖性能比较差、表现为发情不明显或产仔数低等情况。

(3) 卵巢发育不全 卵巢是母猪最重要的性器官之一，卵巢发育不良临床表现为排卵障碍、不排卵或排卵延缓、母猪不发情或发情不明显，当卵巢机能长期减退，则将导致卵巢组织萎缩和硬化。长期患营养不良、慢性呼吸系统疾病、寄生虫病的后备母猪常因发育不良或不全，使卵巢不能产生正常的卵泡或卵泡发育不充分，导致卵泡上皮细胞压力过小而不能分泌足够的性激素，导致不能引起母猪正常发情。

(4) 异性刺激不够 后备母猪的初情期早晚除遗传因素外，同时与后备母猪开始接触公猪的时间有关。后备母猪达 160~180 日龄时，用性成熟的公猪进行直接刺激，可使小母猪初情提前约 30 天。公猪与母猪每天早晚接触 1~2h 也可产生同样的效果。用不同公猪多次刺激比同一头公猪刺激效果好。

(5) 安静发情 个别后备母猪已达到性成熟和体成熟以后，体内卵巢发育及卵泡发育也正常，却迟迟不表现发情症状或在公猪存在时不表现站立反身，这种现象叫安静发情。这种情况与品种有一定的关系，引进品种和我国培育品种比较容易发生，后躯发育特别丰满的后备母猪这种现象发生较多。在生产中安静发情母猪一般为 8%，在炎热夏季安静发情的母猪可达 16%。

> **【提示】** 安静发情的识别与配种员的经验有关，一个经验丰富的配种员和饲养员对安静发情有较高的识别率，并可采取强行配种措施，使母猪有较高的受胎率。

2. 防治措施

对发情迟缓的母猪，可根据不同的情况采取相应的措施。

(1) 合理营养搭配，科学饲喂 后备母猪在培育期间其营养水平需达到其生长发育的需要，不能太高也不能太低，不能让母猪过胖或者过瘦，否则都会影响其性成熟的正常到来。到了性成熟时的后备母猪，其饲料中适当增加维生素 A、维生素 D、维生素 E 的用量能使后备母猪发情明显，卵巢发育良好并使第一胎母猪产仔数增加。

对体况瘦弱的母猪应加强营养，短期优饲，补喂优质青饲料，使其尽快达到七八成膘；对过肥的母猪实行限饲，多运动，少给料，直至恢复种用体况。

（2）**加强管理** 每天早晚用公猪对后备母猪刺激 1~2h，适当增加运动；猪舍结构要合理，要让阳光照到猪舍，有意识进行应激，如调圈，加入陌生猪群内，能使后备母猪发情。

（3）**激素诱导** 对不发情后备母猪可肌内注射 400~600 国际单位的孕马血清促性腺激素（PMSG）诱导发情和排卵。此外，再注射 200~300 国际单位人绒毛膜促性腺激素（HCG），可在 3~5 天内表现发情和卵泡成熟排卵。或内服中草药"催情散"，每天 20~50g，连服 3~5 天。采取了多种措施，后备母猪于 9 月龄以后仍不见发情表现的，应及时做去势手术，育肥后淘汰掉。

——第六章——
高产母猪的发情与配种

第一节　高产母猪的生殖生理

■ 母猪的生殖器官及功能

母猪的生殖系统由卵巢、输卵管、子宫及产道（阴道、尿生殖前庭和阴门）等组成（图6-1）。

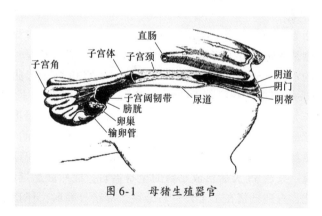

图6-1　母猪生殖器官

1. 卵巢

卵巢的位置、形态、大小和组织结构因母猪月龄和性器官发育的情况而异。5~6月龄接近性成熟的小母猪，卵巢表面有突出的小卵泡，呈桑葚状，大小约为2cm×1.5cm。性成熟母猪的卵巢，表面有卵泡，呈不规则的结节状或葡萄状，长约5cm，重7~9g。卵巢主要由发育着的卵细胞组成。成熟的卵细胞被包裹在含有液体的小囊中，这就是卵泡。这些卵泡慢慢成长，在母猪发情时这些卵泡最大，直径大约为1cm。卵巢的功能有三个：生产卵子、分泌雌激素及形成黄体分泌孕激素。雌激素可以使母猪表现出典型的发情行为。在发情高峰期，卵泡破裂，释放出液体和卵细胞，这就是排卵过程。在排卵后的几天内，破裂的卵泡内充满组织，这种发育着的小囊被称为黄体。它们在开始时呈现紫红色。黄体可以分泌孕激素，它是母猪维持妊娠所不可缺少的一种激素。如果母猪妊娠，黄体继续维持其大小和分泌功能，称真黄体。如果卵子未受精，黄体则在两周左右后退化，称假黄体。

2. 输卵管

输卵管是成对的，每一卵巢连接一条长为15～30cm的输卵管。卵子从卵巢的卵泡排出后，被环绕在卵巢周围的输卵管漏斗部吸收。通过纤毛的运动，卵细胞进入输卵管。受精作用在输卵管内进行，受精卵在受精后的几天内，发育着的胚胎通过输卵管到达子宫。如果母猪没有受精，卵细胞在4～6h后死亡。

3. 子宫

母猪为双子宫角型子宫，是胎儿发育的场所。子宫的背侧是直肠，腹侧是膀胱，由子宫角、子宫体和子宫颈组成。妊娠时则根据妊娠期的不同，子宫位置有明显的变化。子宫角长而弯曲，可达120～150cm，管壁较厚，直径为1.5～3cm。子宫体较短，长约5cm。子宫颈长为15～25cm，子宫颈后端逐渐过渡为阴道。胚胎进入子宫后不久就形成羊膜囊，并附植在子宫壁上。在开始妊娠的三周后，所有胚胎都附植完毕。这是一个非常关键的时期，应该为母猪提供安静环境。妊娠35天后形成小猪的全身器官，此后胚胎继续发育，骨骼骨化，直到母猪在114天左右分娩。母猪分娩时，仔猪通过张开的子宫颈和阴道产出。

4. 产道

母猪阴道长为10～20cm，直径小，肌层较厚。母猪阴道既是交配器官，又是胎儿分娩的通道。阴道的生化和微生物随生殖机能阶段不同而变化，起到保护子宫内环境不受微生物侵害的作用。阴道前庭约7.5cm，前高后低，黏膜下层有大小前庭腺，发情时分泌物增多而显得湿润，对阴道以内的生殖道起保护作用。阴门呈锥形，阴唇背侧连合钝圆，腹侧连合尖锐，并垂向下方。腹侧连合前方约2cm有阴蒂窝。阴蒂相当于公猪的阴茎，含有勃起组织，血管、神经分布丰富。阴蒂体弯曲，长为6~8cm，位于前庭底壁下，末端形成不发达的阴蒂头，突出于阴蒂窝内。

> ● 【提示】 母猪发情时，外阴部充血肿胀，黏膜发红，十分敏感，是母猪发情鉴定的重要部位。

二 母猪的发情行为

母猪的发情行为主要是由于雌激素与少量孕酮共同作用大脑中枢系统与下丘脑，从而引起性中枢兴奋的结果。母猪在发情期除内部生殖器官发生一系列变化外，其外部征候也很明显。在家畜中，母猪的发情表现最为明显，在发情的最初阶段，母猪可能吸引公猪，并对公猪产生兴趣，但拒绝与公猪交配。阴门肿胀，变为粉红色，并排出有云雾状的少量黏液，随着发情的持续母猪主动寻找公猪，表现出兴奋，对外界的刺激十分敏感。当母猪进入发情期时，除阴门红肿外，背部僵硬，并发出特征性的鸣叫。在没有公猪时，母猪也接受其他母猪的爬跨；当有公猪时立刻站立不动，两耳竖立细听，若有所思呆立。若有人用双手扶住发情母猪腰部用力下按时，则母猪站立不动，这种发情时对压背产生的特征性反应称为"静立反射"或"压背反射"，这是准确确定母猪发情最有效的方法。

三 母猪的发情周期

性成熟后的空怀母猪会周期性地出现性兴奋（鸣叫、减食、不安、对环境敏感等现象）、性欲强（安静接受公猪爬跨交配）、生殖道充血肿胀、黏膜发红、黏液分泌增多、卵巢上有卵泡发育成熟和排卵，这种现象称之为发情。通常情况下，人们把从发情外观特征出现到外观特征消失的这段时间称为发情期（或发情持续期）。母猪从这次发情开始到下次发情开始所间隔的时间称为一个发情周期。

1. 发情周期的长度

母猪发情周期平均为21天，范围为18~24天。品种间的差异并不显著，饲养水平对此也无多大影响。

2. 发情周期的阶段划分

根据母猪发情期内外的外观特征，可将整个母猪的发情周期划分为发情前期（2~3天）、发情期（交配期）（3~4天）、发情后期（1或2天）、间情期（14~16天）四个时期。

（1）发情前期 从母猪外阴开始肿胀到接受公猪爬跨为止，持续时间为2~3天。此期母猪卵巢卵泡准备发育的时期，卵巢内新的卵泡开始形成，接近发情前迅速增大，充满卵泡液，生殖道上皮开始增生，腺体活动开始增强。母猪表现为外阴开始肿胀、充血发红，阴道黏膜颜色由浅变深，精神显得敏感不安，四处张望，但无交配欲望，不接受公猪爬跨。

（2）发情期 从母猪接受公猪爬跨开始，到拒绝为止，是母猪发情周期的高潮阶段。在这个时期，母猪卵巢中的卵泡迅速发育成熟并排卵，生殖道黏膜充血、肿胀，腺体活动增强。母猪性兴奋强烈，有交配欲，有静立反应并接受公猪爬跨。这个时期也正是母猪的排卵高峰期，属最适配种时期。母猪发情持续时间长短因品种、年龄、个体不同而有差别。幼年母猪持续时间长，老年猪则短；长白猪的发情期多数长达5~6天，而其他品种为3~4天。

（3）发情后期 从母猪拒绝公猪爬跨到发情症状完全消失。此期母猪卵巢有黄体形成并分泌孕酮，促使子宫腺增殖，分泌营养液。性兴奋和交配欲不再表现。若母猪受孕，则黄体保留而成为妊娠黄体，抑制卵泡发育，使发情周期停止，转入妊娠期。如果未交配或未受孕，则黄体萎缩退化，而转入间情期。

（4）间情期（休情期） 继发情之后，母猪性器官的生理活动处于相对静止期，黄体逐渐萎缩，新的卵泡开始发育，逐步过渡到下一个发情周期。

3. 发情持续期

发情持续期就是指发情期所持续的时间。应以是否接受公猪爬跨为判定标准。发情持续期为2~3天，或为40~60h、40~70h。小母猪较短，平均为47h；成年母猪稍长，平均为56h。品种间差异不大。由于小母猪允许公猪爬跨的时间即发情期是较短的，但初情发动期是相当长的，阴唇红肿、性兴奋可长达数天甚至十几天，而后才进入发情期，由此总结出"少配晚"的经验是十分正确的，但不应该依此做出小母猪的发情持续期长于成年母猪的结论。

4. 产后和断乳后发情

正常情况下母猪断乳后1周左右发情，此时是配种的最佳时间。但母猪在产后有另外2次发情机会，第一次为分娩后3~4天，只有发情征候或发情轻微，不排卵，不能配种；第二次为分娩后27~30天，有卵子排出，条件允许时可以配种，因在哺乳期，应特别注意。哺乳行为对母猪的发情存在着复杂的影响。一般而言，哺乳对发情起着某种抑制作用，只有在断乳后，母猪才能出现发情。可是，断乳后母猪的发情率同哺乳期的长度又存在着紧密的联系。母猪哺乳期的营养水平对断乳后的发情率存在一定影响，较高营养水平有助于提高发情率。

四 母猪的排卵与受精

1. 排卵与排卵调控技术

母猪是多胎动物，在一次发情中多次排卵，排卵高峰是在接受公猪爬跨后的30~36h，从第一个卵子排出到最后一个卵子排出的时间间隔为1~7h，一般为4h左右。母猪的排卵数一般为10~25枚，高产者可达25枚以上。排卵数除与品种有关外，还受胎次、营养状况、环境因素及产后哺乳期长短影响，青年母猪少于成年母猪，从初情期到第七个发情周期，每个情期大约提高1个排卵数。

经产母猪在一个情期内发育的卵泡数达30个以上，但排卵数为20个左右，每胎实际产仔数仅为10头左右，所以母猪在一个情期内约有1/3的卵泡未排卵，1/3的卵子中途死亡。由此可见，促使正常排卵，有效利用每个情期的成熟卵泡，对于提高母猪的生殖力具有重要作用。研究表明，在配种前16~24h肌内注射促排卵素3号（LRH-A$_3$）20μg，对增加母猪排卵数、胎产仔数有良好的效果。

2. 受精

精子和卵子相遇并结合成为合子的生理过程称为受精。营养水平适宜、排卵数也较多，卵子在母猪生殖道内可保持受精能力8~10h。母猪受精部位在输卵管壶腹部。配种后精子多数需要2h到达受精部位，并保持 20h 左右的受精能力。

⟶ 【提示】 合适的配种时间应当是在母猪排卵之前，这样能使受精部位有活力旺盛的精子在等待新鲜的卵子，保证更多的卵子受精。

第二节　高产母猪的发情鉴定与配种

一　母猪的发情征候

母猪发情具有明显的外部征候，可以概括为行为变化和外阴部变化两类。

1. 行为变化

发情前期，母猪不安情绪加剧，活动增多，卧睡减少，鸣叫增多，有些个体食欲减退，对公猪声音和气味表示好感，但不允许公猪接近。

发情期，母猪对公猪或圈外公猪的出现，甚至对饲养人员都表现出注意和警惕，常企图追逐同伴、企图爬跨。在发情期，母猪常越圈逃跑，寻找公猪。对公猪的挑逗，甚至只闻到公猪的气味、听到公猪的求偶叫声，立即表现为静立、呆立不动、两耳频频扇动，直立耳型母猪两耳竖立，以稳定姿态等待爬跨，甚至接受同圈其他发情母猪的爬跨，即出现特征性的"静立反射"或"压背反射"。

⚠ 【注意】 引进品种及其含有外血缘的杂种母猪发情表现不明显。

2. 外阴部变化（表 6-1）

表 6-1　母猪发情及其前后外阴部主要变化特征

发情前后征候	发 情 前	发 情	发 情 后
期间（范围）	2.7 天 （1~7 天）	2.4 天（1~4 天）	1.8 天（1~ 4.8 天）

发情前后征候	发 情 前	发 情	发 情 后
行为	不允许公猪配种	允许公猪配种，食欲减退，举止不安，发出特殊鸣叫或爬跨同伴	允许公猪爬跨→不允许
外阴部大小	开始肿胀→肿胀很大	肿胀很大→肿胀→略肿胀	略肿胀→缩小
外阴部颜色	深桃红色	赤红色→紫色	紫色→褪色
阴道前庭的颜色	深桃红色→赤红色	赤红色→褪色	褪色
阴道黏液的浓度	水样乳白色	水样乳白色→黏稠乳白色→糊状乳白色	糊状乳白色→消失

二 母猪的发情鉴定

发情鉴定的目的是预测母猪排卵的时间，并根据排卵时间而准确确定配种或输精的时间。地方品种母猪的发情行为十分明显，一般采用直接观察法，即根据阴门及阴道的红肿程度、对公猪的反应等可检出。目前众多养殖户饲养的品种为引进瘦肉型品种或其他杂交品种，这些品种的母猪发情行为和外阴变化不及国内地方品种明显，甚至部分猪出现安静发情。因而，在生产实际中，对母猪的发情鉴定，除观察母猪的行为变化外，还要结合黏液判断法、试情法和压背法来进行发情鉴定，以提高配种受胎率。

1. 外阴肿胀变化

阴户颜色粉红、水肿时配种尚早，紫红色、皱缩特别明显时已过时。最佳配种时机应为深红色，水肿消退，出现微皱缩时，此时阴门紧闭，并流出少量黏稠黏液，即所谓"粉红早，黑紫迟，老红正当时"。此时母猪较安静，喜欢接近人，交配欲很强，压背时静立不动，即为配种最佳时机。

2. 黏液判断法

用两手分开母猪阴唇，由浅入深以目测和手感黏液特性相结合，仔细检查以鉴定母猪发情。未发情猪的黏膜干燥无黏液，无光泽。

进入发情盛期时，黏液变得较黏稠混浊，在手指间缓慢拉开可拉成丝，手感极光滑。此时，排出外阴部的黏液周围已干燥结痂，有时黏附有垫草之类的杂物，此时即为配种最佳时机。

3. 压背法

母猪处于发情盛期时，愿意接受公猪爬跨，并出现压背反射。当人工按压母猪背部时，母猪呆立不动，触摸臀部时，让触摸且臀部朝触摸方向移动，则母猪处于发情盛期。母猪如果不接受压背，并发出叫声表示配种过早，压背坐地不起表示输精配种为时已晚。

4. 试情法

一般利用年龄较大、行动迟缓、口水较多的公猪作为试情猪比较理想。发情盛期母猪会对试情公猪出现一种渴望的神情，眼睛失去注意力，耳朵竖起或身体颤抖。

在生产中，养殖场（户）可根据饲养母猪的品种特性和有无好的试情公猪，以及饲养人员发情鉴定技术水平，综合灵活运用上述方法。为了防止发情母猪漏检，掌握母猪发情过程，以确定最佳时机配种，对母猪的发情鉴定要注意连续观察。

> ⚠️ **【注意】** 在生产中至少要保证每天早上和晚上两次对空怀母猪进行发情鉴定，特别是早上的一次不能漏过。

三 母猪的异常发情

在进行发情检查时还应当注意一些异常发情的情况，异常发情主要是由于营养不良、饲养管理不当或环境条件异常等造成的。常见的异常发情有以下几种：

1. 静默发情

亦称安静排卵，母猪发情表现无明显的外观特征，但卵巢上有发育成熟的卵泡并排卵。对这种母猪，要求配种员要有相当丰富的经验，且观察要极为细微，尤其是要注意母猪前庭部黏膜颜色的变化、阴蒂肿胀程度的变化等。另外要注意母猪对试情公猪的反应，一旦出现发情特征，应及时输精配种，防止漏配。

2. 断续发情

母猪发情时断时续，无固定周期和稳定持续期。出现断续发情的直接原因是卵巢机能障碍，导致卵泡交替发育所致。对此一般通过改善饲养管理，辅以激素治疗可以恢复正常。

3. 短促发情

母猪发情期限很短，如果不注意观察，很易错过配种时期，这种情况多见于高胎龄的母猪。

4. 慕雄狂

表现为持续、强烈的发情行为。长期经常爬跨其他母猪，多次配种也难受孕。其原因多与卵泡囊肿有关。

5. 孕后发情

母猪在妊娠以后仍表现发情的一些征候，出现在配种妊娠后20～30天内。主要是由于母猪黄体分泌的孕酮水平偏低，胎盘产生的激素过多所致。出现这种情况的母猪一般有发情征候的时间短，不愿接近公猪，不接受公猪配种。

四 **母猪的配种技术**

1. 配种时机

配种时机把握是否得当，直接关系到母猪能否受胎及其产仔多少。因此，在母猪发情期间何时配种，就成为母猪生产中的一个关键技术环节。根据母猪的排卵规律，卵子在输卵管中仅在8～12h内有受精能力，以及公猪精子在母猪生殖道需经过2～3h游动才能达到输卵管，存活10～20h等数据判断，配种的适宜时间是母猪排卵前2～3h，即母猪发情开始后20～30h配种才容易受胎（即静立反应第二天，阴道排出黏液由清变浊时），最迟在发情后48h内即要配上种（图6-2）。实际生产中，母猪发情开始时间不易准确判定，最易掌握和判定的是根据母猪发情盛期征候，判断适宜的配种时间。一是以手用力按压母猪背腰和臀部时，母猪站立不动，双耳直立，等待接受公猪爬跨，是进行第一次配种的时间，过10～12h以后，再进行第二次配种，可以提高受胎率。二是母猪开始发情，根据外阴部变化判断适宜配种时间。当母猪外阴部逐渐肿大变红的高潮过后，外阴部产生小的皱褶时，为配种的适宜时间。三是发情母猪完全允许公猪爬跨，是最适宜的配种时间。但是，对那些发情表现不明显的母猪，应综合判断最适宜的配种时间。

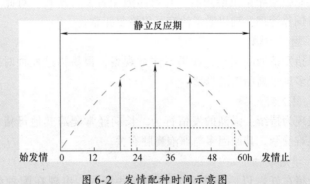

图 6-2　发情配种时间示意图

注：----表示受胎率变化曲线；……表示排卵起止时间；——→表示三次配种时间。

2. 配种方式

（1）人工辅助交配　人工辅助交配是公母猪直接交配的一种配种方法。采用此法应做到以下几点：①配种场所应安静无干扰，地面要求平坦，不光滑。②配种时间应安排在食前1h或食后2h，并且在配种的同时不要饲喂附近的猪只。气候炎热时宜在早晚凉爽时进行。③配种前应激发公母猪的性欲。如将公母猪赶入配种场地后，不要马上使其交配，当公猪爬上母猪后应将其赶下来，要使公母猪性欲冲动到高潮时再让其交配。④配种时采用人工辅助的方法加快配种过程。如公母猪体重差异较大时设配种架、垫脚板（图6-3）或在母猪身上放一条麻袋，当公猪爬上母猪时，由两人提着麻袋的四个角，以减轻公猪对母猪的压力；交配时要及时拉开母猪的尾巴，帮助公猪的阴茎插入母猪阴

图 6-3　配种用垫脚板

道，防止公猪阴茎损伤；交配后要及时赶开公猪，并用手轻轻按压母猪的腰荐部，不让它拱背或卧下，以免将精液倒流出来。

> 配种工作应在早饲或晚饲之前进行，以免饱腹影响配种效果。在整个配种季节，一定要注意种公猪的营养，如在配种后喂 1 个鸡蛋，以保持其身体强壮。

（2）人工授精　人工授精是利用专门的器械将公猪的精液采出来，经过检查、稀释处理后，再借助器械将精液输入到发情母猪的子宫内的一种配种方法（详见本章第三节）。

3. 配种次数

按照母猪在一个发情期内的配种次数，可分为单次配种、重复配种、双重配种三类。单次配种，即在母猪的一个发情期内只用 1 头公猪或精液配种 1 次，该方式必须掌握准配种适期，否则受胎率和产仔数都要受影响。重复配种，即在母猪发情期内用 1 头公猪或精液先后配种 2 次。重复配种一般在发情开始后 20 ~ 30h 交配 1 次，间隔 12 ~ 18h 再用同一头公猪配种 1 次。重复配种的方式符合母猪的排卵特点，使先后排出的卵子都有受精机会，其受胎率和产仔数比单次配种要高，且不会混乱血缘关系，育种猪群常采用这种方式。双重配种，即在母猪的一个发情期内用不同品种的 2 头公猪或同一品种不同血缘的两头公猪，先后间隔 5 ~ 10min 各配种一次。双重配种方式的受胎率、产仔数及仔猪生活力都较高，但后代亲缘关系不清，多用于生产商品猪。

⚠️ **【注意】**　生产中一般不提倡用单次配种的方式。

如果母猪的适配时期掌握恰当，配一次种即可达到相当好的效果，但由于最适配种时期的准确把握技术难度较大，工厂化养猪生产中建议一定要进行复配，即在母猪配种后的 12 ~ 18h 后再配种一次。实际操作中，每日检查母猪发情 2 次，下午发现发情，次日上午配种，下午再复配一次；上午发现发情，下午配种，次日上午再复配 1 次。配种中还要根据母猪品种、胎龄而适当调整。就母猪品种来说，中国本地猪品种发情后要晚配（发情持续时间长），引入品种和培育品种发情后要早配（发情持续时间短），杂种猪居中配（介于以上猪种之间）。就母猪年龄而言，老龄母猪宜早配，年轻母猪宜晚配，中年母猪的配种时间则把握在老龄和年轻母猪的中间时段进行。

4. 配种记录和配种计划

母猪一经配种要及时做好配种记录。主要记录与配公母猪、配种时间并推算出预产期（表6-2）。与配公母猪的交配不是盲目进行的，而是根据事先拟订的配种计划有目的地选配，并且在收集和分析已有选配结果的基础上，制订出下一批的配种计划。同时配种计划又是全年生产计划的组成部分，为分娩、劳动组织、饲料供应、猪群计划等的制订提供了依据。规模化猪场应制订相关的配种计划，要根据种猪的生产成绩、血缘和育种及客户对象等要求，拟订出全年参加配种的主配公猪、母猪的耳号或名称及候补公猪的耳号或名称，一一对号列表，并订出配种日期和预计分娩日期及全年的生产预计出栏状况（表6-3）。

表6-2　母猪配种记录　　（　　）年度

母　　猪			第一次配种			第二次配种			预　产　期		
耳号	品种	胎次	月日	与配公猪 耳号　品种	配种员	月日	与配公猪 耳号　品种	配种员	年	月	日

表6-3　配种计划　　（　　）年度

母　　猪			计划配种公猪				预计配种期		
耳号	品种	胎次	主配 耳号　品种		替补 耳号　品种		年	月	日

近年来，母猪屡配不孕现象越来越普遍。母猪屡配不孕由于错过一个情期仅饲料费用就会多支出几十元甚至百元以上，严重影响了养猪效益。母猪屡配不孕的原因较多，由于缺乏有效治疗方法，使部分母猪不能按时配种，直接影响了规模化猪场的养猪生产。

1. 母猪屡配不孕的原因

（1）生殖道疾病 它由卵巢疾病、排卵异常、配种不适时、生殖道炎症，或生殖机能衰退所致。生殖道炎症是影响母猪受胎率的主要因素之一。据报道，母猪屡配不孕中有50%以上是因子宫炎症影响造成，如人工授精消毒不严、分娩助产不当造成产道损伤或产房卫生太差等，感染概率均会升高。在养猪生产中，通常有明显临床症状才引起注意，隐性子宫炎则常被忽略，不做任何处理便盲目配种，显然易导致受胎率下降，甚至屡配不孕。

（2）传染性疾病 如细小病毒病、非典型猪瘟、乙型脑炎、布鲁氏菌病、猪繁殖与呼吸障碍综合征、链球菌病；寄生虫病如弓形虫病、钩端螺旋体病均可引起母猪屡配不孕，流产或产死胎。

（3）营养因素 母猪营养过剩，过于肥胖，是造成本现象的原因。母猪食欲旺盛，体重增加过快，再加上不限量饲喂，导致母猪过肥。卵巢及其他生殖器官被脂肪包埋，造成母猪排卵减少或不排卵，出现屡配不孕，甚至不发情的现象。母猪摄入能量（主要指碳水化合物）不足会抑制下丘脑产生促性腺激素释放因子，降低了促黄体素和促卵泡素的分泌，造成母猪不易受孕。蛋白质供应不足或品质不好时，会影响卵子发育，并使排卵数减少，降低受胎率。日粮中维生素A不足，会影响母猪卵泡成熟，引起不孕；日粮中缺乏维生素D会影响钙磷吸收和造成代谢紊乱；缺乏维生素E会造成不育。繁殖母猪由于其特殊的生理特点，需要充足的微量元素供应。一般认为硒能提高动物的生殖力，可使母畜子宫处于最佳状态。若锌缺乏则会影响机体对雌激素的调节，造成发情周期紊乱、排卵数降低、卵巢萎缩等病症。

（4）霉菌毒素 近年来在临床上发现，造成母猪屡配不孕的一个重要原因是霉菌毒素，主要是由玉米发霉变质产生的，包括黄曲霉毒素、烟曲霉毒素、镰刀菌毒素和赤霉菌毒素。特别是饲料中的霉菌毒素：赤霉烯酮 F2 和 T2，可引起母猪出现假发情，即使真发情，配种也难孕，孕猪流产或死胎。

（5）环境因素 温度和湿度对母猪的发情影响较大。大量生产统计资料表明，当气温在 32℃ 以上时配种，返情率高达 19.7%，其原因是强烈的热应激抑制了性激素的分泌，导致假发情，排卵推迟。空气污浊，母猪长期处于含有低浓度有害气体的环境中，母猪的体质变差、抵抗力降低，同时采食量低，引起慢性中毒，常使母猪发情没规律，配种后胚胎不易着床，最终导致屡配不孕。此外，大的噪声、变质的饲料、气温骤变等都会造成配种不成功，或者胚胎早期死亡，最终导致屡配不孕。

（6）限位小环境 母猪的一生大部分时间是在限位栏中度过的，限位栏的伤害作用，本质上都是对母猪的应激。这种应激由于具有时间上的积累效应，其综合伤害效应是严重的。外源良种母猪繁殖能力正常水平应为 22～26 头，我国大多数规模化猪场母猪年繁殖能力多在 22 头以下，许多猪场的母猪年繁殖能力只有 18 头。这无不与限位栏应激的综合伤害效应有极大关系。

（7）其他因素 用来配种的公猪精子数量少或质量差，也会导致母猪不孕。另外，现今规模化猪场饲养的大多是长大杂二元母猪或大长杂二元母猪，这些利用国外良种杂交来的母猪，发情征候不明显，有些配种员技术不过关，不会查情，很难做到适时配种，自然会导致母猪久配不孕。

2. 母猪屡配不孕的预防措施

（1）预防生殖道疾病 生殖道疾病中以子宫内膜炎导致屡配不孕为主，所以在母猪围产期间，要尽量避免母猪感染，防治母猪产后子宫内膜炎或阴道炎。对于发情的经产母猪，在适时输精前 1～2h 内，用输精胶管将红霉素 90 万～180 万国际单位，直接注入母猪子宫内，然后才给母猪输精，每次输精用药 1 次，母猪受胎率可达 92% 以上。如果出现轻微的子宫内膜炎，在适时输精前 1～2h，用输精胶管将红霉素 90 万～180 万国际单位，直接注入母猪子宫内，然后再给母猪输精，每次输精用药 1 次。

（2）**科学免疫预防传染病**　种母猪在配种前或配种后要加强免疫与接种工作，同时要做好春防与秋防的常规免疫，有效避免因传染性疾病带来的经济损失。母猪患繁殖障碍疾病的主要病因是病原性因素。目前已知的病毒、细菌、衣原体、寄生虫有数十种，虽不可能也没有必要全部列入免疫等程序中，但应把危害较重的乙型脑炎、细小病毒、伪狂犬病、蓝耳病和布氏杆菌病等纳入猪场整体免疫程序中。应根据该类病的发病季节、疫（菌）苗产生抗体时间和免疫期的长短，实行有针对性、有计划、有步骤的程序化免疫。

（3）**科学饲养母猪**　要按照母猪饲养标准来培育后备母猪和饲养初产、经产母猪。饲喂母猪的饲料不但应当量足，而且应当多样化，避免喂单一的饲料。饲料中应含有母猪所必需的蛋白质、矿物质及维生素等。因此，应喂给青饲料或品质优良的青贮饲料。由于母猪过肥而引起的久配不孕，可减少精饲料的喂量，增加青饲料和多汁饲料的喂量，并增加母猪的运动量。同时还可用催情激素类药物进行适当治疗，促进母猪的发情与排卵。断乳后营养缺乏而过度消瘦的母猪，应加喂精饲料以便母猪尽快恢复体况。

（4）**科学培育，合理使用种公猪**　对因公猪精子数量少或质量差导致的母猪不孕，除配种前检查公猪的精子活力和精液品质外，还应注意加强种公猪的饲养管理。生产中首先应做到满足其营养需要，饲料要多样化，达到营养互补，饲喂要定时定量，保证种公猪的繁殖体况，防止过肥或过瘦。在管理方面，一是要加强运动；二是运动时要注意避开严寒和烈日；三是要做到种猪的合理利用，一般一头成年公猪日配种1~2次，每周休息1天，配种完毕后即把种公猪赶回原舍休息，配种后不能立即饮水采食。同时要注意营养、运动和配种三者之间的平衡。另外，配种员应认真查情，采用正确的输精方法，确保适时配种，以减免人为因素造成的屡配不孕。

（5）**预防霉菌毒素中毒**　对黄曲霉毒素造成的屡配不孕，其要点在于饲料的防霉、去毒和解毒三个环节。刚收获的玉米尽快干燥，妥善储藏，同时适当加入防霉剂。对已发霉的玉米可碾轧去皮，并用清水漂洗；或用活性的陶土、活性炭、膨润土等吸附；或用酒精、丙酮等有机溶剂抽提去毒。对已发生中毒的猪只，一般采用即刻更换饲料，及早服用脱霉素的方法，促使肠道内毒素排出，同时喂给青饲料和补充维生素（如维生素 A、维生素 E、维生素 B、维生素 D 等）与添加葡萄糖等解毒。

（6）改善饲养环境 针对热应激采取水帘降温和风扇降温，同时在饲料中添加维生素 C 和复合维生素及多喂青饲料。针对空气污浊，可在猪舍内安装换气扇，以强制换气。

3. 母猪屡配不孕的综合治疗措施

对发情周期正常而屡配不孕，尤其是配种后 21 天或 25 天返情的母猪建议采取如下措施：发情配种前 2～4h 进行净宫处理。将青霉素 1.5g 用生理盐水 20mL 溶解，注入生殖道内净化子宫，简称净宫。母猪发情后 24～36h，每头肌内注射 $LRHA_3$ 10～20μg，注射后 1～2h 重复输精，两次间隔 4～8h。这种方法可以使母猪配种受胎率达到 95.23%。对用药后仍然不孕以及生殖机能衰退，失去种用价值的母猪应及时淘汰。

对母猪发情不规律或不发情，或者持续发情但屡配不孕，阴唇肿胀、增大，阴门中常排出黏液的等，可用促黄体激素，每头肌内注射 50～100 单位，或者每头肌内注射人绒毛膜促性腺激素 500～1000 单位。

由于生殖器官造成的久配不孕，首先尽可能地查明和消除发生的原因，根据生殖器官的疾病，给予合理的治疗。对于卵巢机能障碍而体格健壮、发情正常、阴道分泌物正常、整体健康的母猪，可以采取中药四物汤加减法治疗：当归 10g、熟地 10g、赤芍 10g、阳起石 8g、补骨脂 8g、枸杞子 5g、香附 15g，水煎 3 次，每天 1 剂，混合加饲料喂服，服药时间为下次发情配种前的 2～5 天，连续服用 3 剂，即可治愈。

第三节 高产母猪的人工授精技术

人工授精是用专门的器械采集公猪的精液，经过严格检查、稀释、保存处理后，再借助器械将合格的精液输入到发情母猪的生殖器官内，以替代公母猪自然交配的一种配种方法。

一 人工授精的优点

一是能提高优秀种公猪的利用率。自然交配一次，种公猪的射精量只能配一头母猪，一头种公猪一年只能负担 20～30 头母猪的配种任务；而采用人工授精技术，公猪的一次射精量可以配母猪 10～30 头，一头优秀的种公猪可负担 400～2000 头母猪的配种任务。二是能充分发挥优良种公猪的作用，促进杂交改良工作的进行。三是可以扩大种公猪的配种范围，解决公母猪间体重相差悬殊而带来的配种困难。四是可避免公猪、母猪直接接触，有利于防疫和减少疫病传播。五是能大量节省饲养管理费用，如一个千头母猪的场，采用人工授精技术比本交减少公猪饲养费数万元。因此，人工授精是加速养猪业发展的有效措施，应大力推广应用。

> 🔵 【提示】 如果本身生产水平不高，人工授精技术不过关，会造成母猪子宫炎、受胎率低和产仔数少。建议先学技术，后进行小规模人工授精试验，或自然交配与人工授精结合，随着生产水平和技术的不断提高，再进行推广。

二 人工授精的技术人员、设备及用品

1. 操作技术人员

在猪场内应选择和培养一位或多位承担人工授精技术工作的人员。人工授精的成功需要该人员具有精确、耐心、自信、仔细、热情和钻研精神。该人员必须熟练地掌握怎样清洁母猪，怎样进行授精设备与器械的消毒，怎样调教公猪和采集、处理、储存精液，能精确地对母猪进行发情鉴定、适时配种等。

2. 采精场

采精一般应在规范采精场内进行，理想的采精场应同时设有室外和室内采精场，并与人工授精室和公猪舍相连。采精场应宽敞、平坦、安静、清洁。场内应安设稳定的假母猪，为防止个别公猪对人的伤害，应在采精室两边设置保护栏。室内采精场一般每间面积约 $100m^2$，并附设喷洒消毒和紫外线杀菌设备（图6-4）。

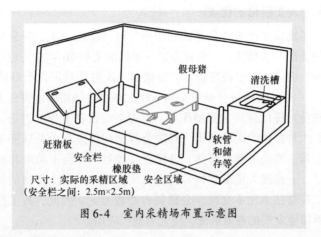

图6-4 室内采精场布置示意图

3. 假母猪

公猪采精用的台畜，生产中称之为假母猪或采精台（图6-5）。假母猪有多种设计，根据实际情况可设计为单端式、高低可调节的活动式等。最简单的做法是，做成一条长凳（采精台）即可，且不一定覆盖猪皮，也不必追求猪的形状，长可以为 1 ~ 1.3m、高 50 ~ 65cm、背宽 20 ~ 25cm，为便于调教公猪，假母猪还可以做的短些、矮些、轻巧些，制作中多用钢架加木材面，上面用粗厚的帆布或麻袋覆盖。

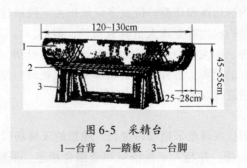

图6-5 采精台
1—台背 2—踏板 3—台脚

4. 人工授精、采精用的设备

主要包括：采精瓶（各种不同的容器均可，但最好有保温隔热的效果，要能被消毒，便于清洗）；漏斗；消毒外科用纱布；一次性乳胶手套（注意无毒）；显微镜（放大倍数可为 100、400、1000 倍，最好配备有 2 个目镜，有显微镜保温箱，以便保持精液样本的温度）；载玻片；滴管；温度计；各种容量的烧杯、量筒和瓶子（玻璃或塑料的均可，用于准备稀释液、稀释精液以及对精液进行分装等）；输精瓶和管嘴；精液保存设施（聚乙烯或聚苯乙烯泡沫藏箱、冷热水袋等，用于精液的短时间存放）；恒温控制柜或保温箱；消毒设施（消毒盘或电热网、电热输精导管消毒器械、高压消毒锅等）；输精导管；蒸馏水或反渗透水；干燥柜（干燥和存放所有采精和检测的设备）。条件好的猪场还应配备水软化器、比色计或分光光度计、水浴恒温箱、加热器、磁力搅拌器等。

三 采精前的准备

1. 公猪的调教

采精用公猪必须给予全价饲料，精心饲养，适当追逐运动，注意猪体和猪舍的卫生，严格定期检疫。对于初次采用假母猪采精的公猪必须进行调教。其方法是：在假母猪的后躯涂抹发情母猪的尿液，或阴道里的黏液（最好是刚与公猪交配完的发情母猪阴道里的黏液），或从阴门里流出来的公猪精液和胶状物，引诱公猪爬跨假母猪。对性欲较弱的公猪可在假母猪旁边放一头发情母猪，引起公猪的性欲和爬跨后，不让交配而把公猪赶下，反复多次，待公猪性欲达到高潮时把母猪赶走，再引诱公猪爬跨假母猪采精。也可利用猪的模仿习性，将待调教的公猪拴系在假母猪附近，让其目睹另一头已调教好的公猪爬跨假母猪，然后诱使其爬跨。调教公猪时应特别重视第一次采精，第一次采精要完全并确保公猪不受任何形式的伤害或不良刺激，如果调教公猪半小时仍不成功，应将其友善地赶走，等待合适的时候或赶于假母猪附近使之熟悉后再试。总之，调教公猪要有耐心，反复训练，切不可操之过急，忌强迫、抽打、恐吓。要注意防止公猪烦躁咬人或与其他猪相互咬架。此外，必须定期（半个月或 1 个月）用灭菌生理盐水加入抗生素，冲洗猪的阴筒和包皮，并在每次采精前，再用同样的方法冲洗一次。

> ● 【提示】 在调教过程中，要反复进行训练，耐心诱导，切勿强迫、抽打、恐吓或其他不良刺激，以防止性抑制而给调教造成困难；要注意人猪安全和公猪生殖器官清洁卫生。第一次爬跨采精成功后，还要经几次重复，以便建立巩固的条件反射。

2. 器材的洗涤和灭菌

首先将精液过滤布、包输精器的白布、纱布、擦手毛巾及玻璃器材、输精管等用肥皂水和碱水洗净，用温开水漂洗干净晾干，然后置于灭菌器中（输精管应用布一根根缠好），蒸汽气灭菌 30min，温度要求达到 98℃以上。其中，玻璃器材、橡胶器材和采精用的塑料手套，在临用前还要用酒精棉进行一次涂擦消毒，待酒精充分挥发后使用。

3. 采精人员的准备

采精人员的指甲必须剪短磨光，充分洗涤消毒，用消毒毛巾擦干，然后用 75% 的酒精消毒，待酒精挥发后即可进行操作。

四 采精方法与采精注意事项

1. 采精方法

人工采精方法有电刺激法、假阴道法、徒手采精法及筒握法等。目前，使用最广泛的采精方法是徒手采精法。它具有设备简单，操作方便，能采集富含精子部分的精液等优点，但要注意避免精液被污染和受冷打击的影响。操作过程中采精员先剪短指甲，洗净双手后戴上消毒手套。公猪赶进采精室后，用 0.1% 高锰酸钾溶液将公猪包皮附近洗净消毒。采精员蹲在假母猪左后侧，待公猪爬跨假母猪阴茎伸出后，立即用一手（手心向下），握住公猪的阴茎前端的螺旋部，拇指轻轻顶住并按摩阴茎前端龟头，其他手指一紧一松有节奏地协同动作，引起公猪射精。同时，采精员另一手持紧集精杯、稍微离开阴茎前端接取公猪射出的乳白色精液。待公猪射完精后，采精员顺势将阴茎送入包皮内，并把公猪慢慢从假母猪上赶下来。

> ● 【提示】 第一次采精时一定要认真细致，不要粗暴对待公猪，确保公猪不受任何形式的伤害。

2. 采精频率

公猪每次射精排出大量精液，使附睾中储存的精液排空。而公猪体内精子的再产生与成熟又需要一定时间，同时公猪的营养和体力也大量消耗，因此，采精最好隔天 1 次，也可以连续采精 2 天休息 1 天。青年公猪（1 岁以内）和老年公猪（4 岁以上）以每 3 天采精 1 次为宜。

3. 采精时的注意事项

采精时，须注意以下事项：

1）采集的精液应迅速放入 30 ~ 35℃ 的保温瓶或恒温水浴锅中，以防温度变化。

2）要小心避免精液被包皮液污染。采精前先将公猪尿囊中的尿液挤去，然后洗净并消毒公猪的包皮部，如果阴毛太长，还须剪短。

3）采精过程中，工作人员态度要温和，切忌粗暴，操作要规范，小心损伤公猪的阴茎。

4）采精过程中前后的稀精及其间的胶体部分应弃去。

5）若发现采得的精液品质不好，在保证正常饲养条件下，对该公猪每隔半个月检查 1 次精液，1 个月后再决定去留。

6）做好采精记录，认真分析和总结精液品质等情况。

五 精液品质检查

采精后应将精液连同精液瓶迅速置于 30℃ 的恒温水浴中，并立即进行检查。精液检查的目的在于鉴定精液品质的优劣，以便于确定公猪的配种能力，并进一步处理或用于授精和保存。检查时力求动作迅速，操作过程不应使精液品质下降，取样要有代表性，评定结果要准确。

1. 感观检查

精液的感观评定非常重要，主要包括云雾状、颜色、气味和体积。云雾状是指公猪新鲜精液在 33 ~ 35℃ 温度下，精子成群运动所产生的上下翻卷的现象。云雾状的明显程度代表高浓度的精液中精子活力的高低。正常公猪的精液呈浅乳白或浅灰白色，精液乳白程度越深，表明精子数量越多。如果精液色泽异常，表明生殖器官有疾病，精液应弃之不用，并应检查其生殖器官是否有疾病。一般精液呈浅绿色的，是混有脓汁；呈粉红色的，是混有血液；呈黄色的，是混有尿液。正常的精液一般无味或略带腥味。如果精液的腥味很浓，或有臭味和尿味，属不正常精液，应弃之不用。

2. 射精量

通常一头公猪的射精量为 150 ~ 300mL，但因品种、年龄、性准备情况以及采精方法、技术水平、采精频率和营养状况等差异很大，变化范围一般为 50 ~ 500mL。检查射精量的方法很简单，集精杯如果有刻度，将集精杯放平，可以直接观察总量。

> **【提示】** 测定公猪的射精量时，不能仅凭一次的采精记录，应以一定时期内多次射精量总和的平均数为准。如果公猪的射精量过少，说明公猪利用过度或饲养管理不当，应采取措施，力求在短期内恢复其正常的射精量。

3. pH 检查

公猪的精液 pH 为 6.8 ~ 7.8，测定 pH 最简单的方法是用万用试纸比色即可测得。

4. 精子密度的检查

精子密度的检查可采用估测法、精子计数法或利用精子的透光性（混浊度）测定。生产中常与检查精子活力时同步进行，在显微镜下根据精子稠密程度的不同，将精子密度粗略地分为"稠密""中等""稀薄"，简略为"密""中""稀"三级。镜检时，取 1 滴精液，滴于干净的凹玻片上，在显微镜下检查。精子密集，精子间的距离不到 1 个精子长度，其密度就为"密"；若精子间能容纳 1 ~ 2 个精子，就为"中"；精子间间隙大，能容纳 2 个以上的精子，则为"稀"。这种评定，需要有一定的评定经验，但简单易行，可粗略地确定稀释倍数。

5. 精子活力检查

精子活力是指原精液在 37℃ 下呈直线运动的精子占全部精子总数的百分率。一般在采精后、精液稀释保存后及输精前后均应进行精子活力检查。检查精子活力，可采取精液 1 滴，放在凹玻片上，然后在 200 倍显微镜台视野中观察直线运动精子的比例。精子活力一般采取"10级评分法"进行评定。直线前进运动的精子占100%则评分为1分；90%评为0.9分；80%评为0.8分；以此类推。公猪新鲜精液的精子活力一般为0.7～0.8，液态保存的精子活力在0.6以上，冷冻保存的精子活力在0.5以上，才可用于输精。

> ◆【提示】 显微镜检查时光线不宜太强，显微镜工作台的温度应保持在37℃。

6. 精子形态检查

精子形态正常与否与受胎率有着密切的关系，如果精液中含有大量的畸形精子，其受精能力就低。精子畸形一般分为四类（图6-6）：头部异常，如头部巨大、瘦小、细长、圆形、轮廓不明显、皱缩、缺损、双头等；颈部异常，如颈部膨大、纤细、曲折、不全，带有原生质滴、不鲜明、双颈等；尾部异常，如弯曲、曲折、回旋、短小、长大、缺损、带有原生质滴、双尾等；顶体异常，如顶体不完全、异型等。在正常的精液中，总的畸形率应低于25%，其中头部和顶体的畸形率不超过5%，颈部畸形率（原生质滴）为10%，尾部的畸形率为5%。

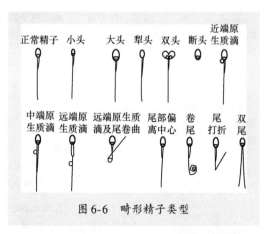

图6-6 畸形精子类型

精子畸形率的检查方法：用清洁的细玻璃棒蘸取1滴精液，点在清洁载玻片上，用另一块载玻片的一端与精液轻轻接触，以30°～

40°的角度轻微而均匀地向一方推进制成抹片，然后用红或蓝墨水染色 3min，在高倍镜（＞600 倍）下进行检查，观察精子总数不少于 500 个，并计算出畸形精子的百分率。

$$畸形精子百分率 = \frac{畸形精子总数}{500} \times 100\%$$

➡ 【提示】 用普通显微镜或相差显微镜观察精子畸形率，要求畸形率不超过 18%，每头公猪每两周检查一次精子畸形率。

7. 其他检查

包括细菌学检查、精子染色涂片、精子存活时间等的检查，这些可根据各生产场的具体条件和生产规模等要求选择开展。

精液鉴定标准见表 3-4。

表 3-4　精液鉴定标准

项　目	正　常	异　常	备　注
精液气味	腥味、无异味	臭味	有臭味精液，废弃
精液颜色	乳白色或无色	浅黄色 浅红色	黄色是混有尿液，废弃 红色是混入血液，废弃
精子形态	云雾状、蝌蚪状	畸形、双头双尾、无尾	畸形精子超过 20% 的精液应废弃
精子密度	密，精子间的空隙小于 3 个精子	精子间的空隙在 3 个精子以上	密度小于 1 个精子以下的为密级 空隙 1~2 个精子的为中级 空隙 2~3 个精子的为稀级 精子间的空隙在 3 个精子以上的精液应废弃
精子活力	直线运动	不动或非直线运动	直线运动的精子 100% 为 1 分，每减少 10% 扣 0.1 分，活力低于 0.5 分的精液应废弃

六 精液的稀释及保存

1. 稀释液的准备

一头公猪每次射精所获得的精子数远远大于受精所要求的精子数，多15~30倍。通过精液稀释就能增加精液数量，扩大配种头数，延长精子的存活时间，便于保存和长途运输。精液稀释液应对精子无损害，要求与精液渗透压相等，pH呈微碱性或中性（7.0）左右为宜，同时还需低成本、易取材、效果好。下面介绍在生产中常用的一些公猪精液常温保存的稀释液配方（表3-5）。

表3-5　几种公猪精液常温保存的稀释液配方

成　　分	葡萄糖、柠檬酸钠液	蔗糖、奶粉液	葡萄糖、碳酸氢钠、卵黄液	葡萄糖、柠檬酸钠、乙二胺四乙酸液	葡萄糖液	葡萄糖、柠檬酸钠、乙二胺四乙酸、卵黄液	英国变温稀释液（IVT）*	氨基乙酸、卵黄液
基础液								
葡萄糖/g	5	—	4.29	5	6	5.1	0.3	
二水柠檬酸钠/g	0.5	—		0.3		0.18	2	
碳酸氢钠/g			0.21			0.05	0.21	
乙二胺四乙酸钠/g				0.1		0.16		
氨基乙酸/g								3
氯化钾/g							0.04	
蔗糖/g		6						
奶粉/g		5						
蒸馏水/mL	100	100	100	100	100	100	100	100
稀释液								
基础（%）	100	96	80	95	100	97	100	70
卵黄（%）			20	5		3		30

成　　分	葡萄糖、柠檬酸钠液	蔗糖、奶粉液	葡萄糖、碳酸氢钠、卵黄液	葡萄糖、柠檬酸钠、乙二胺四乙酸液	葡萄糖液	葡萄糖、柠檬酸钠、乙二胺四乙酸、卵黄液	英国变温稀释液（IVT）*	氨基乙酸、卵黄液
青霉素/mL	1000	1000	1000	1000	1000	500	1000	1000
双氢链霉素/μg/mL	1000	1000	1000	1000	1000	500	1000	1000

注：*指充二氧化碳，使 pH 调到 6.35。

上述各种稀释液的配制方法：按配方先将葡萄糖、奶粉、蔗糖及柠檬酸钠等溶于蒸馏水中，过滤后蒸汽消毒 30min，取出凉至 38℃以下，再按各配方的需要分别加入新鲜卵黄、碳酸氢钠、乙二胺四乙酸钠、抗生素等搅拌均匀备用。由于稀释液在溶解后 1h 内 pH 要出现明显波动，约 1h 才达到平衡，因此稀释液宜在使用前 1h 配制好。同时不同种类的稀释液对精液的保存时间不同，如需要保存 1~2 天的，可用二成分稀释液稀释；如需要保存 3 天的可用 IVT 等综合稀释液稀释。

➡ 【提示】　采精前将稀释液配好，置于 30~35℃恒温箱内或水浴锅中备用。寒冷季节里集精杯也要放入恒温箱中预热。

2. 精液的稀释

精液采集后应尽快稀释，原精液储存不超过 30min，未经品质检查或检查不合格的精液不能稀释。精液稀释时，凡与精液直接接触的容器和器材，都必须经过消毒处理，其温度和精液温度保持一致（若有温差也一定要控制在 1℃ 以内），使用前用少量同温稀释液冲洗一遍，然后将稀释液沿瓶壁徐徐倒入原精液中，并轻轻摇动盛精液的容器。如做高倍稀释时，应先做低倍稀释 [1:(1~2)]，待 0.5min 后再将余下的稀释液沿瓶壁缓缓加入。稀释倍数应根据精液品质、授精母猪头数和运输储存情况而定。精液稀释后静置片刻，再做精子活力检查。稀释后要求静置约 5min，再做精子活力检查，活力在 0.68 以上的进行分装与保存；如果活力显著下降，不要使用。

> ⚠ 【注意】 切勿将原精液往稀释液中倒，以免损伤精子。

3. 精液的保存

根据实践经验，猪的精液在 17℃ 左右具有最好的存活能力。配制好的精液应置于室温（25℃）1~2h 后，放入 17℃ 的恒温箱内储存；也可将精液瓶用毛巾包严，直接放入 17℃ 恒温箱内。每隔 24h 轻轻摇动一次以防稀释液出现沉淀现象。

七 输精

输精是人工授精的最后一个技术环节，只有适时准确地将一定量的优质精液输入发情母猪的生殖道内的适当部位，才能获得好的受胎率。

1. 输精前的准备

输精器由一根 40~50cm 长的输精胶管和 50mL 玻璃注射器组成。输精前须将注射器及输精管用含量为 65%~70% 的酒精彻底消毒，或用蒸锅蒸煮 30min，使用前再用生理盐水或稀释液冲洗 1~2 次，以确保安全。常温或低温保存的精液，需要升温到 35℃ 左右，镜检活率不低于 0.6；冷冻保存的精液解冻后镜检活率不低于 0.5，然后按各种猪的需要量，装入输精管。输精员的指甲必须剪短磨光，充分洗涤擦干，用 75% 酒精消毒，待酒精挥发后即可进行操作。

2. 输精时间

在实际工作中，常用发情鉴定来判断母猪适宜输精时间。母猪是在发情高潮过后的稳定时期，出现静立反射 8~12h，或从发情开始后第二天输精为宜。如果母猪发情持续期长，输精时间可略为后延，并适当增加输精次数。由于很难准确计算出母猪排卵的时间，对于发情母猪最好采用两次配种的方法，两次输精间隔 12~18h。

3. 输精方法

母猪一般是不用保定的，只在圈内就地站立即可输精。其操作步骤如下：①输精人员消毒清洁双手。②清洁母猪外阴、尾根及臀部周围，再用温水浸湿毛巾擦干外阴部。③取出灭菌后的输精管，在其前端涂上润滑液。将输精管45°角向上插入母猪生殖道内，当感觉有阻力时，缓慢逆时针旋转，同时前后移动，直到感觉输精管被子宫颈锁定，确认输精部位。④从精液储存箱取出品质合格的精液，确认公猪品种、耳号后，缓慢颠倒摇匀精液，用剪刀剪去瓶嘴（或撕开袋口），接到输精管上，确保精液能够流出输精瓶（袋）。⑤通过控制输精瓶（袋）的高低和对母猪的刺激强度来调节输精时间，输精时间要求3~10min。⑥当输精瓶（袋）内精液排空后，放低输精瓶（袋）约15s，观察精液是否回流到输精瓶（袋）。若有倒流，再将其输入。⑦在防止空气进入母猪生殖道的情况下，使输精管在生殖道内滞留5min以上，让其慢慢滑落。

4. 输精量和输精次数

每头猪每次输精剂量为20~50mL、有效精子数20亿~30亿个。据实践经验表明，体型大的母猪，如国外引入猪种和培育猪种每次输精量不应低于50mL。

> ➡ **【提示】** 对个别发情持续时间特别长的母猪，要细心观察其发情征候变化，除掌握适宜的输精时间外，还可采用多次输精的方法，即连续几天，每天输精一次，以增强其受胎率。

—— 第七章 ——
高产母猪的妊娠与分娩

妊娠母猪是指从配种妊娠至分娩期间的母猪。妊娠母猪的主要产品是仔猪，对其饲养管理的好坏直接影响到胚胎的成活率、仔猪的初生重和生活力、母猪的泌乳能力和返情日期等。因此，妊娠期的饲养管理，对母猪的繁殖成绩将产生重大的影响。

第一节　妊娠母猪的生理特点与胚胎发育

一　妊娠母猪的变化与表现

1. 体重变化

母猪妊娠后合成代谢高于空怀母猪，加之采食量增加，喜睡卧，随着妊娠期的增加，母猪体重逐渐增加，后期加快。其中后备母猪妊娠全期增重为 36～50kg 或更高，经产母猪增重 27～35kg。后备母猪妊娠期的增重由三个部分组成：子宫及其内容物（胎衣胎水和胎儿）的增长；母猪正常生长发育的增重；母猪本身营养物质的储存。因为经产母猪本身不再生长发育，上述增重已足以弥补分娩与泌乳时的失重，使母猪的断乳重与配种时的原重相当。另外，母猪妊娠期增重比例与配种时的体重和膘情有关。配种时膘情差、体重小的母猪妊娠期增重比例较大。

> ➡ 【提示】　母猪妊娠期适度的增重比例，初产母猪体重的增加为配种时体重的 30%～40%，经产母猪则为 20%～30%。

2. 生理变化

母猪妊娠后合成代谢高于空怀母猪，这主要是由于体内某些激素增加所致，促使对饲料营养物质的同化作用，使合成代谢加强。妊娠母猪对饲料养分的利用率比空怀母猪提高 9.2% ~ 18.1%，蛋白质的合成能力增强。在饲喂等量饲料的条件下，妊娠母猪比空怀母猪增重要多，这与母猪妊娠后一系列的生理变化有关。试验证明，母猪妊娠前期由于胚胎小，所需营养物质少，所以，母猪本身体重的增加比较多。而妊娠后期胎儿增重快，需要的营养物质多，母猪本身增重减少，如果饲料中所得营养物质不够胎儿生长发育用，母猪将动用本身储存的营养物质供给胎儿的生长发育，使母猪消瘦，影响健康，或者出现流产状况。相反，若母猪过肥，特别是在子宫周围沉积过多脂肪时，会阻碍胎儿的生长发育，造成弱仔或死胎。

3. 妊娠后外形及行为表现

母猪妊娠初期就开始出现食欲渐增、被毛顺溜光亮、增重明显、性情温顺、行动谨慎稳重、贪睡等症状。随着妊娠期的增加，腹围也逐渐变大，特别到后期腹围"极度"增大，若细心观察，经常见到胎动。随着妊娠期的增加乳房也逐渐增大，临产前会膨大下垂，向两侧开张等。

二　胚胎的发育与死亡

1. 胚胎和胎儿的发育

受精后形成的合子不断分裂，经过桑葚期、囊胚期，发育为胚泡，并且从输卵管壶腹部逐渐移动到子宫。配种后 9 ~ 13 天，胚泡固着在子宫内膜，称为附植（或着床），母猪进入妊娠状态。在大多数情况下这个时间少于 4 个胚胎存活，则黄体退化，母猪将再发情。胚泡附植后的 9 ~ 15 天（配种后的 18 ~ 24 天），由胚泡滋养层与子宫内膜生长嵌合形成胎盘，胚泡借助胎盘提供营养，妊娠 60 ~ 70 天后，胚胎的器官开始形成，继续在子宫内生长发育直至分娩。这一过程在母猪体内大约需 114 天完成。

随母猪妊娠日龄的增加，胎儿生长发育速度加快，妊娠 30 天时，每个胚胎重量只有 2g，仅占初生重 0.15%，80 天时每个胎儿的重量为 400g，占初生重的 29%。如果每头仔猪的初生重按 1400g 计算，在妊娠 80 天以后的 34 天里，胎儿增重为 1000g，占初生重的

71% 之多，是前 80 天每个胎儿总重量的 2.5 倍。由此可见，妊娠最后 34 天是胎儿体重增加的关键时期（表 7-1）。

表 7-1 猪胚胎发育情况

胚胎日龄	30	40	50	60	70	80	90	100	110	初生
胚胎质量/g	2.0	13.0	40.0	110.0	263.0	400.0	550.0	1060.0	1150.0	1300~1500
占初生重(%)	0.15	0.90	3.00	8.00	19.00	29.00	39.00	79.00	82.00	100.00

➡ 【提示】 妊娠最后 34 天是胎儿体重增加的关键时期，加强母猪妊娠后期的饲养管理，是保证胎儿生长发育的关键。

2. 胚胎的死亡率与发生时间

虽然每一个合子有可能将是一个新个体，但一般只有 55%~60% 的合子分娩产生活仔猪。在妊娠期间，胚胎经历 3 次死亡高峰。第一次出现在妊娠后 9~13 天，正值胚胎将要附植阶段；第二次在妊娠后的 22~30 天，处于胎儿器官系统形成阶段。这两次高峰胚胎死亡数最多，约占妊娠期胚胎死亡总数的 2/3。第三次死亡高峰是在妊娠后的 60~70 天，造成死亡的原因有遗传、营养应激（能量缺乏、矿物质不平衡或维生素缺乏症）、生殖系统疾病、内分泌紊乱以及管理不当等，如配种不适宜、受到不良的环境应激（特别是热应激），都会导致胚胎的死亡。

➡ 【提示】 减少胚胎的早期死亡是提高产仔数的关键。

母猪配种后 24 天内，胚胎处于游离状态，主要从母体子宫液中吸收组织营养（子宫乳）维持自身的发育。这样，一方面由于胚胎相对生长较快对营养物质需要量增加；另一方面由于母猪子宫液中营养物质有限（胚胎数量多时更有限），且子宫内环境变化也在此时最明显，所以容易引起胚胎死亡。

➡ 【提示】 在饲养妊娠早期母猪时，应注意提供优质饲料，以维持子宫内环境稳定。

三 母猪的妊娠期与妊娠诊断

1. 妊娠期

猪的妊娠期因品种、饲养方法等不同而有所差异，一般为 111 ~ 117 天，平均为 114 天，就是 3 个月 3 周零 3 天。一般一胎怀仔较多的母猪，妊娠期较短，反之较长；黑色品种猪比白色品种猪妊娠期约长 1 天；初产母猪妊娠期有比经产母猪短的倾向。经过多年工作经验总结，群众对母猪的妊娠期及预产期总结出一些比较简便的计算方法。如可用"三、三、三"的方法计算母猪的预产期，即母猪配种后妊娠期为 3 个月加 3 周再加 3 天，也就是 90 天加 21 天再加 3 天，共 114 天。母猪预产期还可用"月加 4、日减 6 的方法计算"。例如，母猪在 5 月 28 日配种，则为 5 加 4 等于 9，28 减 6 等于 22，那么其预产期应为 9 月 22 日。另外，预产期还可用母猪预产期推算表（表7-2）推算。

表7-2 母猪预产期推算表

日 \ 月	一 IV	二 V	三 VI	四 VII	五 VIII	六 IX	七 X	八 XI	九 XII	十 I	十一 II	十二 III
1	25	26	23	24	23	23	23	23	24	23	23	25
2	26	27	24	25	24	24	24	24	25	24	24	26
3	27	28	25	26	25	25	25	25	26	25	25	27
4	28	29	26	27	26	26	26	26	27	26	26	28
5	29	30	27	28	27	27	27	27	28	27	27	29
6	30	31	28	29	28	28	28	28	29	28	28	30
7	1/5	1/6	29	30	29	29	29	29	30	29	1/3	31
8	2	2	30	31	30	30	30	30	31	30	2	1/4
9	3	3	1/7	1/8	31	1/10	31	1/12	1/1	31	3	2
10	4	4	2	2	1/9	2	1/11	2	2	1/2	4	3
11	5	5	3	3	2	3	2	3	3	2	5	4
12	6	6	4	4	3	4	3	4	4	3	6	5
13	7	7	5	5	4	5	4	5	5	4	7	6

月 日	一 IV	二 V	三 VI	四 VII	五 VIII	六 IX	七 X	八 XI	九 XII	十 I	十一 II	十二 III
14	8	8	6	6	5	6	5	6	6	5	8	7
15	9	9	7	7	6	7	6	7	7	6	9	8
16	10	10	8	8	7	8	7	8	8	7	10	9
17	11	11	9	9	8	9	8	9	9	8	11	10
18	12	12	10	10	9	10	9	10	10	9	12	11
19	13	13	11	11	10	11	10	11	11	10	13	12
20	14	14	12	12	11	12	11	12	12	11	14	13
21	15	15	13	13	12	13	12	13	13	12	15	14
22	16	16	14	14	13	14	13	14	14	13	16	15
23	17	17	15	15	14	15	14	15	15	14	17	16
24	18	18	16	16	15	16	15	16	16	15	18	17
25	19	19	17	17	16	17	16	17	17	16	19	18
26	20	20	18	18	17	18	17	18	18	17	20	19
27	21	21	19	19	18	19	18	19	19	18	21	20
28	22	22	20	20	19	20	19	20	20	19	22	21
29	23	—	21	21	20	21	20	21	21	20	23	22
30	24	—	22	22	21	22	21	22	22	21	24	23
31	25	—	23	—	22	—	22	23	—	22	—	24

注：上行月份为配种月份，左侧第一行为配种日期；下行为预产期月份，从左侧第2~12行的数字为预产日期。例如：5月3日配种，经查表后，其预产期为8月25日。

2. 妊娠诊断

受精是母猪妊娠的开始，分娩是妊娠的结束。如果能早期判断母猪已经受孕，可按妊娠母猪进行饲养管理，如果未受孕要采取措施，促使母猪再次发情配种，以防止成为空怀母猪，造成饲料浪费。母猪的妊娠诊断是繁殖管理的一项重要内容，早期诊断对于缩短产仔间隔有着重要意义。

(1) 根据发情周期判断 母猪的发情周期约为 21 天。配种后 21 天未见发情者，可推测已经妊娠。若经过 50 天之后仍不发情者，则可判定母猪已经妊娠。配种后母猪阴道黏膜变白，黏液浓稠，触摸干涩者多为妊娠。

> **【提示】** 实践中一些没有返情的母猪可能不一定是妊娠，其他一些原因，如激素分泌紊乱、子宫疾病等都有可能引起不返情。因此，此法判断不够准确。

(2) 观察母猪行为与外部形态 母猪配种后，如果表现易疲倦、贪睡、食欲旺盛、食量逐渐增加，容易上膘，性情变得温顺，行动稳重，尾巴自然下垂，阴户缩成一条线，一般可推断为妊娠。母猪妊娠 50 天后，外形发生一些小的变化。从侧面观察母猪，其腹部容积加大，腹底稍呈尖形，范围达到胸部乳房穴，而且被毛光泽。从母猪的后面向前看，腹部容积增大，突出部分也很明显。

(3) 根据乳头的变化判断 一般母猪妊娠后乳头前端向外张开，乳头基部全部膨胀隆起。大约克夏母猪配种后 30 天乳头变黑，轻轻拉长乳头，如果乳头基部呈现黑紫色的晕轮时，则可判断为已经妊娠。然而，有些空怀长白猪的乳头及其基部周围经常有晕状着色，乳头又向外张开，好像已经妊娠，所以若不熟练掌握，难以用这种方法准确判断。

(4) 手掐判断法 母猪配种 20 天左右，在母猪 9～12 腰椎两侧，用于轻轻一掐来判断母猪是否妊娠。如果母猪未妊娠，则拱脊嚎叫，甚至逃跑，而妊娠母猪则无任何反应。

(5) 指压判断法 将拇指和食指从母猪第 7～9 腰椎两侧，用由弱渐强的力压至第二腰椎。出现背脊的凹曲，表示未妊娠。不见背脊的凹曲或见拱背，说明已经妊娠。此法适用于检查配种 2 周后的母猪是否妊娠，尤其是以检查经产母猪为佳。

(6) 直肠检查法 体型较大的经产母猪，通过直肠用手触摸子宫动脉，如果有明显波动则认为妊娠，一般妊娠后 30 天可以检出。

（7）尿液检查 取配种后 24 天母猪尿 10mL，于 20mL 的试管内，加入少许碘酒，文火加热。当尿液近沸点时，观其颜色变化。若试管内颜色从上至下逐渐变红，则说明母猪已经妊娠。

（8）注射激素 在配种后 16～17 天注射人工合成的雌性发情激素，一般是在耳根部皮下注射 2～5mL，注射后在 5 天内不发情的母猪就可认为是妊娠母猪，反之则是空怀母猪。这种方法的准确率达 90%～95%。

（9）超声波测定 采用超声波妊娠诊断仪对母猪腹部进行扫描，观察胚胞液或胎儿心动的变化，这种方法在妊娠第 28 天时有较高的检出率，可直接观察到胎儿的心动。因此，此法不仅可确定妊娠，而且还可确定胎儿的数目，晚期还可以判定胎儿的性别，无伤无痛，可重复使用，缺点是一次性投资较高。

第二节　高产妊娠母猪的饲养管理

妊娠母猪饲养管理的中心任务是保证胎儿能在母体内得到充分的生长发育，防止流产和死胎现象的发生，使妊娠母猪每窝产出数量多、初生重大、体质健壮和均匀整齐的仔猪；并使母猪有适度的膘情，为哺乳期的泌乳进行储备。对初产青年母猪还要保证其自身的生长发育。

一　妊娠母猪的饲养方式

妊娠母猪可分小群饲养和单栏饲养两种。小群饲养就是将配种期相近、体重大小和性情强弱相近的 3 ~ 5 头母猪在一圈饲养。到妊娠后期每圈饲养 2 ~ 3 头。小群饲养的优点是妊娠母猪可以自由运动（有的舍外还设小运动场），食欲旺盛；但是，如果分群不当，胆小的母猪吃食少，会影响胎儿的生长发育。单栏饲养也称禁闭式饲养，妊娠母猪从空怀阶段开始到妊娠产仔前，均饲养在宽 60 ~ 70cm、长 2.1m 的栏内。单栏饲养的优点是采食量均匀，没有相互间碰撞；但由于母猪不能自由运动，肢蹄病较多。

> ➡ 【提示】 小群饲养母猪时，同栏内的母猪尽可能配种日期相近，以便于饲喂。

二 妊娠母猪的饲粮及饲养方案

1. 妊娠母猪的营养需要特点和规律

妊娠前期母猪对营养的需要主要用于自身的维持生命和复膘，初产母猪还要用于自身的生长发育，而用于胚胎发育所需极少。妊娠后期胎儿生长发育迅速，对营养要求增加。根据前述妊娠母猪的营养利用特点和增重规律加以综合考虑，母猪在妊娠初期采食的能量水平过高，母猪体内沉积脂肪过多，则导致母猪在哺乳期内食欲不振，采食量减少，既影响泌乳力发挥，又使母猪失重过多，还将推迟下次发情配种的时间，导致胚胎死亡率增高。因此，对妊娠母猪饲养水平的控制，应采取前低后高的饲养方式，即妊娠前期在一定限度内降低营养水平，到妊娠后期再适当提高营养水平。另外，妊娠期营养水平过高，母猪体脂储存过多，是一种很不经济的饲养方式。因为母猪将日粮蛋白合成体蛋白，又利用饲料中的淀粉合成体脂肪，需消耗大量的能量，到了哺乳期再把体蛋白、体脂肪转化为猪乳成分，又要消耗能量。因此，主张降低或取消泌乳储备，采取"低妊娠高哺乳"的饲养方式。一般认为，妊娠期母猪日粮中的粗蛋白质最低可降至12%，蛋白质需要与能量的需要是平行发展的。目前一般的猪场多用优质草粉和各种青饲料来满足妊娠母猪对维生素的需要，在缺少草粉和青饲料时，应在饲粮中添加矿物质和维生素预混合饲料。妊娠母猪的饲粮中应搭配适量的粗饲料，最好搭配品质优良的青饲料或粗饲料，使母猪有饱感，防止异癖行为和便秘，还可降低饲养成本。许多动物营养学家认为，母猪饲料可含 10% ~ 12% 的粗纤维。

2. 妊娠母猪的饲养方案

饲养妊娠母猪要根据母猪的膘情与生理特点，以及胚胎的生长发育情况确定合理的饲养方案，绝不能按统一模式来饲养。

（1）两头精喂，中间粗喂的饲养方案 对于断乳后体瘦的经产母猪，必须在妊娠初期加强营养，使其快速恢复体况，应从配种前 10 天共计 1 个月左右，适当提高能量水平、优质饲料，特别是含有高蛋白质的饲粮；待其配种后恢复繁殖体况后按饲养标准降低能量浓度，并可多喂青、粗饲料；直到妊娠 80 天后，再提高饲粮营养水平，加强营养供给（后期的营养水平应高于妊娠前期）。精饲料给量：妊娠初期（1 ~ 40 天）每天每头给精饲料 1.25kg；妊娠中期（41 ~ 90 天）每天每头给精饲料 0.75kg；妊娠后期（91 ~ 114 天）每天每头给精饲料 2kg。

⚠ **【注意】** 采用两头精喂，中间粗喂的饲养方案，妊娠后期的营养水平，应高于妊娠前期。

（2）阶段加强的饲养方案 对于初产母猪由于本身尚处于生长发育阶段，同时负担胎儿的生长发育，哺乳期内妊娠的母猪要满足泌乳与胎儿发育的双重营养需要，对这种类型的妊娠母猪，在整个妊娠期内，应采取随妊娠日期的延长逐步提高营养水平的饲养方式，到妊娠后期增加到最高水平。精饲料给量：妊娠前期（1 ~ 60 天）每天每头喂精饲料 1.25kg；妊娠中期（61 ~ 90 天）每天每头给精饲料 1.5kg；妊娠后期（90 ~ 114 天）每天每头给精饲料 2kg。

（3）前期粗喂、后期精喂的饲养方案 对配种前体况良好的经产母猪，可按照配种前的营养需要，在饲粮中加喂青、粗饲料，到妊娠后期再给予丰富的饲粮。精饲料给量：妊娠初期（1 ~ 60 天）每天每头给精饲料 0.75kg；妊娠后期（61 ~ 114 天）每天每头给精饲料 1.25 ~ 1.5kg。

不论是哪一种类型的母猪，妊娠后期（90 天至产前 3 天）都需要短期优饲；一种办法是每天每头增喂 1kg 以上的混合精饲料；另一种办法是在原饲粮中添加动物性脂肪或植物油脂（占日粮的 5%~6%），两种办法都能取得良好效果。

3. 妊娠母猪的饲料配合

（1）讲究饲料品质 妊娠母猪饲粮由青、粗、精饲料组成，并注意饲料的适口性。无论是精饲料还是粗饲料，都要保证其品质优良。不喂发霉、腐败、变质、冰冻或带有毒性和强烈刺激性的饲料，否则会引起流产。饲料种类也不宜经常变换。饲料变换频繁，对妊娠母猪的消化机能不利。饲粮调制以稠粥料、湿拌料、干粉料为好，并保证供给充足的饮水。妊娠母猪一般每天上、下午各喂 1 次。在一般情况下，母猪妊娠期出现营养障碍，并非由于能量和蛋白质不足所致，最主要的原因（除遗传和疾病因素外）是妊娠期饲粮中矿物质和维生素的缺乏或不足。在传统猪场，在为妊娠母猪配合饲料时，不可缺少石粉（或贝壳粉）、骨粉等补充钙磷和易缺微量元素的矿物质饲料；更需注意多用一些富含维生素的青饲料、青贮饲料、优质草粉和叶粉等，保证母猪长年不断青饲料。在工厂化猪场，应特别重视向妊娠母猪饲粮中补充矿物质、微量元素和复合维生素添加剂。

（2）注意饲粮容积 前期可稍大一些，后期容积要小一些，使母猪既不感到饥饿，又不觉得体积过大压迫胎儿。要考虑三方面：保持预定的日粮营养水平；使妊娠母猪不感到饥饿又不感到压迫胎儿。操作方法是根据胎儿发育的不同阶段，适时调整精、粗饲料比例，后期还可采取增加日喂次数的方法来满足胎儿和母体的营养需要。

> ➡ **【提示】** 在生产实践中，根据胎儿生长发育的不同阶段适时调整精、粗饲料的比例，后期还可以增加饲喂次数来满足营养需要。

（3）防便秘 为防止母猪便秘引起流产，饲粮中可以适当多添加部分麸皮，或每天喂给一定量的青饲料也可以。

> 🔵 **【提示】** 饲养人员要注意观察母猪的体况，保持母猪适宜的繁殖体况。如果到了妊娠中期，母猪还偏瘦，应适当调整饲料量。

三　妊娠母猪的管理

妊娠母猪管理的要求是增加母猪体质，防止流产，确保胎儿正常发育。要抓好以下几点：

1. 适当运动，增强体质

在有条件的地方，妊娠母猪每天最好能放牧运动 1~2h，没有放牧条件的可在大运动场逍遥活动 1~2h，工厂化猪场可让母猪每天到圈外逍遥活动。这能增强母猪体质，减少难产死产发生，保证母猪顺利分娩。

> ⚠️ **【注意】** 在妊娠头 1 个月和分娩前 10 天，母猪应减少运动。

2. 注意保胎

母猪胚胎发育有两个关键性时期，第一个关键性时期是在母猪妊娠后 20 天左右，受精卵附植在子宫角不同部位（附植是从妊娠后 12 天开始到 24 天结束），并逐步形成胎盘的时期。在配种 20 天左右，要注意观察母猪是否返情。如果发现母猪爬跨其他母猪，外阴有发情征候，应返回待配猪舍。如果不注意观察，可能白养没有妊娠的母猪几个发情周期。在胎盘未形成前，胚胎容易受环境条件的影响。此阶段，如果母猪饲粮霉烂变质、冰冻、营养物质不完善，或遭到踢、打、压、咬架等机械性刺激或感染高热性疾病，都会引起母猪流产或胚胎死亡。第二个关键性时期是在妊娠期的 90 天以后。此阶段胎儿生长发育和增重特别迅速，母猪体重增加很快，所需营养物质显著增加。因此，此时要注意加强营养并防止机械性刺激，做好保胎工作，是养好妊娠母猪的第二个关键性时期。日常管理中应注意饲料品质，保持猪舍安静，防止母猪挤压、争食、咬斗等造成死胎或流产。不可鞭打、追赶和惊吓妊娠母猪，以免造成机械性损伤，引起死胎和流产。地面要防滑，防止母猪因滑跌流产。

> **⚠【注意】** 不要在妊娠期并圈，并圈后的打斗可能引起母猪流产。在打扫圈舍时，要观察地面有无流产的痕迹。早期流产不易被发现，当地面上有灰白色痕迹时，很可能有母猪流产。

3. 夏天防暑降温，冬天防寒保温

妊娠母猪的适宜温度是 10～28℃。如果母猪遭受热应激刺激，易造成胚胎死亡或流产。在夏季酷暑时，要给母猪降温、洒水、洗浴，搭遮阴棚，通风等。暑天突降暴雨，易造成母猪感冒发高烧而流产。要及时检查猪群，发现不正常现象及时对症治疗，防止或减少流产。冬季要搞好防寒保温，保持圈舍干燥温暖，防止母猪受贼风侵袭发生感冒或瘫痪造成胚胎死亡和流产。

4. 保持妊娠猪舍环境安静卫生

首先要保证圈舍清洁卫生，防止污染母猪阴道造成炎症而流产；不能在圈舍内高声喧哗，也不能鞭打、追赶妊娠母猪，更不能在清理圈舍卫生时踢打母猪，防止受惊引起流产。

5. 做好疾病防治工作

平时应注意观察母猪采食和排粪情况。如果母猪不吃饲料，很可能生病了。如果母猪出现便秘，应当喂一些青饲料，或增加饲料中麦麸等粗饲料的比例。加强卫生消毒及疾病防治工作，尤其是布氏杆菌病、细小病毒病、伪狂犬病、钩端螺旋体病、日本乙型脑炎、弓形虫病、繁殖及呼吸综合征和其他发热性疾病等对猪的繁殖危害一定要注意预防；平时要保持猪体的清洁卫生，及时扑灭体外寄生虫病，防止母猪流产。

第三节　高产母猪的分娩与接产

━ 一　母猪的分娩预兆

在妊娠末期，胎儿自母猪生殖道产出前，母猪在生理和行为上会产生一系列的变化，称为分娩预兆。根据分娩预兆，可以大致预测分娩时间，以便提前做好接产准备，保证母仔安全。

1. 临产母猪的精神及行为表现

临产前母猪神经敏感，紧张不安。护仔性强的母猪，性情暴躁，难以接近，甚至咬人。如果圈内有垫草，母猪出现衔草絮窝、突然停食、时起时卧、频频排粪、拉小而软的粪便、每次排尿量少但次数频繁等情况，表明当天即将产仔。现代化猪场母猪在专用分娩床饲养时，母猪产前时常表现为咬铁管的行为，一般 6 ~ 12h 将要产仔。若母猪进一步表现为呼吸加快，时起时卧，常呈犬坐姿势，频繁排尿，继而侧身躺卧，开始出现阵痛，四肢伸展，用力努责，从阴道内流出羊水等现象，这是就要产仔的预兆。此时应严密观察，做好接产准备。

2. 乳房的变化

母猪在产前 15 ~ 20 天，乳房由后向前逐渐下垂。到临产前，乳房基部在腹部隆起像带着两条黄瓜一样，两排乳头呈"八"字形分开，皮肤紧张。初产母猪乳头还发红发亮。一般情况下，母猪前面的乳头能挤出乳汁时，在 24h 左右产仔；中间乳头能挤出乳汁时，约在 12h 产仔；最后一对乳头能挤出乳汁时，在 4 ~ 6h 产仔。母猪产前表现与产仔时间关系见表7-3。

表7-3 母猪产前表现与产仔时间

产 前 表 现	距产仔时间
乳房肿大（俗称"下奶缸"）	15 天左右
阴户红肿，尾根两侧开始下陷（俗称"松胯"）	3 ~ 5 天
挤出乳汁（乳汁透明）	1 ~ 2 天（从前面乳头开始）
叼草做窝（俗称"闹圈"）	8 ~ 16h（初产猪、本地猪种和冷天开始较早）
乳汁乳白色	6h 左右
呼吸急迫（每分钟90次左右），尿频	4h 左右（产前一天每分钟呼吸约 54 次）
躺下、四肢伸直、阵缩间隔时间缩短	10 ~ 90min
阴户流出分泌物	1 ~ 20min

3. 外阴部变化

母猪临产前 3~5 天,外阴部开始红肿下垂,尾根两侧出现塌陷,这是骨盆开张的标志。

> ⊙ 【提示】 在生产实践中,常以母猪衔草絮窝、最后 1 对乳头能挤出浓稠乳汁、挤时不费力、乳汁如水枪似射出、排小而软如柿饼状粪便、尿量少而排尿次数频繁等作为判断母猪即将产仔的主要症状。母猪分娩前的 1~3 天夜间需设值班人员,避免发生意外事故。

二 母猪的分娩过程

分娩前母猪子宫发生很大变化,骨盆阔韧带以及产道、子宫颈松弛,使胎儿容易通过,猪的胎儿妊娠后期不发生转动,头向前和向后部的情况大致相同。分娩过程主要分为三个阶段。

1. 开口期

子宫颈扩张和子宫纵肌与环肌有节律收缩,迫使胎膜连同胎水进入已松弛的子宫颈,促使子宫颈扩张。胎儿和尿膜绒毛膜被迫进入骨盆入口处,尿囊绒毛膜在此处破裂,尿膜液顺着阴道流出阴门外。

2. 胎儿排出期

胎膜破裂,腹壁肌肉收缩明显,即通过努责逐一排出胎儿。母猪在这一时期多为侧卧,努责时伸直后腿,挺起尾巴,每努责一次或数次产出 1 个胎儿。一般每次排出 1 个胎儿,少数情况下可连续排出 2 个,偶尔有连续排出 3 个的。此期持续时间根据胎儿数目及其产出相邻两个胎儿的时间间隔而定。第一个胎儿排出较慢,从母猪停止起卧到排出第一个胎儿为 10~16min。产出相邻两个胎儿的时间间隔,以中国本地猪种最短,平均为 2~3(1~10)min;引进的国外品种平均 10~17(10~30)min,也有短至 3~5min 或长达 1h 的;杂种猪介于两者之间,为 5~15min。当胎儿数较少或个体较大时,产仔间隔时间较长。最后几个胎儿娩出的间隔时间往往比早些时候排出来的时间为长。母猪产出全窝胎儿通常需要 1~4h。

3. 胎衣排出期

胎衣是胎儿的附属膜，其中也包括部分断离脐带。全部胎儿产出后，经过数分钟的短暂安静，母猪子宫肌重新开始收缩，产后 $10 \sim 60min$ 之内，从两子宫角内分别排出一堆胎衣。猪一侧子宫内的所有胎儿的胎衣是相互粘连在一起的，很难分离，所以生产上常见母猪排出的胎衣是非常明显的两堆胎衣。胎衣完全排出后应及时妥善处理，也可将其洗净后煮熟，拌料喂给母猪，这样既可补充蛋白质，又有催乳作用。

≡ 分娩与接产技术

1. 接产前的准备

（1）产房准备 一般母猪临产前 $15 \sim 20$ 天必须对产房进行大清扫、大消毒。关于消毒药物和消毒方法的选用，必须按照《无公害食品—生猪饲养管理准则》（NY/T 5033—2001）中的规定执行。首先对产房要彻底清扫、消毒。对环境、圈舍、过道、墙壁、地面、围栏、饲槽、饮水器等要先用高压水冲洗，再用 $2\% \sim 3\%$ 火碱水喷洒消毒。24h 后再用高压水冲洗。墙壁最好用 20% 的石灰乳粉刷。地面若潮湿，可撒些生石灰。应加强通风，以保持产房干燥（相对湿度 $65\% \sim 75\%$）。产房温度以 $20 \sim 23℃$ 为宜，最低也要控制在 $15 \sim 18℃$。夏季做好防暑降温工作，如开窗户、地窗通风或机械通风等。冬季要保温，可采用暖气、火炉或地面铺柔软、干燥清洁的垫草，同时准备好仔猪的保温箱（箱内上部用红外线灯，箱底部用电热毯、电热板或铺柔软垫草）。

（2）产前母猪的管理　母猪临产前 15~20 天必须对其进行消毒。其方法是在妊娠舍通往分娩舍的适当地点设一固定的母猪消毒间。冬季用温热水、夏季用冷水，先对母猪全身清洗，尤其是腹部、乳房及阴户附近的污物应消除干净，然后用来苏儿或百毒杀进行猪体消毒。冬季约半小时彻底晾干后，再经专用转猪道转入产房。母猪转入产房应在饲喂前（空腹）进行，预先在分娩栏饲槽内投放饲料。临产前 5~7 天应按日粮的 10%~20% 减少精饲料，并调配容积较大而带轻泻性的饲料，可防止便秘，小麦麸为轻泻性饲料，可代替原饲料的一半。分娩前 10~12h 最好不再喂料，但应满足饮水，天冷时水要加温。进入产房后，要使母猪尽快适应新环境，饲养员应训练母猪养成指定地点趴卧、排泄的习惯。产前 3~7 天应停止驱赶运动或放牧，让其在圈内自己运动。饲养员要加强责任心，观察母猪动态，发现母猪产仔及时接产护理，看护哺乳仔猪，防止压死、冻死仔猪，按时饲喂哺乳母猪，及时清扫粪便，保持产房干净卫生。

⚠️ **【注意】**　对产前较瘦弱的母猪，不但不能减料，而且应当加喂一些富含蛋白质的催乳饲料。

（3）分娩用具的准备　准备好接产员擦手和擦拭仔猪的毛巾两条，剪刀、5% 碘酊、2%~5% 的来苏儿水、催产药物、25% 的葡萄糖（急救仔猪用）、消毒棉花、肥皂、高锰酸钾、凡士林油、手电筒和灯泡、称仔猪的秤、耳号钳、分娩记录卡等。对地面饲养的猪还需准备垫草，垫草要求干燥、柔软、清洁、长短适中（10~15cm）。

2. 母猪分娩与接产技术

安静的环境对正常的分娩是很重要的，整个接产过程要求保持安静。接产动作要迅速而准确。接产人员最好由饲养该母猪的饲养员来担任，这样母猪比较安静，产仔迅速。当母猪卧在产床上开始阵痛，阴部流出稀薄的黏液（羊水）时，这就是将要产仔的征兆。此时应用 0.1% 高锰酸钾水溶液擦洗母猪的乳房、阴部和后躯。同时，用指甲刀剪短、磨光接产员的手指甲，并用 2% 来苏儿水溶液将手臂消毒，准备接产。

（1）**擦干黏液**　仔猪产出后，接产人员应立即用手指将仔猪口、鼻的黏液掏出并擦净，再用毛巾或垫草将全身黏液仔细擦干净，促进其呼吸，减少体表水分蒸发散热。如果天气较冷应立即将仔猪放入保温箱烤干，接着断脐带。当看见仔猪的头或腿时出、时进，可用手抓住头或腿把仔猪，随母猪努责将仔猪拉出。

（2）**断脐带**　仔猪离开母体时，一般脐带会自行扯断，但仔猪端仍拖着 20～40cm 长的脐带。断脐时，接产人员一手提脐带的断头，另一手将脐带内血液向腹部方向挤压，然后在距腹壁 4～5cm 处用手指钝性掐断脐带。断脐后用 5% 碘酊消毒。若断脐后仍继续流血时，用手指攥住断端，直至不流血为止，再涂碘酊消毒。

> ◉ 【提示】　生产中一些厂家习惯用线结扎脐带，这会造成脐带中的少量血液和渗出物无法及时排出，干燥时间延长，极易造成脐带感染发炎。

（3）**剪乳牙、断尾**　仔猪初生就有 8 枚小的状似犬牙的乳牙，位于上下颌的左右各 2 枚。由于乳牙十分尖锐，吮乳或发生争斗时极易咬伤母猪乳头或同伴，应将其剪掉。剪牙时要用专用剪牙钳，小心操作。仔猪乳牙剪掉后，及时将断齿清出口腔，并对牙龈用碘酊消毒。为预防仔猪断乳、生长和肥育阶段的咬尾现象，出生后应及时断尾。其方法是用钳子距离仔猪身体 1～2cm 处剪断，并涂碘酊消毒，同时注意，每剪 1 次后一定要对钳子进行消毒。

> ◉ 【提示】　剪牙时，不要将牙齿剪得太短，不可伤及颚骨或齿龈，剪牙钳要认真消毒，以避免交叉感染。

（4）**剪耳号、称重、记录**　仔猪产完后，进行称重，并用消毒过的耳号钳按本场规定打耳号，在产仔记录表（表7-4）上登记耳号、性别和初生重及左右奶头数。仔猪编号的方法，一般猪场都是采用剪耳法，即在仔猪的双耳、上缘用耳号钳剪缺口和在耳朵上打孔，每个缺口、孔代表一定的数目，其相加之和为该猪的耳号。每个缺口和孔所代表的数字全国无统一规定，但大多数采用两种代表方法。第一种，上1下3法。右耳上缘一个缺口代表1，下缘一个缺口代表3，耳尖一个缺口代表100；耳中一个圆孔代表400；左耳相应为10、30、200和800，这种方法只能编1600多号，适合于小型猪场使用。第二种，个、十、百、千法。右耳下缘的缺口为"个位"，上缘为"十位"，左耳上缘为"百位"，下缘为"千位"。可记为右耳下个上十，左耳为上百下千。又将耳分两部分，近耳尖部为1，近耳根部为3。如左耳下缘近耳尖处为1000，上缘近耳根部为300（图7-1）。

表7-4　母猪产仔哺乳记录表

项　目 与配公母	序号	仔猪 耳号	性别	乳头数 左　右		初生重 /kg	20日龄重 /kg	断乳重 /kg	备注
母猪 耳号	1								
品种	2								
年龄	3								
胎次	4								
公猪 耳号	5								
品种	6								
年龄	7								
配种日期	8								
预产日期	9								
生产日期	10								
生产情况 性别 公 母	11								
死胎	12								
木乃伊	13								
产活仔数	14								
总产仔数	15								

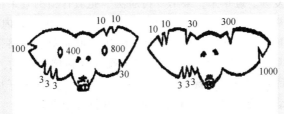

左：上1下3法   右：个、十、百、千法

图7-1　仔猪编号示意图

（5）哺乳　以上处理结束后，即可将仔猪送到母猪身边哺乳。对不会吃乳的仔猪，要给予人工辅助。初生仔猪吃乳越早越好，有利于恢复体温和获得免疫力。一般都是仔猪产出后处理完毕即让母猪哺乳。

（6）清理胎衣　母猪分娩过程为2～4h，仔猪全部产完后约20min开始排出胎衣，也有边产边排胎衣的情况。胎衣排净需1～3h，胎衣排出后要检查胎衣与产仔数量是否相同。如果胎衣少于产仔数，说明胎衣未排净。就必须给母猪注射催产素类的药物，促使胎衣排出。当胎衣排完后，将污染垫草清除，污染床面洗刷消毒，并用拖把擦干净。再用来苏儿或高锰酸钾水溶液将母猪乳房、阴部和后躯擦洗干净。

3. 假死仔猪的急救

有的仔猪产出时不能呼吸，心脏仍在跳动，称为"假死"。造成仔猪假死的原因：有的母猪分娩时间过长，子宫收缩无力，仔猪在产道内脐带过早扯断而失去氧气来源，造成仔猪窒息；有的是黏液堵塞气管，造成仔猪呼吸障碍；有的是仔猪胎位不正，在产道内停留时间过长。遇到此类情况如果立即救护一般都能救活。急救以人工呼吸最为简单有效，其方法是将仔猪口腔内的黏液掏出，擦干净口鼻部，将仔猪四肢朝上，一手托肩部，另一手托臀部，然后一屈一伸反复进行，并有节奏地轻轻按压仔猪胸部促进仔猪呼吸恢复；或手提仔猪后肢，使头向下，促使鼻腔中黏液流出，同时用手连续轻拍胸部，帮助恢复呼吸；或对仔猪鼻孔猛力吹气或用少量酒精（白酒）、碘酒、氨水等刺激性强的药液涂擦鼻端以及针刺穴位的方法刺激其复苏。近年来，采用"捋脐法"抢救仔猪的效果很好，救活率可达95％以上。具体操作方法：尽快擦干仔猪口腔内的黏液，将头部稍抬高置于软垫草上，在距腹部20～30cm处剪断脐带，术者一手捏紧脐带末端，另一手自脐带末端向仔猪体内捋动，每秒钟1次，不间断地反复进行，直到仔猪复苏。对救活的假死仔猪必须人工辅助哺乳，特殊护理2～3天，使其尽快恢复健康。

四 母猪难产的处理

引起难产的原因是母猪骨盆发育不全、产道狭窄、早配（初产母猪多见）、老龄母猪过肥或过瘦、子宫弛缓、胎儿过大、胎位不正、死胎多、分娩时间拖长等。若不及时处理，可能会造成母仔双亡。一般母猪羊水流出后30min左右仍产不出仔猪，可能为难产。如果母猪长时间剧烈阵痛，反复努责不见产仔，呼吸迫促，努责时发现"吭气"的声音，心跳加快，甚至皮肤发绀，可确定为难产。对老龄体弱、娩力不足的母猪，可肌内注射催产素10～20单位，促进子宫收缩，必要时注射强心剂。若用药半小时后仍不能产出仔猪，就必须采用手术掏出。操作方法：首先将助产员指甲剪短磨光，手和手臂先用肥皂水洗净，用2％来苏儿（或0.1％高锰酸钾水溶液）消毒，再用70％酒精消毒，然后涂上润滑剂（凡士林或甘油等）；母猪外阴部也清洗消毒。助产员将手指尖合拢呈圆锥状，手心向上。趁母猪努责间歇时将手臂慢慢伸入产道（母猪努责时即停止前进，切不可强行伸入，否则可造成子宫破裂）。手臂进入产道后，即可触摸到胎儿，然后抓住胎儿适当部位（下颌、腿），再随母猪努责将仔猪拉出。若是胎位不正，必须拨动胎儿，调整好位置，再将仔猪拉出。对于羊水流出时间过长、产道干燥、产道狭窄或胎儿过大引起的难产，可先向母猪产道内灌注生理盐水、液状石蜡或食用油等滑润剂，然后按上述方法将胎儿拉出。如果拉出一头仔猪后转为正产，则不再继续助产。若母猪产道过窄，或因产道粘连，助产无效时，可以考虑剖腹手术。

🔴 【提示】 在整个助产过程中，应尽量避免产道损伤和感染。助产后必须给母猪注射抗生素，以防产道感染。

五 母猪分娩后的饲养管理

母猪在产仔后 8~10h 内，一般不喂料，只供给热的麸皮水（麸皮 250g、食盐 25g、水 2kg），补充体力，解渴，防止母猪吃仔的恶习。母猪分娩后身体极度疲乏，常感口渴，不愿意吃食，也不愿意活动，不要急于饲喂平时的饲料，特别不能喂给浓厚的精饲料，以免引起消化不良，乳汁过浓引起乳房炎。母猪产后 2~3 天，可根据母猪的膘情及食欲，逐渐增加精饲料量，产后 1 周左右转入哺乳期的正常饲养。喂给产后母猪碳酸氢钠 25g（分 2~3 次溶于饮水中投给）以促进母猪消化，改良乳质，预防仔猪下痢。对粪便干燥有便秘趋向的母猪，要多饮水，并在日粮中加入适量的泻剂，如硫酸钠、硫酸镁等。母猪在产后 3~4 天内，由于产后体弱，最好在圈内自由活动为好。此时母猪最易受外界环境的影响而发病，所以应给予特殊照顾。应随时注意母猪的呼吸、体温、排泄和乳房的状况，经常保持产房安静、温暖、干燥、空气新鲜，让母猪充分休息。传统养猪方法，在产后 4 天，如果天气良好，可让母猪在舍外自由活动，并训练母猪和仔猪养成在舍外固定地点排粪尿的习惯。

> **【提示】** 必须避免分娩后一周内强制增料，否则有可能发生乳房炎、乳房结块，仔猪由于吃过稠过量母乳而下痢。

有的母猪因妊娠期营养不良，产后无乳或乳量不足，可喂给小米粥、豆浆、胎衣汤和小鱼小虾汤等催乳。必要时可用药物催乳，如当归、穿山甲、王不留行、漏芦、通草各 30g，水煎配小麦麸喂服，每天 1 剂，连喂 3 天。或四叶参 250g，一次煎服。或催乳灵 10 片，一次内服。或木通 30g、茴香 30g，加水煎煮，拌少量稀粥，分 2 次喂给。因母猪过肥，无乳，可减少饲料喂量，适当加强运动。母猪产后感染，可用 2% 的温盐水冲洗子宫，同时注射抗生素治疗。产后母猪如果出现不吃或脱水症状，应经耳静脉注射 5% 的葡萄糖生理盐水 500~1000mL、维生素 C 0.2~0.5g。

——第八章——
高产哺乳母猪的生产技术

第一节　泌乳生理及泌乳规律

一　泌乳特点及规律

1. 母猪的乳房乳腺结构

猪的乳头一般有6~7对。我国一些猪种由于繁殖力高，相应的乳头数也较多，多为7~8对。猪每个乳头有2~3个乳腺团，各乳头间互相没有联系，乳头上面没有乳池，不像牛等家畜能在乳池中储蓄乳汁，不能随时排乳。故仔猪也就不能在任何时间都能随时吃到乳汁。

2. 泌乳期

母猪的泌乳期随仔猪哺乳时间的长短而定，一般为28~56天，也就是说仔猪停止哺乳，泌乳期也就结束了。在母猪的泌乳期内，乳汁是乳腺活动的产物。乳腺活动包括乳汁的生成和乳汁的排出两种独立而相互制约的过程。

3. 猪乳的排放

乳汁是具有特殊生理意义的营养液，可供给仔猪充分而全面的营养，保证仔猪生长和发育。乳汁生成后，血液内含有一定水平的催乳素以维持泌乳。母猪放奶前先发出"哼哼"叫声，俗称"唤奶"。仔猪闻声而至，当仔猪用鼻吻突拱母猪乳房，嘴衔住乳头吸吮乳汁时，这种外界刺激，通过传入神经传到中枢神经，兴奋了下丘脑的室旁核合成催产素，同时下丘脑的视上核合成血管加压素（即抗利尿激素，ADH），从垂体后叶释放，该激素经血液到达乳房，刺激乳房上皮细胞收缩，迫使乳汁由腺泡腔经细小乳导管流入中乳导管，再由中乳导管流入大乳导管，通过乳头管向外排出。仔猪用鼻吻突拱母猪乳房需经 2 ~ 5min 后，才能排乳，母猪放乳的持续时间为 30 ~ 60s，两次排乳间隔时间约 1h，一昼夜可排乳 20 次以上。

> 【提示】 母猪放乳时间很短，只有十几秒到几十秒的时间。在生产中须保证仔猪在短时间内吃到乳汁，不然错过了放乳时间，不到下次放乳仔猪不可能吃到乳汁。

4. 泌乳规律

(1) 猪乳分为初乳和常乳两种 初乳是母猪产仔 3 天之内所分泌的乳汁，主要是产后头 12h 之内的乳汁。常乳是产仔 3 天后所分泌的乳汁。初乳和常乳成分不同，初乳含水分低，干物质高。初乳蛋白质含量比常乳蛋白质含量高 2 倍以上，初乳中脂肪和乳糖的含量均比常乳低。初乳中还含有大量抗体和维生素，这可保证仔猪有较强的抗病力和良好的生长发育。

(2) 母猪的泌乳量及其变化 试验表明，母猪产后 60 天的泌乳总量约 400kg，平均每昼夜泌乳 6.5kg。在整个泌乳期内母猪的日泌乳量不均衡，在分娩后乳量分泌不算最高，日泌乳量从产后 4 ~ 5 天开始以后逐渐上升，直到仔猪 21 日龄左右才达到最高峰。如果母猪的饲养管理好，此泌乳高峰可持续到仔猪产后 30 日龄，以后逐渐下降。母猪泌乳量的高低与仔猪的成活率和生长发育速度有着密切的关系。仔猪生后 21 日龄前几乎完全依靠母乳为生。35 日龄母乳营养仍占 66%，如果实行早期断乳（小于 35 日龄），对仔猪进行强制补料，可降低母乳所占比例。

(3) 不同乳头的泌乳量 哺乳母猪的不同乳头，泌乳量也不相同。一般靠近前胸部的几对乳头泌乳量比后面的乳头泌乳量要多。泌乳量的分布大约是前面第一对乳头占 23%，第二对占 24%，第三对占 20%，第四对占 11%，第五对占 9%，第六对占 9%，第七对占 4%。

(4) 泌乳次数 由于母猪的乳房没有乳池，每次放乳的时间又短，所以，每天的哺乳次数较多。不同泌乳阶段或同一阶段昼夜之间的泌乳次数是不同的。泌乳前期的次数多于后期。有试验表明，我国培育猪种平均每天的泌乳次数约为 21 次，每隔 60～70min 泌乳一次；在产后 10～30 天之间泌乳次数最多，可达 23 次左右。60 天时泌乳次数下降到 16 次左右。

二 泌乳母猪的体重变化

母猪妊娠期体重增加，哺乳期体重减少是正常现象。在正常的饲养条件下，哺乳母猪体重下降数应为产后体重的 15%～20%，主要集中在前一个月。失重的主要原因是，泌乳母猪哺育照料仔猪，活动量增大，精力消耗较多，从而增加了母猪的维持需要量。而且哺乳母猪泌乳需要大量的营养物质，即使按照其所需的营养水平来配合饲料，也常因采食量有限，而不能满足泌乳和维持需要，母猪便动用体内的储备来补充，以保证泌乳需要，所以往往引起哺乳母猪减重。母猪减重多少与母猪的泌乳量、饲料营养水平和采食量有关。对于泌乳量高的母猪，应千方百计地增加营养物质的供给量，否则母猪减重过多、体力消耗过大，易造成极度衰弱、营养不良，轻者影响下次发情配种，重者会患病死亡。

> 【提示】 哺乳期应当喂好，总的目标是使泌乳母猪采食量增加到最大限度，体重减少到最低程度。

三 影响母猪泌乳量的因素及其提高措施

1. 泌乳量的估测

在生产实践中，对母猪泌乳性能的高低可通过观察母、仔猪的行为表现估测：①仔猪只在母猪放乳前后鸣叫，而其余时间静卧酣睡，无饥饿感，听不到叫声，这表明仔猪吃得饱，母猪泌乳充足；相反，仔猪经常鸣叫，围绕于母猪要吃乳，母猪起卧不安，此为母猪缺乳的表现。②母猪体况良好，左右两排乳房膨胀较大，吃乳前后乳房体积有明显的变化，此为泌乳量高的表现。③哺乳期间仔猪生长发育快，全身丰满，被毛光泽，全窝仔猪一致性好，说明母猪泌乳量高；如果仔猪生长发育缓慢，全窝仔猪发育不一致，说明母

176

猪泌乳性能差。④母猪每次放乳时间长短对泌乳量有很大影响，如果放乳时间越长，说明泌乳量越多。⑤哺乳仔猪开始吃补料的时间早，说明母猪泌乳不足。

2. 影响泌乳量的主要因素

影响母猪泌乳量的因素主要有母猪的年龄（胎次）、品种、带仔数、哺乳期的饲养管理等。

（1）年龄（胎次） 一般情况，由于初产母猪乳腺尚未完全发育，其泌乳量低于经产母猪。而且初产母猪缺乏哺育仔猪的经验，放乳较慢，第 2~4 胎泌乳量上升，以后保持一定水平，6~7 胎之后呈下降趋势。如果母猪的营养较差，第 10 胎后泌乳量会大大地下降。

（2）品种 不同品种母猪泌乳量是不同的。一般规律是大型肉用或兼用型猪种的泌乳力高，小型或产仔较少的脂用型猪种的泌乳力较低。杂种母猪泌乳量也表现一定的杂种优势。

（3）带仔数 一般情况下，母猪一窝所产仔猪数对母猪的泌乳量有一定影响。带仔数多，母猪全部有效乳头都能充分利用，吸出的乳量也多。带仔数少，则泌乳量低。

> ➡ **【提示】** 调整母猪产后的带仔数，让其带满全部有效乳头的做法，可以发掘母猪泌乳潜力。产仔少的母猪，仔猪被寄养出去后可以促使其很快发情配种，从而提高母猪的利用率。

（4）营养水平和饲料品质 形成乳汁的各种营养物质，都是从饲料中得到的，如果母猪不能从饲料中得到各种营养，其泌乳性能就不能得到充分发挥。特别是在妊娠期间给予较高的营养水平，反而会降低哺乳母猪的泌乳量；若给予较低的营养水平，母猪的失重较多，但对断乳仔猪头数和窝重影响并不大。饲料品质，尤其是蛋白质的供应充足与否，直接影响母猪的泌乳量。给母猪饲喂营养全面的饲粮和优质青饲料，都能提高母猪的泌乳量。

（5）饮水 哺乳母猪新陈代谢旺盛，分泌大量的乳汁，而母猪乳汁中水的含量占80%左右，故每天都需要饮用较多的水。饮水不足就会影响母猪的泌乳量，并且使乳汁变得过浓，含脂量相对增加，影响仔猪的消化与吸收，有可能导致仔猪消化不良性腹泻。因此，要注意给哺乳母猪提供充足的饮水。

（6）**管理** 管理工作的好坏，对泌乳也有较大的影响，安静舒适的环境有利于母猪的泌乳。适宜的温度、湿度可以保证母猪正常泌乳，潮湿炎热的夏天或寒冷的冬天，会降低母猪的泌乳量。母猪舍内应经常保持安静，工作人员不得喧哗和粗暴地对待母猪，工作日程安排后，不能轻易变动，以免打破母猪的条件反射，从而扰乱母猪的正常泌乳活动。

> ⚠️ **【注意】** 粗暴对待母猪，轻易变动工作日程以及气候条件的变化等均会影响母猪泌乳。

（7）**分娩季节** 春、秋两季气候温和，青饲料较多，母猪食欲旺盛，适宜分娩，泌乳量较高。反之，夏季天气炎热，蚊蝇干扰；冬季气候严寒，母猪消耗热能过多，不适宜分娩，泌乳量也会受到影响。

（8）**疾病** 当母猪患感冒、乳房炎、肺炎和高热等疾病时，都会降低泌乳量。

3. 提高母猪泌乳量的措施

（1）**保证哺乳母猪的营养需要，合理搭配饲料** 母猪在哺乳期间，生理负担很重，除维持本身活动需要营养物质外，每天还要生产 5~8kg 的乳汁供仔猪用。如果饲养过程中营养物质供应不足，母猪就会动用自身的脂肪等物质，弥补外界供应不足的缺陷，从而降低了母猪的体重。如果母猪体重损失过多，不但影响泌乳能力，而且会影响母猪下一个繁殖周期的繁殖性能。因此，有条件的猪场应为泌乳母猪配制全价配合饲料或营养较全面的混合饲料。因为配（混）合饲料适口性好，有适宜的能量、蛋白质、维生素和无机盐等营养物质。这些营养物质可以满足生成乳汁的需要。动物性饲料中的蛋白质含量高，其必需氨基酸种类多且平衡，生物学价值高。哺乳母猪哺乳初期，补饲一些鱼粉，不但可以促进母猪的食欲，还可以大大地提高泌乳量。如果饲料不太好，可以把多种作物饲料混合在一起，再补喂一些动物性饲料（如鱼粉等），效果会更好。青饲料适口性好，水分含量高，在母猪饲料中适当搭配一些高质量的青饲料，可提高泌乳量。饲喂的青饲料一定要新鲜，喂量要由少到多，而且青饲料要与配合精饲料适当搭配，精饲料与青饲料的比例为1:（1～2）。最好用打浆机把青饲料打成青浆，混于精饲料中饲喂。在母猪临分娩前和分娩后的10天内，或仔猪断乳前的7～10天内，要控制青饲料的供给量，以防母猪患乳房炎。研究结果表明，在母猪预产期前10天及哺乳期的饲料中添加油脂（动物油脂或植物油），每天添加200g，可提高泌乳量18%～28%，并可有效地提高乳脂率。另外，要注意为哺乳母猪提供充足、清洁的饮水。

（2）**保持母猪良好的食欲和体况**　母猪良好的食欲是保证高泌乳力的重要因素，只有吃得多，才能转化得多。母猪食欲的好坏与饲料质量和饲喂方法有直接关系。要喂给适口性好、质量高的饲料，保持母猪的食欲旺盛；饲料的种类要稳定，不要经常更换。一般情况下，母猪在哺乳期间的体重损失以10%～20%为宜，失重过多，会影响下一胎的繁殖成绩。根据母猪体况，做好母猪产前减料、产后逐渐增料的工作。对膘情及乳房发育良好的母猪，产前3～5天应减料，逐渐减到妊娠后期饲养水平的1/2或1/3，并停喂青饲料，以防母猪产后乳汁过多，而发生乳房炎，或因乳汁过浓而引起仔猪消化不良，产生腹泻。特别肥胖的母猪，也可在产前10天左右开始减料。对那些膘情及乳房发育不好的母猪，产前不仅不应减料，还应加喂含蛋白质较多的粕类饲料或动物性饲料。在分娩当天可以停喂，产仔时或产后几小时，可以给母猪饮喂温麸皮水（1份麸皮加10份水）。产后要逐渐给母猪加料，一般在产后5～7天把料加到正常喂量。肥胖的、泌乳多的母猪，可在产后7～10天加到正常喂量，切不可加料过急，以防影响母猪食欲和发生乳房炎。对于瘦弱的母猪，不但不应减料，还应适当加料。在母猪增料阶段，应注意母猪乳房的变化和仔猪的粪便，从而断定加料是否合理。

（3）**保持良好的饲养管理环境**　当母猪给小猪哺乳时去喂料，或者猪舍内嘈杂，或者对母猪有惊扰动作，往往使母猪立即中断哺乳。这种情况反复出现将严重影响母猪的泌乳能力。所以，哺乳母猪圈舍应保持干燥、清洁、空气新鲜、阳光充足、环境安静，最适宜的温度应为 15 ~ 25℃，相对湿度不应超过 75%，以提高采食量，提高营养物质转化率，增加泌乳量。

第二节　哺乳母猪的饲养管理

一　哺乳母猪的饲养方案

在饲料条件较好的情况下或是在规模化养猪生产中，由于采取了分批配种、分批产仔、全进全出的饲养制度。因此，哺乳母猪的饲养，应严格按饲养标准进行。一般情况下，哺乳母猪吃多少供给多少，对其营养需要和饲喂量不加限制。但在母猪产后和仔猪断乳时要适当减少饲喂量。在我国饲料条件有限的广大农村，可应用前精后粗的营养饲喂方式，做到合理地使用精饲料，既满足母猪泌乳的需要，又保证母猪下一个繁殖周期不受影响。具体做法：在母猪哺乳期前 1 个月，给母猪饲喂好的饲料和有限的精饲料，并不限制喂量。在母猪哺乳的 1 个月后，由于泌乳量下降，加之仔猪已开食补料，此时可以适当降低饲料中的能量浓度或减少饲料喂量。哺乳母猪最好喂生湿料，料水比为 1:(0.5 ~ 0.7)。每天至少喂 3 次，每天采食时间不应少于 1h。

> ⚠ 【注意】　湿拌料在饲槽内的时间不应太长（1h），如果吃不完的饲料长期堆在饲槽中，饲料会变得不新鲜，母猪不愿意再吃。另外，仔猪吃了母猪的剩料会引起腹泻。

二　哺乳母猪的饲喂技术

1. 掌握投喂量

产后不宜喂料太多，经 3 ~ 5 天逐渐增加投料量，至产后一周，母猪采食和消化正常，可放开饲喂。工厂化猪场 35 日龄断乳条件下，产后 10 ~ 20 天，日喂量应达 4.5 ~ 5kg，20 ~ 30 天泌乳盛期应达到 5.5 ~ 6kg，30 ~ 35 天应逐渐降到 5kg 左右。断乳后应据膘情酌减投料量。传统养猪场，如 50 日龄断乳，则应在产后 40 天之前重点投料，40 日龄以后降低投料，这时母猪泌乳量大为降低，仔猪主要靠补料满足需要。对带仔少的母猪，要适当控制喂量，防止断乳时体况过肥。母猪断乳前 2~3 天，应逐渐减少喂料量，以防乳房炎发生。对于哺乳仔猪数少于 8 头的母猪，可适当限制饲喂量，哺乳 8 头以上仔猪的母猪一般让其自由采食。

> ➡ 【提示】 为了提高泌乳力，并防止母猪断乳时过分瘦弱，哺乳母猪一般不应采取限制饲养方式。食欲旺盛的母猪应充分饲养，但注意不要造成过食。

2. 饲料投喂次数

每日投喂 4 次较好，时间要固定，一般在每天的 6：00、10：00、14：00 和 22：00 为好，特别是最后一次不要提前，让母猪有饱感，夜间安静休息，以免起立寻食，踩死或压死仔猪。

3. 饮水和投青饲料

猪乳中含水分 80% 左右，母猪哺乳期的需水量大，每天达 32L。只有保证充足清洁的饮水，才能有正常的泌乳量。饮水不足不但会影响泌乳，还会使乳汁变浓，使吃乳仔猪腹泻。产房内要设置足够的饮水设备和储水设备，保证母猪随时都能饮清洁卫生的水。夏季，高泌乳量以及采食生干料的母猪需水量大，保证充足饮水更为重要。冬季最好供应温水。有条件的可以喂催乳饲料，如豆饼浆汁、打浆的青饲料等。

4. 饲料结构相对稳定

不要频变、骤变饲料品种，不喂发霉变质和有毒饲料，以免造成母猪乳质改变而引起仔猪腹泻。

三 哺乳母猪的管理

1. 适当运动，保持良好的环境条件

哺乳母猪应单圈饲养，每天要适当运动。产前 3~7 天应停止驱赶运动或放牧，让其在圈内自由运动。在天气好的情况下，母猪产后 3~5 天即可让其带仔猪到舍外运动，多晒太阳，以利母仔健康，促进泌乳。猪舍内应保持清洁、干燥、卫生、通风良好。除每天清扫猪栏、冲洗排污道外，还必须坚持每 2~3 天用对猪无副作用的消毒剂喷雾消毒猪栏和走道。冬季产房温度下限应保持在 10℃ 以上，

实际生产中产房温度还应当高一些，这对仔猪的发育有利，应注意防寒保温，防止贼风侵袭。如果产房温度超过 26℃，母猪就会本能地降低采食量，从而影响泌乳量。因此，夏季应增设防暑降温设施，防止母猪中暑。要尽量减少噪声，避免大声喧哗，严禁鞭打或强行驱赶母猪，创造有利于母猪泌乳的舒适环境。

> ⚠ **【注意】** 冬季不要用水冲洗地面，避免栏舍潮湿寒冷。

2. 哺乳调教，防止产后便秘

初产母猪缺乏哺乳经验，仔猪吮乳会应激、恐惧而拒哺。可人工引诱驯化，例如：轻挠母猪肚皮让仔猪轻轻吸吮；经常按摩乳房，使仔猪接触乳头时不至于兴奋不安；经常在母猪旁边看守，结合固定乳头，看住仔猪不要争抢乳头，保持母猪安静。产后便秘可引起子宫炎、乳房炎和无乳症候群，对母猪和仔猪影响都非常大，发现母猪粪便干燥时，在保证充足清洁饮水条件下，给母猪适当饲喂一些粗纤维日粮，或在日粮中加入适量的泻剂（硫酸钠或硫酸镁）。

3. 保护好哺乳母猪的乳房和乳头

母猪乳房乳腺的发育与仔猪吸吮有很大关系。特别是头胎母猪，产仔数较少，可实行并窝或部分仔猪固定吸吮两个乳头，让母猪每个乳头都能被均匀利用，以免未被利用的乳房发育不良而影响泌乳量。断乳前 3 ~ 5 天，对体况好、泌乳量较高的母猪应减料，以防胀奶而引起乳房炎。要保证圈栏光滑，地面平坦，防止划伤母猪的乳房和乳头。圈栏地面要平整，防止乳头擦伤。

> ⚠ **【注意】** 冬天不要将母猪赶入雪地，以免冻伤乳头，特别是肚大乳头拖地的母猪更应注意。

4. 科学处理厌食母猪

母猪厌食是指母猪精神状态良好，产后无食欲，只喝水，不吃料又无其他疾病。母猪产前采食过多时，易引起母猪产后厌食。发现厌食母猪后，可每天将厌食母猪赶到舍外运动 0.5 ~ 1h，上、下午各 1 次，然后将其赶回原圈，轻者可逐渐恢复食欲；重者需请兽医进行治疗。

5. 预防疾病

夏季生产时建议对母猪都进行产后 12h 内注射一次抗生素，以预防产期疾病，可选用长效土霉素类，强效阿莫西林类，一次颈部肌内注射。哺乳期间应每周进行一次带猪消毒。哺乳期第 2 ~ 3 周可按免疫程序，进行相关疫苗注射，过早会干扰母猪泌乳。

6. 勤观察

经常观察母猪吃食、粪便、精神状态，以及仔猪生长发育和健康状况，如果有异常，及时查明原因，采取治疗措施。

——第九章——
高产空怀母猪的生产技术

带仔母猪断乳后至下一胎妊娠前的这段时间叫空怀期，处于这一时期的母猪称为空怀母猪。空怀母猪虽不像妊娠母猪或哺乳母猪那样直接对后代产生影响，但对其饲养管理的好坏直接决定了年产仔窝数，从而影响母猪的年繁殖配种。空怀期的饲养管理要点是控制营养，保持种用体况，缩短空怀期，促使母猪尽快发情排卵并参加配种，使之怀胎。空怀期延长，说明饲养管理不当。

第一节 空怀母猪的饲养管理

一 空怀母猪的饲养

1. 营养需要特点

母猪经过产仔和泌乳，一般体重减轻20%~30%。断乳时如果能保持七八成膘，7~10天之内就能正常发情配种，只要注意合理搭配饲粮，粗蛋白质水平达到12%以上，同时满足矿物质和维生素的需要，就能获得较好的效果，不必提高总能量水平。对空怀母猪应注意蛋白质的供给，不但要考虑蛋白质的数量，也要考虑其质量。蛋白质的品质好坏，主要取决于必需氨基酸的含量及各种氨基酸之间的平衡。如果蛋白质供应不足或品质不好，会影响卵子的正常发育，降低受胎率。母猪对矿物质要求较高，尤其对钙的供给不足极为敏感，但很少缺磷。一般在日粮中应供给15g钙、10g磷和15g食盐。母猪对维生素的需要较敏感，尤其是维生素 A、维生素 D 和维生素 E 更不能缺乏。一些研究表明，在饲粮中适量添加维生素，可以提高母猪受胎率。饲粮中维生素 A 不足，不仅会影响生殖系统上皮组织的正常功能，降低性活动能力，影响卵泡成熟，而且会使受精卵难于着床而死亡。

2. 饲养技术

（1）合理搭配饲料，科学饲喂　　饲料配合注意饲料的多样化，合理搭配，确保饲料的全价性。并注意各种添加剂的使用，平时注意供给一些青饲料，因为青饲料中不仅含有多种维生素，还含有一些具有催情作用类似雌激素的物质，以促进母猪的发情。空怀母猪多采用湿拌料、定量饲喂的方法，每天喂 2 ~ 3 次。一般体重 120 ~ 150kg 的母猪每天喂 1.7 ~ 1.9kg，150kg 以上的母猪每天喂 2.0 ~ 2.2kg，中等膘情以上者每天饲喂 2.5kg，中等膘情以下者自由采食。

（2）调整母猪膘情　　母猪的膘情是影响母猪繁殖性能的主要因素之一。如果过肥，母猪造成卵巢脂肪浸润，影响卵子的成熟和正常发情，所以必须加以调整。对长期大量饲喂碳水化合物饲料，饲料单一、缺乏蛋白质、矿物质和维生素等原因造成膘情过好的母猪，需要改变饲养方式，喂以全价日粮，加强运动减肥，使母猪恢复正常种用体况。断乳时膘情好，断乳前几天仍然分泌相当多乳汁的母猪，为防止断乳后患乳房炎，促进干乳，可在断乳前和断乳后各 3 天减少精饲料的饲喂量，并补给一些青饲料；3 天后膘情仍然很好的母猪，应继续减料，可日喂 1.8 ~ 2.0kg 精饲料，适当加强运动，控制膘情，促其发情。对断乳时膘情差、体质较弱的需要适当提高饲养水平，使其尽快增膘复壮，及早发情。对带仔多、泌乳力（仔猪20 日龄的全窝重）高和产前膘情较差的母猪，应在哺乳期间增加给料量，使其断乳时保持七成膘的体况。

（3）短期优饲　　试验研究证明，对原饲养水平较低的青年母猪在配种前进行短期优饲，可增加排卵数 2 枚左右。优饲从配种前10 ~ 14 天开始至配种结束，优饲的程度是在原饲粮的基础上每天多喂 26.42 ~ 35.23MJ 的消化能。配种结束后立即降低饲养水平，否则可能导致胚胎死亡。

二 空怀母猪的管理

1. 饲养方式

饲养方式有单栏饲养和小群饲养两种方式。单栏饲养空怀母猪的活动范围小，母猪后侧饲养公猪，以促进发情。小群饲养就是将4~6头同时（或相近）断乳的母猪养在同一栏（圈）内，可以自由活动，特别是设有舍外运动场的圈舍，运动的范围较大。实践证明，群饲空怀母猪可促进发情，特别是群内出现发情母猪后，由于爬跨和外激素的刺激，可以诱导其他空怀母猪发情，同时便于管理人员观察和发现发情母猪，也方便用试情公猪试情。但是，开始合群时会出现母猪咬斗、争抢槽位、爬跨等互相干扰的现象，增加了母猪的体力消耗，对此应引起足够重视。每天早晚两次观察记录空怀母猪的发情状况。喂食时观察其健康状况，及时发现和治疗病猪。

2. 促进发情

应为母猪提供一个干燥、清洁、温湿度适宜、空气新鲜的环境。对不发情的母猪，应采取发情控制措施，有效干预猪繁殖过程，提高繁殖力。对不发情母猪，将红糖熬焦，可以促进发情。具体做法：根据猪体大小，用红糖250~500g，先把红糖放入锅内，不放水煮成深褐色，再加水1.5L，煮沸冷却后拌入料内喂猪，连用2次，一般经2~7天即可发情。此外，用山楂30g（研细末）、醋30g，开水冲服，可促进母猪发情。艾叶250g，益母草500g，当归50g，研成细末，拌在母猪3天的饲粮中饲喂，可使不发情母猪正常发情。母猪太胖不发情的应减少精饲料多喂青饲料，加强运动，每天上午将母猪赶出运动1~2h，促进发情。在规模较大的猪场，要求繁殖猪群实行整批管理，使整批母猪同期发情排卵、同期配种、同期产仔，可采用公猪诱导、按摩乳房、加强运动、并窝、激素催情等手段。

> ● 【提示】 空怀母猪如果得不到良好的饲养管理条件，将影响发情排卵和配种受胎。

3. 配种（或输精）管理

正常情况下母猪断乳后4~5天即可发情，1周内发情率可达

85％以上。饲养人员要认真观察母猪发情表现，在实践中掌握好发情规律，严防漏配。每天早、中、晚三次寻查发情猪只，并做好标记；协助配种员做好配种工作。

4. 日常管理

阳光、新鲜的空气和运动对促进发情和排卵有重要意义。一般要求母猪舍坐北朝南，舍内空气新鲜。应让母猪多接触阳光，有条件的最好结合放牧进行，以促进母猪的发情排卵。每天上、下午各清扫一次圈舍，平常认真训练母猪定点排粪尿，安装饮水器的一侧为排泄区，对非排泄区的粪尿要及时清扫。寒冷的冬季和炎热的夏季对猪的健康都有不利影响，甚至影响发情配种。因此，防寒防暑也是不可忽视的工作。

5. 加强选种

对断乳后不发情，经处理超过 48 天仍不发情，虽发情但配种仍不能受胎的母猪（非公猪因素所致）；连续流产 2 次仍治疗无效的母猪；出现产后截瘫或肢蹄病有严重疾患的母猪；因子宫内膜炎久治不愈或长期患有其他疾病超过 15 天仍不能恢复的母猪以及繁殖性能差的母猪要及时淘汰。

第二节　母猪断乳后不发情的原因及其防治

经产母猪断乳后的再发情，受季节、天气、哺乳期长短、哺乳数量（头）、断乳时母猪体况、生殖器官恢复状态等因素的影响，特别是哺乳期的饲养管理尤为重要。一般母猪断乳后到第 3～5 天可见外阴部发红、肿大，第 7 天即可配种。夏季高温、高湿季节母猪断乳后再发情时间稍微推迟，但一般不超过 10 天，大部分母猪即可配种。如果断乳 10 天后仍不发情，须考虑改善饲养管理条件；第 15 天仍不发情的应作为不发情猪处理。

一　断乳后不发情的原因

1. 品种

品种越纯的初产母猪，其饲养条件要求越高，一些养殖户难以达到其饲养条件，导致在产后出现乏情的概率较高也较为突出，据统计约占母猪总数 10% 的品种优良的初产母猪在仔猪断乳后数周内不发情，而经产母猪不发情者仅为母猪总数的 3.6%。

2. 年龄胎次

养殖户受到经济利益的驱使，后备母猪在 4~6 月龄，此时还未达到体成熟，初次发情时就配种（即初产母猪配种过早），往往会导致第二胎发情异常。正常情况下，85%~90% 的经产母猪在断乳 7 天内发情，65%~70% 的青年母猪在首次产仔断乳后 1 周表现发情。这种胎次差异可能是由于年龄、体况及营养需要量不同所致。初产母猪配种过早，往往会导致第二胎发情异常。

3. 营养水平

体况过肥或过瘦抑制了下丘脑促性腺激素释放因子，致促卵泡素和促黄体素的分泌机能降低，导致初产母猪或经产母猪发情滞后。引起乏情的最常见的营养因素就是能量吸收不充足，造成哺乳期母猪体重损失过多，导致母猪发情延迟或乏情，而初产母猪尤其如此。有些猪场的母猪使用的饲料中维生素 A、维生素 E、维生素 B_1、叶酸和生物素含量较低，经常引起母猪断乳后发情不正常。初产母猪产后的营养性乏情，在瘦肉率较高的品种中较为突出。哺乳期掉膘严重，断乳后又不注意催情补饲；或母猪饲料单一，营养不均衡，蛋白质含量不足或品质低劣，维生素、矿物质缺乏等均会造成母猪断乳后不发情。

4. 环境

夏季环境温度达到 30℃ 以上时，防暑降温措施不健全；冬天环境温度下降到 -10℃ 以下时，保温防寒措施不当，与光照、猪舍空气质量不能兼顾；圈舍过于狭小，母猪运动不足等环境因素导致母猪卵巢和发情活动受到抑制。瘦肉型品种及其二元杂交母猪对高温更为敏感，夏季气温在 29.4℃ 以上会干扰母猪发情行为的表现，并降低采食量和排卵数；持续在 32℃ 以上时，大多数母猪停止发情。

5. 饲养因素

对母猪正常发情影响最大的是玉米霉菌毒素，尤其是玉米赤霉烯酮，此种毒素的分子结构与雌激素相似。母猪摄入含有这种毒素的饲料后，其正常的内分泌功能被打乱，导致发情不正常或排卵抑制。哺乳时间过长造成体况瘦弱和胎次耽搁。饲养管理较粗放，后备母猪在育成期按照育肥猪标准饲养或部分养殖户饲喂不能保证按时适量饲喂，致使后备母猪群的均匀度不高，导致乏情或发情症状不明显、发情不一、发情延迟。哺乳期间掉膘严重，断乳后又不注意催情补饲，母猪过瘦过弱导致泌乳性乏情或发情延迟。哺乳期间过分补饲（使用育肥猪饲料），母猪过肥导致乏情或发情延迟。不饲喂青饲料，导致母猪长期处于应激状态造成不发情的母猪比例上升。长期便秘产生的内毒素也影响母猪正常的卵巢发育。

6. 管理因素

能繁母猪的定位栏饲养，限制了母猪的活动空间，造成母猪体质下降。公猪刺激不足，如母猪舍离公猪太远，断乳母猪得不到应有的性刺激，诱情不足导致不发情。猪群过大，彼此间威胁增加，肢蹄病及乳房疾病发生率随之增加，猪群中每头母猪的营养吸收减弱，也会降低母猪的发情率。

> ● 【提示】 一般以每圈 4～8 头母猪为宜。

正常情况下，母猪断乳时间应在产后 25～28 天，有的猪场断乳过晚，断乳时母猪失重过多。母猪每经历 1 个泌乳期，体重都会有不同程度下降，一般失重的比例约为 25%，这并不影响母猪断乳后正常的发情配种。但是如果日粮中营养缺乏，母猪泌乳量又大，带仔过多，母猪断乳时就会异常消瘦，体重下降幅度偏大，超过 60 天则母猪断乳后发情配种要明显推迟。

7. 疾病因素

长期患慢性呼吸系统病、慢性消化系统病或寄生虫病的小母猪，其卵巢发育不全，卵泡发育不良使激素分泌不足，影响发情。猪瘟、蓝耳病、伪狂犬病、细小病毒病、乙型脑炎病毒病和附红细胞体等病原均会引起母猪乏情及其他繁殖障碍症。另外，患乳房炎、子宫内膜炎和无乳症的母猪断乳后不发情比例较高。

8. 不正确的技术操作

（1）不规范的人工授精技术 如授精器械及母猪阴户周围不经严格消毒、施术者手法粗暴，引起阴道及子宫黏膜脱落或出血，阻止细菌或病毒侵入的屏障被破坏，术后没用抗生素消炎，引发子宫内膜炎。

（2）不当的人工助产　很多养猪户助产的方法只有两招：掏猪和打催产素。掏猪会导致母猪疼痛加剧和产道软组织损伤，对病原菌的抵抗力大大降低，从而加大了子宫感染炎症的概率。催产素能使子宫平滑肌痉挛性收缩，会加重母猪的疼痛；痉挛性收缩过后子宫平滑肌变得乏力导致胎儿和胎衣滞留，排脓时间延长，断乳后再发情时阴道流脓；催产素也能收缩乳腺平滑肌，导致初乳大量流失；催产素是一种生殖激素，长期使用会产生依赖性。

二　断乳后不发情的预防

1. 加强对母猪的饲养管理

科学配制饲喂全价饲料，在环境温度较高期间，猪的食欲可能被抑制，必须使用低纤维、高能量的饲料，如添加 5% ~ 8% 脂肪来维持较高的能量水平。哺乳期间的母猪每天的饲料量为 2.5kg，再根据其仔猪数的多少相应增加饲料，每带一头哺乳仔猪增加 0.3kg 饲料，或让母猪自由采食。比较瘦弱的母猪单栏饲养，让其自由采食，以利于其体况恢复和尽早发情。在母猪饲料中添加维生素和矿物质添加剂，或喂给适量新鲜的青饲料以补充维生素，促进发情。增加母猪的运动和光照时间，避免母猪过于肥胖而不发情。禁用重金属超标或者发霉变质的饲料饲喂母猪。另外，及时清理料槽，防止料槽发霉污染饲料。母猪饲料中应加入霉菌毒素处理剂，一般的霉菌毒素吸附剂只能吸附黄曲霉毒素，最好能选用一些新型的霉菌毒素处理剂，能全面吸附黄曲霉毒素、呕吐毒素、玉米赤霉烯酮毒素、T-2 毒素等多种毒素，还具增强免疫力、护肝强肾等作用。

⚠ **【注意】**　应严格控制初产母猪的哺乳期，不能超过 5 周，防止消耗过大影响发情。

2. 异性诱情

将试情公猪赶至不发情母猪圈内 2 ~ 3h，连续 2 ~ 3 天。由于母猪与公猪的接触，通过公猪的爬跨等刺激，使其脑下垂体产生促卵泡成熟素，促使母猪发情排卵。

3. 控制膘情，加强运动

正常情况下，断乳到发情时间的长短主要决定于母猪的膘情好坏和是否存在生殖系统疾病。目前，可把沿着母猪最后肋骨在背中线往下 6.5cm 的 P_2 点的脂肪厚度作为判定母猪标准体况的基准（图 9-1、表 9-1）。作为高产母猪应具备的标准体况，母猪在断乳后应为 2.5，在妊娠中期应为 3，在产仔期应为 3.5。有人给出了高产母猪妊娠期的给料方法可供参考：配种当天减料，妊娠初期不加料，每天以 2.0~2.5kg 为宜；到了妊娠后期增加给料量。控制初产母猪妊娠期体重增加 30~40kg，经产母猪 30kg，3~4 产母猪体重增加 45kg 为好。母猪过于瘦弱或肥胖，可适当调整日粮营养水平，使其恢复正常机能。加强运动，对不发情母猪进行驱赶运动，促进新陈代谢，改善膘情，接受日光照射，呼吸新鲜空气，也能促进母猪发情排卵。

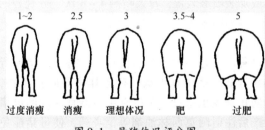

图 9-1　母猪体况评分图

表 9-1　母猪标准体况的判定

评　　分	体　　况	P_2 点背膘厚/mm	髋骨突起的感触	体　　型
5	明显肥胖	>25	用手触摸不到	圆形
4	肥	21	用手触摸不到	近乎圆形
3.5	略肥		用手触摸不明显	长筒形
3	正常	18	用手能够触摸到	长筒形
2.5	略瘦		手摸明显，可观察到突起	狭长形
1~2	瘦	<5	能明显观察到	骨骼明显突出

4. 科学管理

(1) 适龄配种，科学操作　瘦肉型猪品种及其杂交青年母猪，初配适期不早于 7 ~ 8 月龄，体重不低于 100 ~ 110kg。也可以让过 3 个发情期，一般 1 个发情周期为 18 ~ 21 天，故在初情期后约 2 个月，第 4 次发情时开始配种繁殖。实施规范、科学的人工授精技术，术后肌内注射抗生素消炎，防治子宫内膜炎。猪场技术员要掌握先进、科学的助产技术。采用产前、产中输液，可以改善血液循环、补充能量，使母猪在分娩过程中保持很好体能。输液时可加入维生素 C、黄芪多糖等，应尽量少用催产素。

(2) 做好环境管理　夏季应做好母猪的防暑降温工作，结合通风采取喷雾等降温措施。加强猪舍的通风，以促进水分蒸发和散热。传统式饲养的猪舍门窗应全部打开，让空气对流。有条件猪场的配种怀孕舍应安装水帘式降温系统，一般舍温可降低 3 ~ 5℃。在生长和育成猪舍的露天运动场上搭建凉棚，铺设遮阳网，在高温时用冷水冲洗猪体或加装喷雾装置，每天喷洒 4 ~ 6 次。分娩舍的哺乳母猪最好采用滴水降温的方式，滴于颈部较低靠近肩膀处。

5. 疫病防控及治疗

按照免疫程序做好各种疫苗的接种，坚持做好猪流行性乙型脑炎、猪细小病毒病、猪伪狂犬病、猪蓝耳病等防治工作，并及时、定时驱虫，防止寄生虫感染。对患有生殖器官疾病的母猪给予及时治疗；母猪产后注射阿莫西林油剂等消炎药，使母猪能免除产后细菌感染。对患有子宫炎的母猪，在应用抗生素治疗的同时，还要配合应用 40℃ 的生理盐水冲洗子宫。冲洗后往子宫内注射抗生素或磺胺类药物，有利于局部炎症的尽快消除。

三　断乳后不发情的治疗

1. 人工催情

为使母猪达到多胎高产，或促使不发情和屡配不孕的母猪正常发情，在调整或加强饲养管理的基础上，可采取人工催情措施。

(1) 断乳、并窝　通常母猪在断乳后 7 天左右即发情。当母猪表现正常时，令仔猪断乳，经 5 ~ 7 天母猪即可正常发情排卵。对此，欲达到规模化生产的同步发情，生产中比较切实可行的一个办法是结合断乳进行，即对哺乳期接近的一群母猪，采取同时断乳的方式，在不使用任何药物的情况下，造成天然的同期发情。把产仔少和泌乳力差的母猪所产的仔猪待吃完初乳后全部寄养给同期产仔的其他母猪哺养，可以促使母猪提早发情配种。

> ● 【提示】 为了缩短产仔间隔，增加母猪年产窝数，适时提早断乳是十分必要的。

（2）**按摩乳房**　实践证明，对不发情母猪，每天早晨按摩其乳房表层皮肤或组织 10min，连续 3～10 天，可引起发情。待有发情表现后，改按摩为表层与深层按摩相结合，可促进母猪正常发情、排卵。表层按摩是在乳房两侧来回反复按摩，深层按摩是在每个乳房以乳头为中心，用 5 个手指尖压控乳房周围，反复做圆弧按摩。

（3）**换圈**　将断乳后长期不发情的母猪换到新的圈内，让它与正在发情的母猪合并饲养，通过发情母猪的爬跨，促进不发情的母猪发情排卵。

（4）**运动**　运动可使母猪增强体质，接触阳光和新鲜空气，促进新陈代谢，加快血液循环，对促进发情很有好处。可将不发情母猪每天上、下午各 1 次赶到运动场或在舍外驱赶运动 1～2h。有放牧条件的地方，可每天放牧 2～4h，既可代替运动，又可从牧草中获得维生素等营养物质。

（5）**饥饿**　对于厌食或体质差的哺乳母猪，要提早断乳。对于断乳后膘情过肥的不发情母猪，采用饥饿刺激措施，母猪断乳后 1～2 天不喂食或日给量极少，但供应充足饮水。如果无其他原因，母猪在饥饿刺激下可很快发情，在配种后应立即恢复正常饲养。对于体况过瘦的母猪，要进行短期优饲。

（6）**诱导发情**　将不发情的母猪赶到公猪跟前或留在一起，每天接触 10～20min，连续数天。由于公猪爬跨、气味等的刺激通过神经调节途径来促使母猪发情，也可用发情母猪来诱情，这种方法经济简便，但收效慢，也不是每头母猪都行之有效。

（7）**注射激素**　断乳后 10 天仍不发情的母猪。可先肌内注射三合激素 3～4mL，或肌内注射 1 次孕马血清促性腺激素 250～1000 单位,人绒毛膜促性腺激素 500 单位,再与公猪关在同一运动场上追逐运动,一般 2～4 天便可发情。有可能发情配种未受胎的,再过 21 天可自然发情。

> ● 【提示】 母猪催情最好的"药物"是公猪试情。激素使用不当易引起卵巢囊肿,因此,不要轻易使用激素催情。

(8) 中药催情 对久不发情的母猪也可采用中药催情。用淫羊藿 150g、益母草 150g、丹参 150g、香附子 150g、菟丝子 120g、当归 100g、枳壳 75g,干燥粉碎后,按每千克体重 3g 拌在母猪饲料中自食,每天 1 次,连用 2～3 天,3～4 天后部分母猪可发情。用阳起石 50g、益母草 70g、当归 50g、赤芍 40g、菟丝子 40g、仙灵脾 50g、黄精 50g、熟地 30g,加水煎 2 次混合成 2～5kg,分 3 次服用。用当归 45g、生黄芪 45g、王不留行 60g、通草 24g、烤麦芽 60g、生神曲 30g,水煎 1 次喂完,1 天 1 剂,连服 2～3 剂。

2. 药物治疗

对于炎症引发的不发情断乳母猪,通常采用先消除子宫内的炎性分泌物,再用药物注入子宫内,每天 2 次,连续冲洗 2～3 天,充分冲洗之后可用青霉素 320 万单位、链霉素 200 万单位溶于 30～50mL 蒸馏水中,注入子宫,每天 1 次,洗涤时应选在发情期。对慢性子宫炎,在非发情期,肌内注射 3～5mg 苯甲酸雌二醇,间隔 3 天再用 1 次,使子宫颈开口。子宫颈开口后肌内注射催产素 5～15 单位,使子宫体收缩,排出炎性分泌物。在以上基础上应用抗生素肌内注射,每天 2 次,连用 3～5 天即可。治愈后再用其他方法进行催情,效果显著。

第十章
哺乳仔猪的培育

哺乳仔猪是指从出生至断乳前的仔猪。加强对哺乳仔猪的饲养管理，目的在于减少哺乳期仔猪的死亡，提高仔猪断乳窝重，增加养猪生产经济效益。仔猪出生后其生活环境发生了根本变化，从母体内的无忧无虑环境来到多变的自然环境中生活，各种因素都影响着猪的生存和生长发育。这就要针对猪的生理特点和对环境条件的要求，制定科学的管理办法，提供适合猪正常生长发育的良好条件，提高仔猪育成率和断乳窝重。

第一节　哺乳仔猪的生理特点

一　代谢旺盛，生长发育快

哺乳仔猪生长发育快，物质代谢旺盛，利用乳中养分能力强。仔猪出生时体重小，不到成年体重的 1%，与其他家畜相比是最小的，但仔猪出生后生长发育迅速，出生后 10 日龄的体重较初生重增大两倍左右，1 月龄时增大 4~6 倍，2 月龄时增大 9~11 倍，这是其他家畜不能比拟的生长速度。仔猪生长快，是因为物质代谢旺盛，特别是蛋白质代谢和钙、磷代谢要比成年猪高很多。养分积累规律是 3 周龄前蛋白质积累超过脂肪，3 周后脂肪与蛋白质积累相同，这就决定了仔猪需要高能高蛋白的营养特点。仔猪对营养物质的需要，无论在数量上和质量上都高，对营养不全的全价饲料反应特别敏感。因此，对仔猪必须保证各种营养物质的供应。

【提示】 仔猪对营养物质的需要，在数量和质量上相对较高，对营养不全极为敏感。

二 消化器官不发达，消化机能不完善

仔猪的消化器官在胚胎期已形成，但出生时其相对重量和容积都小，结构与功能不完善。其表现为：①胃肠容积小，初生仔猪胃重仅 4 ~ 5g，至断乳时胃重达 150 ~ 200g，这决定了其食物进食量小。②仔猪酶系统发育不完善，初生期只具有消化母乳的酶类，如乳糖酶、凝乳酶等，20 日龄前胃内游离盐酸浓度很低，消化非乳饲料的酶多在 3 ~ 4 周龄才开始发育。因此，仔猪消化力弱，不能有效地利用植物性蛋白质；由于胃内盐酸浓度低，杀菌力差，也很容易下痢。这些决定了仔猪饲料中非乳饲料用量只能逐渐增加，保证仔猪饲粮一定的酸度是非常重要的。生产中可采用提早补料来刺激胃底腺分泌盐酸、激活胃蛋白酶原，促进胃肠器官运动及发育，逐渐提高仔猪利用植物和动物性饲料的能力。

三 体温调节能力差

仔猪出生后，神经调节机能差，被毛稀疏，皮下脂肪很少，储备能量少，调节体温机能不完整，反应能力也不强，因而抗寒能力差，易受外界温度变化的影响。仔猪正常的体温是 38.5 ~ 39℃。据研究，初生仔猪的临界温度为 35℃，如果处于 13 ~ 14℃环境下，仔猪出生后 1h 体温降低到 1.7 ~ 7.0℃，尤其是出生后 20min 内，羊水蒸发使体温下降得更为明显。如果将初生仔猪裸露在 1℃的环境中，2h 可将其冻昏、冻僵，甚至冻死。仔猪调节体温的机能随日龄增长而增强，一般仔猪从 7 日龄开始有调节体温的机能，到 20 日龄才能发育完善。

四 缺乏先天性免疫力

免疫力是抗体的作用，抗体是一种大分子的球蛋白，由于母猪血管与胎儿脐带间被 6 ~ 7 层组织隔开，母源抗体不能通过血液转移给胎儿。因而仔猪出生时没有先天免疫力，自身也不能获得免疫力。

母猪分娩时初乳中乳蛋白含量高达7%，占干物质的34%，其中绝大部分是免疫球蛋白。仔猪出生后24h内，肠道上皮处于原始状态，具有很大的渗透性。仔猪吸食初乳后，免疫球蛋白可不经转化直接进入血液，使仔猪血液中的免疫球蛋白增加，免疫力迅速提高。随着仔猪肠道的发育，对大分子的抗体——球蛋白的吸收能力下降，直至消失。仔猪出生10日龄以后才开始自身产生抗体，直到30～35日龄数量还很少，5～6月龄才达到成年猪水平。因此，从出生到30日龄这一阶段，仔猪对疾病抵抗力弱，易患腹泻和其他疾病。

> ⬤ 【提示】 应让仔猪尽快吃到初乳，经常保持母猪乳房乳头的卫生、圈舍环境的清洁干燥、饲料饮水的卫生，是减少病原微生物侵袭、保证仔猪健康的主要措施。

第二节　仔猪出生后第一周内的养育和护理

仔猪出生后生活环境发生了剧烈变化。一是由原来在母体内靠胎盘进行气体交换、摄取营养和排除废物，转变为自行呼吸、采食和排泄；二是在母体子宫内所处的环境条件相当稳定，出生后直接与复杂的外界环境相接触，其机体体温调节机能不健全，对寒冷的抵抗能力差，且机体内能源储存有限，脂肪和血糖的含量少，若不采取保温措施，常会被冻伤、冻死；三是在母体子宫内处于无菌环境，出生后不仅处于有菌环境，而且不能从母体获得足够的抗体，因而抗病力极弱，容易得病死亡。所以，仔猪在7日龄以内，是猪生命中的第一个关键性时期，应加强护理，以提高仔猪成活率。

一　做好接产

正常分娩的母猪，每隔5～25min产出一头仔猪，平均间隔为15min，分娩持续时间为1～4h。在仔猪产出后10～30min胎盘排出。母猪分娩需要安静的环境，其分娩多在夜间。接产工作具体操作参见母猪繁殖部分。

二　保证仔猪及时吃足初乳

初乳对仔猪有特殊的生理作用。初乳中含有镁盐，具有轻泻作用，能促进仔猪排出胎粪，促进消化道蠕动，有利消化活动；初乳的酸度较好，可促进仔猪的消化功能。初乳中干物质和粗蛋白质含量高，其蛋白质中 60%~70% 是免疫球蛋白、酶、维生素、溶菌素等物质，能增加仔猪的抗病能力，初生仔猪从肠壁几乎可全部吸收初乳中的免疫球蛋白，出生 36h 后不能再通过肠壁吸收。所以早喂初乳，是养好初生仔猪的重要措施。初生仔猪若吃不到初乳，则很难成活，应尽快让仔猪吸吮母猪初乳，最晚不能超过两小时。

三 固定乳头

母猪产后 40 天前每隔 45~60min 给仔猪哺乳一次，随着泌乳期进展间隔加长，40~60 天为 60~80min 哺乳一次。但母猪真正的放乳时间只有 10~20s。仔猪出生后就本能地寻找乳头吮乳。初生仔猪有抢占母乳乳头、占为己有的习性。一般情况下，1 窝中仔猪的重量有大有小，大的可达 1.5kg，小的可为 0.5kg，仔猪的大小不同其需乳量也不相同。仔猪吮乳有固定乳头的习惯，3 日龄内为争抢乳头阶段，3 日龄以后便不再乱吮乳。分娩时，弱小仔猪四肢无力，行动不便，往往不能及时找到乳头，或者被挤开。如果在母猪短暂的放乳时间内，仔猪吃乳的乳头不固定，势必会因相互争抢乳头而错过放乳时间；也会造成体大者称霸，弱者吃不上乳；也干扰母猪正常放乳。因此，仔猪出生后 2~3 天内必须人工辅助固定乳头。固定乳头的方法：为使仔猪专一有效地按摩乳房（放乳前后仔猪都要拱摩乳房）和不耽误吃乳，应让每头仔猪各专吃一个乳头。为使全窝仔猪发育整齐，宜将体小较弱仔猪固定在稍好的乳头上，以弥补其先天不足。只要母猪的体力膘情正常，则其所有的有效乳头都尽量不空（没有仔猪吃乳的乳房，其乳腺即萎缩），可让体大强壮的仔猪吮吸 2 个质量较差的乳头以满足其需要，这样既能保证母猪所有乳房都能受到哺乳刺激而得到充分发育，也能提高母猪的利用强度。如果仔猪头数不够，可以代养其他母猪的仔猪，也可让部分仔猪吮两个乳头。乳头固定后，一般整个哺乳期内就不串位，每次哺乳时，仔猪各就各位，不再乱抢乳头，安静地吃乳。这样，才能有利于母猪泌乳，不伤乳头，仔猪发育均匀，健壮快长。

冻和压是造成初生仔猪死亡的主要原因（表10-1）。在生产中，仔猪出生后5日内死亡率最高，占哺乳期死亡总数的58%以上，而其中又以冻死和压死的居多。初生仔猪适应环境的冷应激能力差，要求较高的环境温度。低温会引起仔猪感冒、肺炎或被冻死，低温又是仔猪压死、饿死和腹泻的诱因，因此要注意保持适宜的环境温度。初生仔猪的最高临界温度是35℃。仔猪的适宜温度因日龄长短而异：生后1～3日龄为30～32℃；4～7日龄为28～30℃；15～30日龄为22～25℃。集约化养猪实行常年均衡产仔，设有专门供母猪产仔和育仔用的产房。哺乳母猪与哺乳仔猪生活在一起，但两者要求的环境却有差异。如哺乳母猪的适宜温度是16～18℃，而哺乳仔猪的适宜温度要求在29～35℃。因此，在设计圈舍时，既要考虑它们的共性，又要考虑它们的不同特点，比较适宜的产仔哺乳猪舍应分为三部分：一是母猪分娩限位栏；二是哺乳仔猪活动区；三是仔猪保温箱（图10-1）。在仔猪保温箱内采用红外线灯照射仔猪，既保证仔猪所需的较高温度，又不影响母猪。红外线灯多采用250W，悬挂在仔猪保温箱的上方。红外线灯悬挂的高度，可根据仔猪的需要调节，照射的时间可视环境温度灵活掌握，为仔猪创造一个温暖舒适的小环境。如果无上述条件，也可在猪床上垫草，既可保温又可防潮。在寒冷季节，要注意关闭门窗，堵塞缝隙防止贼风侵袭。

表10-1 仔猪死亡原因分析

原　　因	挤压	弱仔猪	饥饿	疾病	寒冷
死亡率（%）	28～46	15～22	17～21	14～19	10～19

压死仔猪的原因，一是初生仔猪体质较弱，行动不灵活，容易被母猪压死。二是母猪产后疲劳或肢蹄有病疼痛、肥胖等起卧不便，或初产母猪无护仔经验、母性差压死仔猪。三是产房环境不良，饲养管理不善压死仔猪，如抽打或急赶母猪引起母猪受惊；母猪泌乳不足，仔猪常叼咬乳头或围着母猪乱转；产房温度低，仔猪无保温设备，仔猪向母猪肚子下面或腿内侧钻；或钻入草堆等都可增加压死仔猪的机会。防止仔猪压死的措施主要有以下几点：①利用防压

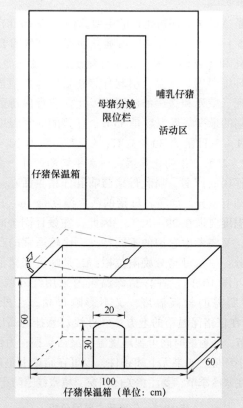

母猪分娩限位栏

哺乳仔猪活动区

仔猪保温箱

60

20

30

60

100

仔猪保温箱（单位：cm）

图 10-1 产仔哺乳栏平面示意图及产仔保温箱

设备：普通圈可设防压架，即在猪床靠墙的三面，用直径 8~10cm 的圆木或毛竹在距地和墙 20~30cm 处安装防压架。有条件的猪场可在产房内分娩栏的中间设母猪限位架，供母猪分娩和哺育仔猪，两侧是仔猪吃乳、自由活动、补料和取暖的地方。母猪限位架后部安装在粪沟上铺设的漏缝地板上，以利清除粪便和污物。由于限位架限制了母猪的运动和躺卧方式，使母猪不能放偏倒下，只能以腹部着地伸出其四肢再躺下，这样使得仔猪有一个逃避机会，以免被母猪压死。或采用高床母猪分娩栏。②保持环境安静：产房内要防止突然的响动；防止闲杂人员等进入；去掉仔猪的乳牙，固定好乳头，防止因仔猪乱抢乳头造成母猪烦躁不安、起卧不定，可减少压死仔猪的机会。③加强饲养管理：加强母猪的饲养管理，保持良好的泌乳性能。可将仔猪在出生后 1～3 日与母猪分开，定时哺乳，吃乳后将仔猪捉回仔猪保温箱，待仔猪行动灵活稳健后，再将仔猪放回母猪圈，让其自由吮乳。同时，产房要有工作人员昼夜值班，以利及时救出被压仔猪。

五 寄养与并窝

一头母猪所能哺乳的仔猪数受其有效乳头数和营养状况的限制。一般情况下，泌乳母猪可负担 10～12 头仔猪的哺乳，太多则负担不了，不但影响仔猪发育，还会导致母猪过瘦，影响断乳后发情。负担太少，不仅浪费母猪，还易导致母猪患乳房炎。在分娩仔猪数超过母猪的有效乳头数，或因母猪分娩后死亡、缺乳、无乳等情况下，就需要为仔猪找"乳母"，即过哺到别的母猪去哺育。同时，如果两头母猪产仔少，可把两窝仔猪并为一窝，送给一头泌乳好的母猪去哺育，另一头母猪则可提早发情配种。猪嗅觉特别发达，凭嗅觉可迅速判断出陌生仔猪。母猪凭嗅觉判断出陌生仔猪后，不但拒绝哺乳，还会粗暴地踩踏陌生仔猪。解决这一问题的办法是干扰母猪嗅觉，可用母猪产仔时的胎衣或垫草涂擦过哺仔猪身体，或事先把寄养的仔猪与母猪本窝的仔猪混到一起，让它们互相接触一段时间；也可以用少量白酒或来苏儿溶液喷到母猪鼻端和仔猪身上，如此都能干扰母猪的辨异能力，它也就不会再咬寄养仔猪了。寄养时，也可能发生寄养仔猪不认"乳母"，拒绝吃乳的情况，这种情况常发生在先产的仔猪往后产的窝里寄养时。其解决的办法是把寄养仔猪暂时隔乳 2～3h，等仔猪感到饥饿难忍时，就容易吃"乳母"的乳了。如果个别仔猪再不吃乳，可人工辅助把乳头放入其口中，强制它哺乳。重复数次，仔猪吃到甜头，就不会拒哺了。

> ⚠ 【注意】 寄养与并窝还应注意以下几点：一是母猪产仔日期要尽量接近，最好不超过 2～3 天；二是寄养出的仔猪一定要吃到初乳；三是后产的仔猪往先产的窝里寄养要拿体大的，先产的仔猪往后产的窝里寄养要拿体小的。

六 人工哺乳

有些母猪产仔后，泌乳不足、无乳或死亡，在没有寄养条件下，需人工配制人工乳饲喂仔猪，才能使其正常生长发育，提高仔猪的成活率和育成率。出生至 10 日龄仔猪人工乳常用配方如下：鲜牛奶或 10% 奶粉冲液 1000mL，鲜鸡蛋 1 个，鱼肝油 5~10g，葡萄糖 20g，微量元素盐溶液 5mL [硫酸亚铁 $FeSO_4 \cdot 7H_2O$ 49.8g、碘化钾 0.26g、硫酸铜 $CuSO_4 \cdot 5H_2O$ 3.9g、氯化钴 0.2g、硫酸锌 $ZnSO_4 \cdot 7H_2O$ 9.0g、硫酸锰（$MnSO_4 \cdot 4H_2O$ 3.6g，加水 1000mL 配成），] 猪用复合维生素（按产品说明添加）。配制时先将牛奶煮沸消毒，待温度降至 40℃ 左右时，加入葡萄糖、鲜鸡蛋、鱼肝油、复合维生素、微量元素盐溶液，搅拌均匀装入 500mL 消毒过的补液瓶内，置入 40~50℃ 的温水中备用。有条件者可在人工乳中加入 10%~20% 的母猪血清，以增强仔猪的抗病力。人工乳可用婴儿奶瓶或胃管（从仔猪口中插入胃内的软管）喂给仔猪。一般 1~3 日龄仔猪日喂 200mL，白天 1~2h 喂一次，夜间 2~3h 喂一次。4~6 日龄仔猪日喂 300mL，白天 2~3h 喂一次，夜间 3~4h 喂一次。7~10 日龄仔猪日喂 450mL，白天 3h 喂一次，夜间喂 2 次。每 2 次喂乳后，要喂给和一次人工乳量相同的温开水。人工哺乳过程中，配料要干净，器具要注意刷洗，搞好消毒，以确保人工哺育的顺利进行。必要时可在人工乳中加入抗生素等药物。

> 【提示】 人工哺乳的仔猪，须要有吃初乳的经历，无论是自己或其他母猪的初乳。同时，要尽早诱导人工哺乳仔猪采食代哺料，补料从 1 日龄就要开始。当仔猪开始采食代哺料后，要逐渐减少人工乳的给量和饲喂次数，到仔猪正常采食代哺料为止。

七 科学供水

水是仔猪所需要的主要养分之一。缺水会导致食欲下降，消化作用减弱，损害仔猪健康。由于仔猪代谢旺盛，需水量较多，5~8 周龄仔猪需水量为其体重的 1/5。同时，母乳中含脂率高，可达 7%

~11%，仔猪常感口渴，因此需水量较大。若不及时补水，仔猪便会饮圈内不洁净的水或尿液而发生下痢。所以，在仔猪生后 3 ~ 5 日龄，就应开始训练饮水，在规模化养殖的猪场可把仔猪饮水器加一个垫，使经常有水滴出，诱导仔猪舔食滴水，习惯饮水后再扯掉垫物。另外，由于哺乳仔猪胃内缺乏盐酸，3 ~ 20 日龄前可用含有 0.2% 盐酸的水喂饮仔猪，以起到活化胃蛋白酶的作用。不同阶段仔猪的饮水量见表 10-2。

表 10-2　不同阶段仔猪的饮水量

周　　龄	1	2	3	4	5
体重/kg	1.3~2.6	2.6~3.1	4.1~5.8	5.8~7.7	7.7~9.8
饮水量/(mL/天)	500	600	700	800	1000

八　加强看护

分娩死亡的比例可占总死亡率的 16% ~ 20%。出生时损失 1 头仔猪，相当于损失 63kg 饲料。母猪分娩一般在 3h 内完成，分娩时间越长，仔猪发生死亡的概率越高。母猪分娩时应尽量避免惊扰，仔猪的分娩间隔如果超过 30min，就应准备实施助产。

九　及时抢救弱仔尤其是受冻的弱仔

可用温热的葡萄糖水溶液（可直接被仔猪吸收后直接补充能量）、去掉针头的注射器，将仔猪嘴撬开，慢慢滴入口中。然后将仔猪放入一个临时的保温箱中，拿回休息室，放在暖和的地方，使仔猪慢慢恢复。等快到放乳时，再从此保温箱将仔猪拿到母猪腹下，用手将乳头送入仔猪口中。来乳时，可先挤点乳，当乳进入口中，仔猪慢慢就有吞咽动作，有的也能慢慢吸吮了。这样反复几次，精心喂养，该仔猪即可免于冻昏、冻僵而死，可以提高仔猪的成活率。

十　补铁、补硒

铁是造血的原料，初生仔猪体内储备的铁只有 30 ~ 50mg，仔猪正常生长每头每天需铁 7 ~ 8mg。母猪乳中含铁量很低，每头仔猪每天从母乳中得到的铁不足 1mg，而给母猪补喂普通的铁制剂不能提高乳汁中含铁量，如果不给仔猪补铁，其体内储铁量将在 1 周内耗完，仔猪就会患贫血症。因此，必须直接给仔猪补铁。仔猪缺铁性贫血的主要症状是精神萎靡，皮肤和可视黏膜苍白，被毛蓬乱无光泽，下痢，生长停滞。病猪逐渐消瘦衰弱，严重者可致死亡。补铁最简便可靠的方法是在仔猪出生后 2～3 天内注射铁制剂，目前国产和进口的铁制剂绝大部分都是低分子右旋糖酐铁，效果可靠。每头仔猪生后于颈部肌内注射 100～150mg 右旋糖酐铁注射液，即可保证仔猪哺乳期不会发生缺铁性贫血症。受条件限制做不到注射铁剂的，可将 2.5g 硫酸亚铁、1g 硫酸铜溶解在 1L 水中，每天灌服 10mL。或将 100g 硫酸亚铁、20g 硫酸铜磨细，混入 5kg 红土中，让仔猪随便舔食。至少应在仔猪栏内经常撒一些未污染的红黏土（含铁多），任仔猪舔食。尽早给仔猪开食，可从饲料中得到铁的补充。另外，在严重缺硒的地区，仔猪可能发生缺硒性下痢、肝坏死和白肌病，宜于出生后 3 日内每头注射 0.1% 亚硒酸钠、维生素 E 合剂 0.5mL，断乳时再注射一次，则不必担心仔猪缺硒。

十一 其他

做好仔猪断脐带、剪乳牙、断尾、打耳号，以及腹泻预防工作（详见第七章高产母猪的妊娠与分娩）。

第三节 仔猪的饲养管理

一 仔猪的营养需要特点

仔猪消化器官不发达，消化机能不完善，头 1 个月只能利用母乳中的蛋白质，还不能利用植物中的蛋白质。随着哺乳仔猪的迅速生长发育，母猪泌乳量逐渐减少，这就出现了仔猪的营养需要猛增与母乳营养供给不足的矛盾。哺乳仔猪的营养来源，第一个月里主要靠母乳，第二个月主要靠吃料。仔猪开食及补料，只是达到使仔猪认料、认水，养成吃仔猪料的习惯，刺激消化器官发育并完善功能的目的，营养的获得并不重要。因此，第一个月主要任务是想办法发挥母猪的泌乳潜力，保证乳汁质量。仔猪 30 日龄以后，增重速度逐渐加快。据报道，哺乳期，从出生养到 15kg，仔猪平均日增重为 275g 左右，料重比为 1.2:1 左右，饲料转换效率相当高，补饲相当经济。又因为哺乳仔猪主要是长内脏、骨骼、肌肉，需要给予较多的蛋白质，充足的矿物质（主要是钙、磷）和维生素 A、维生素 D、维生素 E 等。

二 仔猪的开食与补饲

母猪泌乳高峰为产后的 20~30 天，40 天后显著减少。15 日龄前母乳基本上能满足仔猪营养的需要，20 日龄母乳可满足仔猪营养需要的 85% 左右，以后，随着母猪泌乳量逐渐减少，仔猪越长越快，只靠吃母乳已不能满足仔猪生长发育的营养需要，需要及早补饲，否则会阻碍仔猪的生长发育，甚至形成僵猪。及早补饲还能使仔猪的胃肠早期受到谷物饲料的刺激，促进消化器官特别是胃的发育。

> **【提示】** 母猪的泌乳量一般在分娩后 21 天达到高峰，而后逐渐下降，仔猪的生长发育随日龄的增长而迅速上升，仔猪对营养物质的需求增加，如果不及时给仔猪补饲，容易造成仔猪增重缓慢、瘦弱、患病或死亡，导致育仔失败。因此，从 7 日龄训练仔猪开食是养好仔猪的第二个关键性时期。

1. 早期开食

3 周龄以前，仔猪不习惯采食饲料，需要人为提早训练仔猪开食，否则待母乳减少时仔猪还不习惯吃料，就必然影响仔猪生长发育。开食就是利用仔猪的行为特性教会仔猪采食饲料。

(1) 设置补料栏 补饲时可根据具体条件设置补料栏。常用的办法：一是 3 个猪栏养 2 头母猪，中间栏（比母猪栏小一些）为 2 窝仔猪的共同补料栏，仔猪可通过洞口进出补料栏。二是在母猪栏内设仔猪补料栏，留有洞口，仔猪可随时进栏吃料；也可在栏内用铁栅将母猪栏一分为二，设置仔猪补料栏，仔猪断乳后拆除铁栅。三是在母猪栏外的小运动场（外圈）修补料栏，仔猪可在补料栏采食、晒太阳。最好在舍内舍外都设置补料栏，这样天气好时可在舍外补料，天气差时可在舍内补料。四是设公共补料栏，老式猪舍修建时无补料栏，可拿出一定猪栏，改为公共补料栏，训练仔猪到公共补料栏去采食。

（2）开食方法 在生产实践中常用的开食方法有以下几种：①饲喂甜食：仔猪喜食甜食，对 7 ~ 10 日龄的仔猪，可选择香甜、清脆、适口性好的饲料，如将带甜味的南瓜、胡萝卜切成小块，或将炒熟的麦粒、谷物、豌豆、玉米、黄豆、高粱等喷上糖水，并裹上一层配合饲料，拌上少许青饲料，于 9：00 ~ 15：00，放在仔猪经常活动的地方，任其自由采食。②强制诱食：当母猪泌乳量高时，仔猪恋乳而不愿提早吃料，必须采取强制性措施。应将配合饲料加糖水调制成糊状，涂抹在仔猪嘴唇上，让其舔食。仔猪经过 2 ~ 3 天强制诱食后，便会自行吃料。③以大带小：仔猪有模仿和争食的习性。可将未开食的仔猪与已开食的仔猪关到同一补料栏，经几次训练后，小的即会模仿大的仔猪舔食饲料。④母仔分开：开食期间，将母猪和仔猪分开，让仔猪先吃料后吃乳。每次间隔时间一般为 1 ~ 2h。⑤在铁片上喂料：利用仔猪喜欢舔食金属的习性，把仔猪诱食的饲料撒在铁片上，或放在金属浅盘上诱导仔猪采食。⑥少喂勤添：仔猪具有"料少则抢，料多则厌"的习性，所以开食的饲料要少喂勤添，促进仔猪吃料而不浪费饲料。如果仔猪开食训练进行得好，则仔猪 20 日龄就能较好采食饲料，25 日龄能吃大量配合饲料。炒熟或煮熟的谷物饲料只适用于诱食。这时，如果仍用玉米或高粱等谷物饲料，就不能满足仔猪对蛋白质及其他营养的需要。

⚠️ **【注意】** 需要指出的是，水也是仔猪所需的营养养分之一，补饲时应注意水的补充。仔猪缺水会导致食欲下降，消化作用减弱，损害仔猪健康。

2. 补饲全价配合饲料

断乳时间能够直接影响补饲的效果。生产实践表明，3 周或 3 周以前早期断乳的仔猪，由于母乳供给充足，仔猪的消化和免疫系统发育尚不完全，补饲的作用并不明显。同时这个阶段的补饲浪费大，生产成本高，所以有些生产者干脆把补饲工作直接和断乳后的饲喂结合起来，虽然仔猪腹泻的问题增加了，但从经济角度看，却是合理的。而对于 3 周龄以后断乳的仔猪，补饲具有充足的理由和明显的效果，补饲不仅能满足仔猪更多的营养需要，还能为仔猪减少断乳后的许多麻烦。补饲的饲料应适口性好，体积小，所含营养适合仔猪的消化系统。15日龄前仔猪诱食料的蛋白质水平不必太高，因为诱食阶段仔猪的消化、吸收饲料蛋白质的能力很弱。但从20日龄前后经诱食开料，仔猪能较好地采食饲料，这时一般的诱食料已不能满足仔猪对蛋白质及其他营养物质的需要。因此，从15日龄开始就要逐渐向高水平的全价配合料过渡。配合料的要求是，能量高，每千克配合料含消化能12.97MJ以上，糠麸类占配合料的比例为10%以内，粮饼类和动物性饲料占90%左右；蛋白质水平要高，品质要好，配合料中粗蛋白质含量不低于18%，即配合料中要有20%饼类和5%~8%的动物性饲料（鱼粉、血粉、蛹粉等）；配合料应含1.5%的贝骨粉（贝粉2/3，骨粉1/3）和0.3%~0.5%的食盐。配合料中应掺入复合维生素和微量元素添加剂，以提高增重量和饲料利用率。依据仔猪采食习性，补饲仔猪用全价料以制成颗粒或湿拌料为宜。颗粒料符合仔猪咀嚼习性，能提高饲料利用率。湿拌料是将料与水按1∶1比例拌匀饲喂，也可拌入优质青饲料。哺乳仔猪胃容积小，食物在胃中排空时间短，宜设置自动饲槽让其自由采食。定时饲喂时，每天补饲数不应少于5~6次，其中一次宜放在夜间。在补料的同时，还要减少每天哺乳次数，一般可控制在4~6次。一般情况下，一个哺乳期仔猪需全价配合料12~15kg，其中绝大部分用于45~60日龄阶段（表10-3）。

表10-3　不同阶段仔猪的补料量

日　　龄	10~20	20~30	30~40	40~50	50~60
补料量/(g/天)	25~50	100	150~200	300~400	600~800

➡ 【提示】　仔猪大量采食饲料后，消化系统可能负担加重，往往会引起消化不良或下痢，这时要细心观察仔猪的采食、活动和粪便状况，发现异常现象，要及早采取对策，以免影响仔猪采食和生长。

三 预防疾病

防治仔猪疾病不能单纯依靠打针、灌药治疗，必须抓好以下措施：

1. 科学饲养母猪

母猪妊娠期，按胚胎生长发育规律饲喂不同营养水平的全价配合饲料，母猪不能养得过肥或过瘦。哺乳母猪要喂全价哺乳料，饲料中要有充足的维生素，饲料配方稳定，不随意更换饲料种类，任何时候都不喂发霉变质和有毒的饲料。不限量饲喂，提高母猪泌乳量，保证仔猪吃足乳。母猪分娩前应适时注射大肠杆菌疫菌苗、传染性胃肠炎疫菌苗和流行性腹泻疫菌苗。为了预防仔猪呼吸综合衰弱症的发生，根据实际情况在母猪产前和产后1周饲料中添加抗生素类药物。

2. 免疫接种，预防传染病

预防免疫接种是防止猪传染病发生的关键措施。不同地区、不同规模、不同饲养方式的猪场，应根据本地区猪群疫病流行实际情况，制定适合的免疫预防措施。集约化猪场，可采用猪瘟超早期免疫，即在仔猪出生后立即接种猪瘟单苗1头份，注射2h后再喂初乳；或在20日龄注射猪瘟单苗，断乳后重复注射1次，预防效果很好。仔猪要喂全价的优质饲料，仔猪认食后要在仔猪料中添加抗生素和磺胺类药物，预防仔猪呼吸综合衰弱症和链球菌的发生。断乳前5~10天，用驱虫净驱除小猪体内外寄生虫，最好间隔7天再驱虫一次。

3. 创造良好的生活环境

产房（产床）在产仔前必须彻底清洗、消毒，在整个育仔阶段要每隔3~5天用无刺激性的消毒剂消毒一次。产床、地面栏杆要打光磨净，不能有尖锐物，以防刺烂仔猪皮肤、膝盖而感染链球菌。同时要保持产房干燥、温暖、干净卫生、空气新鲜，特别是要重视仔猪保温和产房的通风换气。经常观察，发现母猪和仔猪有异常现象，及时查找原因，针对性地采取措施。

四 建立仔猪档案

猪场都有自己完整的生产记录档案，母猪和仔猪的记录卡是其中的一部分。仔猪出生后，要及时准确地填写这些卡，以便掌握猪群动态和生产性能情况，这对指导工作和总结生产经验很有价值。

五 仔猪的断乳

断乳使仔猪从以母乳加饲料的生活方式转变为独立采食植物性饲料的生活方式；断乳也使仔猪由母、仔共居的温暖环境转为独立的生活环境。生活条件的变化及其他因素刺激，必然影响仔猪的生长发育，甚至患病，形成僵猪甚至死亡。因此，必须重视仔猪断乳方法和断乳后的饲养管理。仔猪断乳是养好仔猪的第三个关键性时期。

1. 仔猪的断乳时间与方法

仔猪饲养到多少日龄断乳，关系到猪场整个猪群的饲养管理工艺流程。传统养猪的仔猪哺乳期长，通常在 45～60 日龄时断乳，即常规断乳。常规断乳仔猪由于吃母乳时间长，体重大而健壮，断乳后能安全育成，发生意外较少。近年来，规模化猪养殖场已普遍采取仔猪早期断乳，即在仔猪出生 28 日龄或 35 日龄左右离开母猪，独立生活，并取得较好的成果。断乳前 3 天，母猪如果膘情好，可适当减少精饲料、青饲料的喂量并控制饮水，使母乳减少。这样一方面可促使仔猪多吃料，另一方面可避免断乳后母猪发生乳房炎。如果母猪膘情不好，不应减少精饲料，适当控制青饲料喂量和饮水，以免母猪过瘦，影响断乳后发情配种。

断乳有一次性断乳、分批断乳和逐渐断乳三种方法：①一次断乳法，也称果断断乳法。适用于母猪泌乳量已显著减少，无患乳房炎危险的母猪。当仔猪达到预定断乳日期时，即将母猪隔离，仔猪留原圈饲养。一次断乳法简便，但母、仔均感不安，仔猪可能因食物和环境突变引起消化不良，泌乳旺盛的母猪因控制不好易发生乳房炎。②分批断乳法，适用于泌乳量旺盛的母猪。预定断乳前 1 周，先将准备育肥的、体格较大的仔猪隔出去，让准备留作种用和发育较差的仔猪继续哺乳，到预定断乳期时再把母猪转入预配母猪舍。分批断乳做到了区别对待仔猪。③逐渐断乳法，适用于泌乳量旺盛的母猪。在断乳前 4～6 天控制哺乳次数。第一天哺乳 4～5 次，以后逐渐减少哺乳次数。这样使母、仔有一个适应过程，最后到预定断乳日期再把母猪隔离出去。具体采取哪种方法断乳，各个场家可根据本场的实际情况决定。

2. 断乳仔猪的饲养

断乳后，仔猪往往由于生活条件的突然变化，表现为食欲不振，增重缓慢甚至减重，尤其是补料较晚的仔猪更为明显。为了过好断乳关，要做到饲料、饲养制度以及环境的"两维持"和"三过渡"。即维持在原圈培育并维持原来的饲料，做到饲料、饲养制度和环境条件的逐渐过渡。断乳仔猪饲料的营养水平、饲料配合、调制和饲喂方法，都应与断乳前相同，不要改变，直到转入育成舍继续饲喂1～2周，再逐渐改喂育成猪饲粮，使仔猪有个适应过程。断乳后的仔猪由母乳加饲料改为独立吃饲料生活，胃肠不适应，很容易消化不良。所以，对断乳仔猪要精心饲养。断乳头一天仔猪采食少，但第二天又会猛吃饲料，很容易发生消化不良。因此，断乳后头4～5天要适当控制仔猪的采食量，防止消化不良而下痢。断乳仔猪一昼夜宜喂6～8次，以后逐渐减少饲喂次数，3月龄时改为日喂4次。断乳仔猪的料型也要与哺乳期保持一致，并设水槽或自动饮水器，保证饮水充足清洁。

3. 断乳仔猪的管理

(1) 原圈培育 断乳仔猪对环境的适应性和对疾病的抵抗力都较差。保证良好的生活环境，是培育断乳仔猪的重要措施之一。断乳时采取赶母留仔法，将母猪赶到预配舍，让仔猪留在原圈，此时禁止并窝混群饲养，避免仔猪改变居住环境而不适应和互相之间的争食、咬斗而引起仔猪不安，使仔猪生长发育受阻。

(2) 提供适宜环境 断乳后仔猪采食量减少，对外界抵抗力下降。因此，要注重圈舍保温，一般应在原圈舍温度上升2～3℃后，这样才能使受应激的仔猪在体质下降的情况下，身体感到舒服，避免因体质下降而引起腹泻。圈舍应减少冲洗，降低湿度，保持干燥，保持干净卫生，并定期消毒。

(3) 适时分群 断乳后仔猪约经3周可以分群饲养。分群前3～5天让仔猪同槽进食或一起运动，使彼此熟悉，以减少分群并圈后的不安和咬斗。然后根据仔猪的性别、个体大小等进行分群。同群内仔猪体重相差不要超过 2 ~ 3kg。对弱小的断乳仔猪宜另组一群，加强护理以促进其发育。分群后密度过大会出现咬尾、咬耳等异常行为。每群头数，一般可分为 4 ~ 6 头或 10 ~ 12 头一圈。仔猪合群后经过 1 ~ 2 天的咬斗以后，很快建立群居秩序。

(4) 做好调教 转圈后要做好调教工作，分圈前将新猪圈的一角洒点水（或仔猪粪便），其他地方保持干燥，猪进圈后粪便就会排在这个地方。如果有猪粪便排在他处的，饲养人员要及时将粪便铲到指定的地方。头两天的粪便不要清理出圈舍而要放在猪圈的一角，经过两三天的训练，仔猪就会习惯把粪便排在固定的地方。这样经过训练，仔猪就会养成好的习惯，吃食、卧睡、排便三点定位，使猪圈干净卫生。

(5) 充分运动和日光浴 断乳仔猪应有充分的运动和日光浴，夏季尽可能放牧饲养 4 ~ 6h，冬季晴天时室外运动 2h。

(6) 及时免疫驱虫 在断乳饲养阶段，要根据本地、本场的实际情况制定合理的免疫程序，及时完成各种传染病疫苗的防疫注射，使仔猪对传染病产生免疫力。在各疫苗防疫结束，猪只一切正常后，需对猪进行驱虫，驱除猪体内外的寄生虫。可选用左旋咪唑、阿维菌素、伊维菌素等。驱虫 1 次后过 1 周左右再重复驱虫 1 次。

> ➡ **【提示】** 驱虫药宜在晚上投喂，喂前应减食一顿。早晨应及时把驱虫后的粪便清除，并对圈舍进行清洗消毒，以免对猪造成二次污染。

六 预防僵猪

生产中常有些仔猪，光吃不长或长得很慢、被毛蓬乱无光泽、体格瘦小、圆肚子、尖屁股、大脑袋、弓背缩腹的"刺猬猪"，或称"小老猪"即僵猪。僵猪的产生会影响猪群出栏率和经济效益，必须采取相应措施，防止僵猪的产生。

1. 僵猪产生的原因

一是妊娠母猪饲养管理不当，使胎儿生长发育受阻，造成仔猪先天不足，形成"胎僵"。二是泌乳母猪饲养管理欠佳，母猪缺乳或甚至无乳，使仔猪在哺乳期生长发育受阻，造成"奶僵"。三是仔猪多次或反复患病，如营养性贫血、腹泻、白肌病、喘气病、体内外寄生虫病，而形成"病僵"。四是仔猪开食晚，补料差，仔猪料质量低劣，致使仔猪生长发育缓慢，而成为"僵猪"。五是近亲繁殖或乱交滥配所生仔猪生活力差，易形成僵猪。

2. 预防僵猪产生

一是加强母猪妊娠期和泌乳期的饲养管理，保证蛋白质、维生素、矿物质等营养和能量的供给，使仔猪在胚胎阶段，先天发育良好，生后能吃到充足的乳汁，使之生长迅速，发育良好。二是搞好仔猪的养育和护理，创造适宜的温度环境条件。三是早开食，适时补料，并保证仔猪料的质量，完善仔猪饲粮，满足仔猪迅速生长发育的营养需要。四是搞好仔猪圈舍卫生和消毒工作，使圈舍干燥、清洁，空气新鲜。应使仔猪常常随母猪到附近牧地上活动。五是及时驱除仔猪体内外寄生虫和防止仔猪下痢等疾病的发生，对发病的仔猪，要早发现、早治疗，及时采取相应有效的措施。六是避免近亲繁殖和过早参加配种，以保证和提高其后代的生活力和质量。采取上述综合措施，即能有效地防止僵猪的产生。

3. 解僵办法

各地条件不同，僵猪形成原因不同，其解僵方法也不同。主要是改善饲养管理，可采取单独喂养、个别照顾的做法，并对症进行治疗。该健胃的健胃，该驱虫的驱虫。然后调整饲粮，增加一些鱼粉、胎衣及小鱼小虾等蛋白质饲料，给一些易消化、多汁适口的青饲料。添加一些微量元素添加剂，也可给一些抗菌、抑菌药物，添加时因其商品名称不同，应按说明严格掌握。对缺乳的仔猪要及早寄养，以防形成"奶僵"。必要时，还可以采取饥饿疗法，让僵猪停食24h，仅供给饮水，以达到清理肠道、促进肠道蠕动、恢复食欲的目的。常给僵猪洗浴、刷拭，晒晒太阳，加强放牧运动，调整饲粮，也会取得一定的效果。

第十一章
提高母猪年繁殖力的关键技术

衡量一个养猪场（户）生产水平，要看其年出栏商品猪或种猪数量，出栏多表明生产水平高，经济效益高，利润增加。而商品猪或种猪出栏的多少主要取决于母猪年哺育断乳仔猪数的多少，也就是说母猪年繁殖力是评定猪生产性能的主要依据。母猪年繁殖力的高低直接影响商品肥育猪的数量，从而影响猪场和企业猪肉的产量与效益。任何提高母猪年繁殖力的措施，对于发展养猪生产和提高猪场的经济效益都具有很重要的意义。

第一节 繁殖力的表示方法

表示猪繁殖力的指标通常主要有以下几种。

一 受胎率

1. 情期受胎率

情期受胎率表示妊娠母猪头数占配种情期数的百分比。

$$情期受胎率 = \frac{妊娠母猪头数}{配种情期数} \times 100\%$$

2. 总受胎率

总受胎率是最终妊娠母猪数占配种母猪数的百分率。

二 每次妊娠平均配种情期数（配种指数）

即指参加配种母猪每次妊娠的平均配种情期数。

$$每次妊娠平均配种情期数 = \frac{配种情期数}{妊娠母猪数}$$

三 繁殖率

即指本年度内出生仔猪数占上年度终适繁母猪数的百分比，主要反映猪群增殖效率。

$$繁殖率 = \frac{本年度内出生仔猪数}{上年度终适繁母猪数} \times 100\%$$

四 成活率

一般指断乳成活率，即断乳时成活仔猪数占出生时活仔猪总数的百分比。或为本年度终成活仔猪数（可包括部分年终出生仔猪）占本年度内出生仔猪数的百分比。

五 产仔窝数

一般指猪在一年之内产仔的窝数。

六 窝产仔数

即猪每胎产仔的头数（包括死胎和死产）。一般用来比较个体和猪群的产仔能力。

第二节　提高母猪年繁殖力的措施

一 提高母猪的排卵数和产仔数

母猪排卵数多、受精卵多是产仔数多的重要保证，也是提高母猪繁殖力的基础。母猪在正常的情况下，其排卵数主要受猪的品种和遗传因素制约。当前母猪繁殖力的现状与生物学极限相差很大，有的猪排卵数尽管很多，但不能全部变成受精卵，而所有受精的卵也不能全部成活发育成胚胎，从而降低了母猪分娩时仔猪出生头数。所以，影响母猪年繁殖力的首要因素是排卵数、卵的受精、胚胎发育和胎儿成活率。在母猪正常排卵情况下，产仔数又受配种技术等方面的影响。一般来说，产仔数多的母猪可以得到较多的断乳仔猪头数。品种对于繁殖有很大的影响，不同的品种繁殖力存在着较大的差异，如我国太湖猪平均产仔可高达每窝15头，而引进品种仅为9~12头。此外，近交系数大于10%时，胚胎的死亡率较高，且胎儿的初生重也较轻，一些遗传畸形也会引起死亡率上升，而杂交有利于提高窝产仔数及初生重。

所以，应加强后备母猪培育，采取短期优饲及其他催情措施，达到后备母猪适时配种。应养好配种前的经产母猪和种公猪，做好发情鉴定，确保适期配种。对繁殖母猪采取"低妊娠，高泌乳"的饲养模式。即在母猪妊娠初期采取低营养水平（有利胚胎存活），后期高营养水平（保胎、促乳腺发育）；饲粮宜含适量优质青、粗饲料（粗纤维可达8%~12%），以防止母猪便秘和怪癖行为；泌乳母猪采取高能、高蛋白质（赖氨酸）全价饲粮，不限量饲喂的饲养模式。应有意识地控制近交系数。经选择组建优质高效的杂交生产繁育猪群，并动态保持猪群处于合理结构，保证猪群具备高度生产潜力与免疫水平。

二 提高仔猪哺育成活率

提高母猪繁殖力对仔猪的哺育成活率是第二个重要环节。提高仔猪哺育成活率对提高母猪繁殖力也起到重要作用。尤其对于高繁殖力猪种的母猪，所生的仔猪较多，应该使仔猪成活数多，如果仔猪死亡率很高，也会影响每窝断乳仔猪头数，进而影响母猪的年生产能力。影响母猪哺育仔猪成活率的原因主要有：①母猪饲养营养水平。母猪饲料营养水平适宜，供给哺乳母猪的乳中营养平衡，对仔猪生长发育起决定作用。②仔猪的生活环境。给哺乳仔猪提供适宜的温度和湿度有利于仔猪发挥本身的生长发育潜能，减少环境的应激，是提高成活率的主要因素。③疾病。按免疫规定和规程对母猪和仔猪进行适时免疫注射，增强免疫力，减少应激，可最大限度地降低疾病对哺乳仔猪的生长、发育和成活的影响。④哺乳仔猪的开食、旺食和饮水。抓好哺乳仔猪开食、旺食和饮水工作，尽早训练哺乳仔猪开食，可以促使仔猪的消化系统发育，使消化器官的消化腺体尽量适应植物性饲料，为仔猪断乳后采食饲料打下良好的基础，减少仔猪的死亡率。仔猪旺食阶段是仔猪生长发育加快，而母乳供应又相对不足的阶段，此时除应加强母猪营养、延长泌乳高峰期外，还应高度重视仔猪补料工作，给仔猪最好的饲料营养，满足其生长发育的需要，提高成活率。

三 提高母猪年产胎数

母猪年产胎数直接影响母猪年生产能力。母猪年产胎数多，所得断乳的仔猪头数必然多。决定年产胎数的主要因素是繁殖周期的长短。繁殖周期是由母猪妊娠天数、仔猪哺乳天数和断乳至再配种天数组成的。然而，母猪的妊娠天数（约114天）和断乳至再配种天数（5~7天）是无法改变的，只有母猪泌乳期的长短，也就是仔猪断乳日龄，是可以人工控制的。它对母猪的年生产胎数有决定性影响，母猪泌乳期的长短与母猪年生产能力之间存在负相关，泌乳期越长年生产能力就越低。通过适当缩短母猪泌乳期，使仔猪早期断乳，是提高母猪年生产能力的最简单最有效的办法。实际生产中，规模集约化猪场可采用3~5周龄早期断乳的方法缩短母猪泌乳期。猪舍设施及温度与卫生条件好，并能保证有高质量诱食料与开食料的猪场，可采取3周龄断乳。多数猪场宜采取4~5周龄断乳。早期断乳的好处，一是可增加母猪年产仔窝数和断奶仔猪数，二是可提高饲料利用效率。

四 做好各阶段的关键性管理

随着集约化饲养的发展，单圈饲养量增加，饲养人员的劳动强度也相应加大。因此，加强责任心、建立良好的人猪关系已成为现代化企业的要求。据报道，17%的窝产仔数损失以及26%的总窝重损失是由人为影响造成的。人对猪是友善还是粗暴，直接影响到猪的繁殖力。母猪在松弛的情况下对新奇的刺激如公猪外激素可以做出良性反应，有利于提高繁殖力。

实践中应做好母猪产前准备和接产护理工作；做好仔猪产后第一周的护理（保温防压、寄养并窝、补铁、开食训练、预防下痢等）；做好断乳前后母、仔猪饲养管理。要掌握好断乳至配种的时间间隔，不适宜的断乳间隔对窝产仔数的影响很大。如断乳间隔少于12天时，平均窝产仔数仅为9.0头；而28天以上断乳，则平均窝产仔数仅为10.3头。因此，应避免3周内断奶、配种。一般来说，产后间隔长，排卵数也较多。

建立好母猪个体的繁殖登记制度，及时掌握猪群的繁殖情况，及时淘汰有病或繁殖力较低的老龄母猪，使猪群保持良好的繁殖水平。

五 改善环境，注重防疫，减少疾病

集约化饲养产生了众多的应激因素，这些应激所导致对猪繁殖力的损失占到了整个繁殖力损失的30%以上，这也就说明，加强现代化养猪企业的科学化管理，减少各种应激因素，对于提高猪群繁殖力水平有着重要意义。

猪群的密度及空间明显影响青年母猪的正常周期、配种和妊娠。空间太小，母猪配种率下降，而青年母猪群太小如少于4头则发情表现减弱，正常发情的比率也下降。另外，仔猪在10kg时将公、母猪分开，有利于公猪性欲及母猪的交配行为。在母猪达到初情期之前引入公猪可以刺激母猪初情期的提前，而公、母猪从小混圈没有明显提前母猪初情期的作用。

炎热季节做好防暑降温，防止种公、母猪遭受热应激刺激，特别是配种期和妊娠初期。母猪交配后应留在原圈4周以上才能转圈，这样有利于减少环境应激对胚胎的影响，可以获得更多发育的胚胎，有利于提高窝产仔数。

生产中，应注意猪舍通风（降湿与有害气体），防暑降温，妊娠的头3~4周内，温度应保持在21~28℃，但当环境温度超过29℃时胎儿死亡率明显上升。严格执行"全进全出"管理规程和防疫消毒制度；严格按免疫程序接种猪主要疫病的疫苗，并做好猪群主要疫病抗体水平监测；有条件者可借鉴国外早期隔离断乳养猪法经验，实施两点式或三点式养猪场规划与饲养工艺。

第三节 母猪最新繁殖技术

一 母猪繁殖障碍病疫苗预防

母猪患繁殖障碍疾病的主要病因是病原性因素。目前已知的病毒、细菌、衣原体、寄生虫有数十种，虽不可能也没有必要全部列

入免疫等程序中。但应把危害较重的乙型脑炎、细小病毒、伪狂犬病、蓝耳病和布氏杆菌病等纳入猪场整体免疫程序中。应根据该类病的发病季节、疫（菌）苗产生抗体时间和免疫期的长短，实行有计划、有步骤的程序化免疫。

二 同期发情技术

合理的饲养管理使母猪处于良好的种用状况是母猪正常发情、排卵的基础，体内激素则是制约母猪发情、排卵的关键因素之一。同期发情的目的在于定时输精，这样有利于组织成批生产及猪舍的周转。正常情况下，母猪断乳5~7天即可发情配种。对断乳后7天以上仍不发情的母猪，可采用药物催情、排卵。有以下几种方法：①对于正在哺乳的母猪来说，同期断乳是母猪同期发情通常采用的有效方法。一般断乳后1周内绝大多数母猪可以发情，如果断乳同时注射1000国际单位的孕马血清促性腺激素，发情排卵的效果会更好。②皮下埋植500mg乙基去甲睾酮20天或每天注射30mg，持续18天，停药后2~7天发情率可达80%以上，受胎率60%~70%。

> ⚠ 【注意】 当采用孕酮处理法对母猪进行同期发情时，往往引起卵巢囊肿，且影响以后母猪的繁殖性能，甚至导致不育。另外，前列腺素只有当在周期的第12~15天处理，黄体才能退化，其在有性周期的青年母猪或成年母猪上使用的价值不大，不能用于同期发情。

三 诱发分娩与同期分娩技术

一般情况下，母猪分娩多在夜间，尤其以上半夜为多，这给助产操作带来了很多不便，特别是冬季或早春季节，若在夜间分娩，天气寒冷，给母猪接产、仔猪护理带来较大困难。黄体分泌的孕酮是维持妊娠所必需的，而前列腺素或其类似物可以引起黄体退化，是一种有效的引发分娩的方法。通过该技术的应用可使母猪在工作时间产仔，有利于改善发情控制、平衡平均窝产仔数、缩短产仔间隔、合理安排畜舍和调配人员，真正实行"全进全出"的生产工艺。这项技术将很快成为一种常规的养猪生产的手段。其方法是根据配种记录所推算的预产期前 2 天肌内注射 175μg 氯前列烯醇或国产前列腺素 2mL，大多数母猪可在 20～30h 内自然分娩。将诱发分娩技术应用于大群配种时间相近的妊娠母猪，使其在较小的时间范围内分娩，即为同期分娩。可采取下列方法：①妊娠 112 天，肌内注射氯前列烯醇 175μg，母猪在 30h 内分娩。②肌内注射 $PGF_{2\alpha}$ 16mg（8～20mg），也较好。③更严格地控制分娩时间，还可在妊娠 112 天注射氯前列烯醇，次日注射催产素 50 国际单位，数小时后即可分娩。

四 产期病预防技术

母猪分娩时，生殖器官发生急剧的变化，机体的抵抗力明显下降，易患阴道炎、子宫炎、乳房炎等疾病。发病后轻者影响母猪食欲、泌乳和仔猪生长发育，重者引起全窝仔猪和母猪死亡。其预防方法除了保持产房温暖、卫生、干燥、空气新鲜及猪体卫生外，应及时检查母猪胎衣是否完全排出，胎衣数或脐带数是否与产仔数一致。胎衣不下的，肌内注射己烯雌酚 10mg，等子宫颈扩张后，可每隔 30min 肌内注射催产素 30 国际单位，连续 2～3 次。确定胎衣完全排出后，向产道深部投放青霉素 80～160 万国际单位。对人工助产母猪要清洗产道，并且药物消炎。对正常顺产的经产母猪，每次药量按每千克体重青霉素 2 万单位，每天 2 次，连用 20 天。初产母猪或胎儿过大或过多，难产的母猪，子宫易受损伤，消炎以 7 天为一疗程，每次药量按每千克体重肌内注射青霉素 3 万单位，每天 2 次；同时可向产道深部灌注温的 0.1% 高锰酸钾溶液，直至恢复正常为止。对曾有产后患病史的经产母猪，也按上述方法用药。消炎后的母猪，1 周后产道仍有脓液排出的治疗：首先向子宫内灌注微温的 0.1% 高锰酸钾溶液 200～300mL，同时肌内注射己烯雌酚 5mg，使子宫颈扩张；30min 左右肌内注射催产素 30 国际单位，间隔 30min 1 次，连续 2 次；同时肌内注射青、链霉素混合液，配合磷酸地塞米松注射液全身治疗。

五 仔猪腹泻的预防技术

哺乳期仔猪抗病能力差，消化机能不完善，容易患病死亡。在哺乳期间对仔猪危害最大的是腹泻病。仔猪腹泻病是一种总称，包括多种肠道传染病，常见的有仔猪红痢、仔猪黄痢、仔猪白痢和传染性胃肠炎等。为了预防仔猪腹泻的发生，母猪产前40天和20天各注射一次黄、白痢疫苗（F_4、F_5、F_8、F_{41}）2mL。产前30天和15天各注射一次仔猪红痢灭活苗5mL。对冬季（10月份至翌年3月份）产仔的母猪，在产前20~30天注射传染性胃肠炎和流行性腹泻二联苗。在一些规模较大的猪场，对产后仔猪可采用药物保健，如用长效土霉素开展的"三针保健法"，即3天、7天、21天进行肌内注射可达到控制大肠杆菌病的目的。

——第十二章——
母猪的疾病防治

第一节 母猪常见传染病

一 猪瘟

猪瘟又称"烂肠瘟",是由猪瘟病毒引起的急性、热性、高度接触性、败血性传染病。急性病例呈败血症的临床症状,剖检可见内脏器官出血、梗死和坏死。慢性病例主要是纤维素性、坏死性肠炎,病程延长者常于后期继发猪霍乱、沙门氏菌病或猪巴氏杆菌病。

1. 病原

猪瘟是由黄病毒科猪瘟病毒引起的,猪瘟病毒野毒株毒力差异较大,有强毒株、温和毒株、低毒株之分,强毒株引起死亡率高的急性猪瘟,温和毒株一般产生亚急性和慢性感染,低毒株只造成轻度疾病,往往不表现临床症状,但经胚胎感染和初生猪感染可导致死亡。猪瘟对多种消毒药有抵抗力,最有效的消毒药是1%~2%氢氧化钠溶液,或20%~30%热草木灰水,或5%~10%漂白粉溶液;在冬季为了防冻,可于氢氧化钠溶液中加入5%食盐。

2. 诊断要点

【流行特点】本病只感染猪,不同年龄、品种的猪都能发生,一年四季均可发病。在未免疫的猪群中常呈地方性流行,急性表现;在免疫密度不确实的猪群,多呈散发慢性流行。病猪是主要传染源,病毒由粪尿和分泌物排出。传染途径主要是消化道,食入被污染的饲料或饮水,就能被传染。也可通过呼吸道、眼黏膜及皮肤伤口感染。猪只买卖、运输、尸体处理不当，肉品卫生检验不严，兽医卫生措施执行不力，人、动物和昆虫都可能成为传播媒介，促进本病的发生和流行。亦可通过胎盘发生感染，引起母猪繁殖障碍，出现流产、死胎、弱胎等，危害极大。猪群引进外表健康的感染猪是猪瘟暴发最常见的原因。

【临床症状】潜伏期一般为 7～10 天，最长 21 天。

最急性型：多见于流行初期，较为少见。突然发病，症状急剧，表现为全身痉挛，四肢抽搐，高热稽留，皮肤和黏膜发绀，有出血斑点，经 1～8 天死亡。

急性型：此型最为常见。病猪在出现症状前，体温即已升高到 40.5～42℃，呈稽留热，食欲不振直至废食；嗜睡，畏寒打堆；眼角堆有脓性分泌物，常将眼睑封闭；病初便秘，后期腹泻；病的后期病猪的腹部、耳、鼻吻、大腿内侧广泛皮下出血，指压不褪色，病程 1～2 周。公猪包皮积有尿液，用手挤压后流出混浊、灰白色、恶臭液体。死亡率可达 60%～80%。哺乳仔猪也可发生急性猪瘟，主要表现为神经症状，如磨牙、痉挛、角弓反张或倒地抽搐，最终死亡。

慢性型：病猪体温时高时低，食欲时好时坏，便秘和腹泻相交替，病猪皮肤有紫斑和干痂，病程可长达数月。不死者，长期发育不良，成为僵猪。

温和型：又称非典型性猪瘟。病猪潜伏期长，病情发展缓慢，病猪体温一般为 40～41℃，皮肤常无小出血点，但在腹下多见瘀血和坏死。部分病猪自愈后干耳、干尾及皮肤坏疽，病程长达 2～3 个月不等。妊娠母猪感染后，将病毒经胎盘传染给胎儿，造成流产、产死胎或产出弱小仔猪或断乳后出现腹泻。

【剖检变化】最急性型：常无显著特征性变化，一般仅见浆膜、黏膜和内脏有少数出血点。

急性型：全身淋巴结肿大、充血、多汁、充血及出血，外表呈紫黑色，切面呈红白相间的大理石样外观。脾脏、脾缘和表面有凸出，有数目不定的紫红色出血梗死区。肾脏色泽变浅，皮质上有针尖至小米状数量不等的出血点，严重病例还见肾盂或输尿管出血。

膀胱、胆囊黏膜、喉头会厌软骨上有程度不同的出血点；胃和小肠黏膜出现卡他性炎症。

慢性型：主要表现为坏死性肠炎，全身变化不明显。在盲肠、结肠及回盲口处黏膜上形成特征性纽扣状溃疡。由于钙磷代谢紊乱，断乳仔猪肋骨末端和软骨交界处的骨化障碍，见有黄色骨化线，该病变在慢性猪瘟诊断上有一定意义。

温和型：病理变化一般轻于典型猪瘟的变化，如淋巴结呈现水肿状态，轻度出血或不出血，肾脏出血点不一致，脾稍肿，有 1~2 处小梗坏死灶。

3. 防治措施

预防猪瘟必须采取综合性措施，即在加强预防接种的同时，搞好饲养管理，加强检疫与防疫，切实做好正常的消毒等工作。

> ● 【提示】 猪瘟是药物治疗无效的传染病，防止引入病猪，切断传播途径，广泛持久地开展猪瘟疫苗预防注射，是预防猪瘟的重要环节。有条件的猪场可开展猪瘟抗体检测，根据检测结果补注疫苗。

(1) 免疫措施 猪瘟免疫程序可根据具体情况制定，一般公猪、母猪和育成猪每年春秋各注射猪瘟弱毒疫苗一次，注射剂量根据具体情况可以加倍剂量注射。对仔猪可采用两种免疫程序：一般情况下，首免 20~25 日龄，二免 50~60 日龄，首免一定要用单苗，二免可用单苗，也可用三联苗、二联苗。发生过猪瘟的猪场，新生仔猪出生后吮乳前接种猪瘟疫苗，注苗后2h再自由吃乳，即所谓超前免疫，以后，8~9 周龄时再加强免疫异常一次。

(2) 发生猪瘟时的紧急措施 猪瘟是一类传染病，目前尚无有效药物治疗。早期确诊，及时采取措施，对控制和消灭猪瘟具有重要意义。一旦发病应立即上报疫情，按"家畜家禽防疫条例实施细则"进行扑灭，要封锁猪场，扑杀病猪，焚毁深埋病尸；凡被猪瘟病毒污染的猪舍、环境、用具、吃剩下饲料、饮水等都要彻底消毒；对疫区内假定健康猪和受威胁猪，立即注射猪瘟疫苗，剂量可增至常规量的 2~3 倍；禁止外来人员入内，场内饲养人员及工作人员禁

第十二章
母猪的疾病防治

止相互来往。

> ⚠ 【注意】 带毒综合征的母猪带毒而不发病，病毒可以经胎盘传染给胎儿，引起死胎、弱胎，剩下的仔猪也可能带毒，这种仔猪对免疫接种有耐受现象，不产生免疫应答，而成为猪瘟的传染源，应坚决淘汰。

二 猪细小病毒病

猪细小病毒病是由猪细小病毒引起的猪繁殖障碍病之一，其特征是受感染母猪，特别是初产母猪产死胎、畸形胎、木乃伊胎及病弱仔猪，偶有流产，而母猪本身通常不表现临床症状。

1. 病原

猪细小病毒存在于感染猪所产的死胎、弱胎及子宫的分泌物中。病毒对外界环境抵抗力强，污染场地可造成长期连续传播。常用2%氢氧化钠溶液、0.5%漂白粉溶液喷洒5min可杀死病毒。

2. 诊断要点

【流行特点】 不同品种、各种年龄、不同用途的猪都可感染，常见于初产母猪。一般呈地方流行性或散发。多发生在每年4～10月份或母猪产仔和配种后的一段时间。一旦发生本病后，可持续多年。病猪和带毒猪是主要传染来源，带毒猪通过配种传染，或通过胎盘传染后代，病猪排出病毒污染环境，也可经消化道、呼吸道传染，其中初产母猪易感性最强。另外，鼠类也可机械性传播本病，出生前后的猪最常见的感染途径是胎盘和口鼻。

> ⚠ 【注意】 被病毒污染的猪舍，病猪离开猪舍空圈四个半月，经常规办法清扫的猪舍，当再次放入易感猪时仍能被感染。

【临床症状】 仔猪和母猪感染通常表现为亚临诊型，即没有典型的临诊表现。病毒感染的主要临床症状是母猪繁殖障碍。母猪在不同妊娠期感染，临床表现有一定差异，初产母猪妊娠初期感染，胚胎早期死亡、母猪不规律发情、屡配不孕；中期感染，胎儿死亡，有的被吸收形成木乃伊；后期感染，胎儿可成弱胎或畸形胎，此时存活的胎儿，出生长大变成带毒猪。母猪可见的唯一症状是在妊娠中期和后期胎儿死亡、胎水被吸收，母猪腹围减小。初产母猪感染后有可能获得终身免疫力。公猪感染后对其性欲和受精率影响不大，但可通过交配感染母猪。

【剖检变化】 不见明显变化，或仅见子宫内膜轻度的炎症。胎盘有钙化现象；受感染胎儿出现不同程度的发育不良，出现木乃伊胎，畸形、溶解的腐黑胎儿；感染胎儿可见充血、水肿、出血、体腔积液、脱水（木乃伊化）等病变。

3. 防治措施

本病尚无特效的治疗方法，也无治疗的必要。防治本病主要是采取综合性预防措施。首先，坚持自繁自养的原则，严控带毒猪传入猪场。猪场引进种猪时需进行血检，当 HI 抗体滴度在 1∶256 以下或阴性时，方准许引进，进场后还需隔离观察 2 周后，再经一次 HI 抗体检测，无病才能混群。其次，及时人工免疫接种。疫苗有灭活疫苗和弱毒疫苗两种，我国常用的是灭活疫苗。第三，在本病流行地区，将母猪配种时间推迟到 9 月龄后，以便大多数初产母猪建立主动免疫。第四，在本病流行地区，可采用将血清学阳性的老母猪放入后备母猪群中，或将初产母猪赶到污染猪圈内饲养等方法，使后备母猪受到感染，获得主动免疫。最后，一旦发病，应将发病母猪、仔猪隔离或淘汰。所有猪场环境、用具应严格消毒，对阳性猪采取隔离或淘汰，以免疫情进一步扩大。

⚠️ 【注意】 因本病发生流产或木乃伊猪同窝的幸存者（健康仔猪）不能留作种用。

三 猪伪狂犬病

猪伪狂犬病是由伪狂犬病毒引起的家畜和野生动物的一种急性传染病，以发热、奇痒及脑脊髓炎为特征。成年猪常为隐性感染，妊娠母猪感染后可引起流产、死胎及呼吸系统症状。公猪表现为繁殖障碍和呼吸系统症状。

1. 病原

病原是伪狂犬病病毒，广泛分布于世界各地，猪自然感染本病。

病毒对外界环境的抵抗力强，在污染的猪舍或干草上能存活 1 个月，在肉中可存活 5 周以上，对日光敏感；5% 苯酚、5% 石灰乳、1% 氢氧化钠、福尔马林等消毒液对此病毒有效。

2. 诊断要点

【流行特点】猪、牛、羊、犬、猫等 30 多种动物可以感染伪狂犬病，猪是最重要的宿主和带毒者，对该病的传播起着极重要的作用。病毒可在自然界反复循环存在，属于典型的自然疫源性传染病。本病传播途径较多，经消化道、呼吸道、损伤的皮肤以及生殖道均可感染。仔猪常因吃了感染母猪的乳汁而发病。妊娠母猪感染本病后，病毒可经胎盘而使胎儿感染，以致引起流产和死胎。猪伪狂犬病的发生、发展与带毒鼠有关。伪狂犬病的发生一般呈地方性流行，多发生在寒冷的冬、春季，但其他季节也有发生，这是因为低温有利于病毒存活。初次发病猪场常可急性暴发，引起较多分娩母猪发病，死亡仔猪也多，以后逐渐减少，母猪和仔猪发病可变成散发性发生，但对发病场来说是一祸根。

【临床症状】随着猪龄的不同，症状有很大差异。哺乳仔猪症状表现最明显，体温升高达 41℃ 以上，精神萎靡，运动失调，倒地侧卧，角弓反张，四肢呈游泳状划动，转圈运动，盲目后退运动等，叫声嘶哑、发抖。病程 1~2 天，发病年龄越小，死亡率越高，15 日龄可高达 100%，3~4 周龄达 40%~60% 不等，耐过猪成僵猪，有的失明、偏瘫。断乳仔猪主要表现为呼吸道症状，咳嗽、呕吐，部分猪出现擦痒，死亡率低，最后成带毒猪。母猪感染后屡配不孕，妊娠母猪早期感染可引起胚胎消融、木乃伊胎，中期感染引起早产，后期感染产死胎、弱胎，有时甚至会迟产。公猪感染后，表现为睾丸肿胀、萎缩，丧失种用能力。

【剖检变化】扁桃体炎，咽部、气管、肺脏充血，水肿。淋巴结出血性炎症。脑膜充血、脑脊液增多。实质性脏器表面有粟粒至黄豆大小的灰黄色、灰白色坏死灶，特别是肝、肾表面的坏死灶周围有明显的红色晕圈，具有特征性。

3. 防治措施

预防本病，应防止购入的种猪带有病原，引种后需隔离饲养

1 个月，确认阴性猪才能混群。日常应严格兽医防疫制度，定期消毒，经常灭鼠，猪场内不能饲养狗、猫等其他动物。伪狂犬病目前尚无有效治疗办法。发生本病时，扑灭病猪，消毒猪舍及环境，粪便发酵处理；在疫场或受威胁的猪场，必要时注射伪狂犬病弱毒冻干疫苗（按瓶签说明注射）。种猪场应加强种猪检疫，每隔 30 天抽血化验，阳性猪坚决淘汰，连续检查，直至淘汰完为止。为保全优良血统，阳性猪的后裔断乳后分别按窝隔离饲养，至 16 周龄开始血检，每隔 30 天 1 次，坚决淘汰阳性猪。这样可逐步建立无伪狂犬病的种群。

> ⚠️ **【注意】** 据知，弱毒苗有某些缺点，注射疫苗与否视疫情而定。

四 猪乙型脑炎

猪乙型脑炎又称流行性乙型脑炎、日本脑炎，简称乙脑，是由日本乙型脑炎病毒引起的人兽共患传染病。家畜中以猪的乙脑病例最多，在疫区常有散发或流行，此病造成的主要经济损失是妊娠母猪发生繁殖障碍，致严重患病或病死，其主要症状表现为母猪流产或产死胎，育肥猪持续高热和新生仔猪脑炎。我国某些地方猪场有发生该病。

1. 病原

乙脑病毒主要存在于脑、脑脊液、死胎儿的脑组织，以肿胀的睾丸中含毒量最高。该病毒对外界环境抵抗力不强，常用消毒药，如碘酊、来苏儿、甲醛等都能迅速杀灭病毒。

2. 诊断要点

【流行特点】 本病是自然疫源性疾病，在自然情况下，许多动物感染后成为本病的传染源，马、猪、人最易感和易发病。猪的感染最普遍，通过猪→蚊→猪的循环，扩大病毒的散播，所以猪是本病的主要增殖宿主和传染源。本病主要通过库蚊、伊蚊及按蚊等的叮咬经皮肤而传染，因此流行有明显的季节性，多发生于夏末秋初的蚊活动期。猪的发病与性成熟有关，大多在 6 月龄左右发病。在我国除新疆和西藏外，其他各省、市、自治区均有流行，尤其是海南、台湾、广东和福建等省常年有此病发生。

【临床症状】猪常突然发生，体温升至40~41℃，稽留几天至十几天，病猪精神沉郁、减食喜饮、嗜睡喜卧、粪便干燥、尿色深黄。仔猪有明显神经症状，共济失调，关节肿胀。妊娠母猪突然流产，多发生在妊娠后期，产死胎、弱胎和木乃伊胎，有的仔猪产出后几天内发生痉挛死亡，有的仔猪却生长发育良好，同一窝仔猪的大小和病变差异显著。妊娠初期感染，胎儿被吸收，产仔数少。母猪流产后一般不影响下次配种。公猪往往高温稽留，常单侧或两侧睾丸肿胀，触之热痛，经3~5天后肿胀消退，有的睾丸变小变硬，失去配种能力，如果仅一侧发炎，仍有配种能力。

【剖检变化】子宫内膜充血、水肿，黏膜下覆有黏稠分泌物。胎盘呈炎性浸润，流产胎儿常见脑水肿，脑膜和脊髓充血，皮下水肿，胸腔和腹腔积液，淋巴结充血，肝和脾有坏死。部分胎儿可见到大脑或小脑发育不全。睾丸硬化者体积缩小，与阴囊粘连，实质结缔组织化。

3. 防治措施

本病主要防治措施是防蚊灭蚊和免疫接种。灭蚊是控制乙脑流行的一项重要措施。免疫接种是一项有效的措施。在流行地区，在蚊开始活动前1~2个月，对4~5月龄至两岁的公、母猪，应用乙型脑炎弱毒疫苗进行预防注射，第二年加强免疫，免疫期可达3年。与此同时，加强对宿主动物的管理，应重点管理好没有经过夏、秋季的幼龄动物和从非疫区引进的动物。这类动物多未曾感染过乙脑，一旦感染较易成为病毒血症，成为传染源。

> 【提示】乙脑的治疗无有效疗法，也无治疗必要，多为隐性感染，一旦确诊最好淘汰。

五　猪繁殖与呼吸综合征

猪繁殖与呼吸综合征是一种由病毒引起的以繁殖障碍和呼吸系统疾病为特征的高度传染性的急性、高度传染为特征的传染病。母猪临床表现为厌食、发热，妊娠后期流产、产死胎和木乃伊胎、产弱仔和呼吸困难；幼龄仔猪发生呼吸系统疾病和大量死亡。

1. 病原

病毒属冠状病毒科，能干扰病猪的免疫，使其抵抗力降低，导致细菌继发感染在猪群中发生。感染母猪明显排毒，如鼻分泌物、粪便、尿液均含有病毒。该病毒对温热和外界理化因素的抵抗力差，在血清和组织中的病毒于 37℃ 48h 或 56℃ 45min 完全丧失致病力。该病毒对氯仿、乙醚敏感。

2. 诊断要点

【流行特点】猪是唯一的易感动物，各种年龄、品种的猪均可感染，但以妊娠母猪和新生仔猪最易感染。发病猪场均有引入带毒种猪的历史，初次发病的猪场常呈暴发性。病猪和带毒猪是主要传染源，病毒由病猪的鼻腔分泌物、病公猪的精液和尿排出，通过呼吸道、消化道发生水平传播，妊娠母猪通过胎盘发生垂直传播。病猪临床症状减轻后，仍能带毒 6 个月，以隐性感染和慢性型出现，使该病在猪场内长期存在。

【临床症状】本病因极易发生继发感染，而使病猪的症状差异很大。母猪病初精神萎靡、食欲不振或废绝、发热。妊娠母猪发生早产，后期发生流产，产死胎、木乃伊胎或产弱仔，常造成母猪不育或泌乳量下降，死亡率高达 80%，少数病猪出现双耳、外阴、尾部、腹部及口部、四肢末端青紫发绀。少数母猪表现为产后无乳、胎衣停滞及阴道分泌物增多等。早产仔猪出生当时或几天后死亡，大多数新生仔猪呼吸困难，死亡率高达 80%～90%。青年猪和公猪的症状较轻。

【剖检变化】流产胎儿及弱仔剖检可见胸腔积有大量清亮液体，普见有肺实变，间质性肺炎。母猪、公猪和育肥猪剖检，一般无肉眼可见的病理变化，显微镜检查可见间质性肺炎。

3. 防治措施

目前对本病尚无特效的治疗方法。控制本病的关键是切断传播途径，防止传染。猪场应严格遵守兽医卫生防疫制度，定期灭鼠，严格消毒制度，特别对流产的胎衣、死胎及死猪要严格做好无害化处理，彻底消毒。坚持自繁自养，必须从无病地区引种，引种时应对本病进行实验室检测，阴性猪方能引入，引入的猪仍需经1个月隔离观察，确实无病才能混群。有条件的猪场应做到不同年龄的猪分群饲养，相互隔离；育肥舍应实行"全进全出"制度，每批猪出栏后彻底消毒。种猪场要定期开展本病的检疫，发现阳性猪坚决淘汰，并彻底消毒场地。在本病流行期，可给仔猪注射抗生素并配合支持疗法，用以防止继发性细菌感染和提高仔猪的成活率。疫苗的应用是十分重要的防治手段，国内外已有商品疫苗可预防本病。

六 猪传染性胃肠炎

猪传染性胃肠炎是由猪传染性胃肠炎病毒引起的一种急性、高度接触性传染病，临床上以呕吐、严重腹泻、脱水和以10日龄内仔猪高死亡率为特征。幼龄仔猪死亡率达到100%。

1. 病原

猪传染性胃肠炎病毒属于冠状病毒科。该病毒对外界环境抵抗力不强，紫外线能使病毒很快死亡，本病毒不耐干燥和腐败，一般消毒药可杀死病毒，如0.3%苯酚、0.3%福尔马林、1%来苏儿容易使病毒死亡。

2. 诊断要点

【流行特点】各种年龄的公猪、母猪、育肥猪及断乳仔猪均可感染发病，但症状轻微，并可自然康复。以10日龄以下的哺乳仔猪发病率和病死率最高，其他动物无易感性。病猪和带毒猪是本病的主要传染源。病毒通过粪便、乳汁、鼻液排出体外，污染饲料、饮水、空气及用具等，经消化道和呼吸道传染。特别是密闭猪舍，湿度大，猪只集中的猪场，更易传播。本病多发生于寒冷的冬、春季，即12月至次年3、4月最多，传播速度快；日龄越小，发病率、病死率越高，断乳后仔猪、育肥猪和成年猪症状轻微。在新疫区，因母源抗体不能保护仔猪，呈流行性传播，一周以内可波及全群。老疫区呈地方性流行或周期性流行。

【临床症状】仔猪典型症状是呕吐和水样腹泻，粪的色泽呈黄色、黄绿色，粪便中含有乳凝块，恶臭，仔猪迅速脱水，10日龄以内的仔猪，大多在2~7天死亡。随着日龄增大，症状缓解，致死率降低，病愈仔猪生长缓慢。架子猪、肥猪和成年猪的症状轻微，发生一至数日的减食、腹泻、体重迅速减轻，有时出现呕吐，哺乳母猪泌乳较少或停止，极少发生死亡。妊娠母猪发病后少见流产。

【剖检变化】剖检变化主要表现在胃和小肠。仔猪胃内充满乳凝块，胃底黏膜充血、出血。小肠内充满黄绿色或灰白色液状物，含有泡沫和未消化的小乳块，小肠壁变薄，弹性降低，以致肠管扩张，呈半透明状。在低倍镜下或放大镜下观察，可见空肠绒毛显著缩短。

3. 防治措施

本病尚无特效治疗方法，在患病期间大量补等渗葡萄糖氯化钠溶液，供给大量清洁饮水和易消化的饲料，可使较大的病猪加速恢复，减少仔猪死亡。口服磺胺、黄连素、高锰酸钾等可防止继发感染，减轻症状。由于本病发病率很高，传播快，一旦发病，采取隔离消毒措施效果不大，加之康复猪可产生一定的免疫力，规模不大的猪场，全场猪只暴发流行后获得免疫，本病即可停止流行。在规模较大的猪场一旦发病，经领导研究后，可对分娩母猪及年龄较大的猪只进行人工感染，使之短期内发病，疫情尽快停止。预防本病应加强饲养管理，实行全进全出，注意仔猪保温，喂好初乳，严格消毒，让仔猪在良好的环境中成长。在易发病猪场可进行免疫接种，对猪注射传染性胃肠炎弱毒疫苗或灭活苗，或传染性胃肠炎和猪流行性腹泻二联苗预防。一般于每年 10 月至次年 3 月对妊娠母猪于产前 30 天注射。

七　猪布鲁氏菌病

猪布鲁氏菌病是由布鲁氏菌引起的人、畜共患的一种慢性传染病。本病的特征是在动物主要侵害生殖器官，引起流产、胎衣不下、生殖器官及胎膜发炎、公畜睾丸炎、巨噬细胞增生和肉芽肿。本病已广泛分布于世界各地，我国某些地方有牛、羊、猪、犬种布鲁杆菌病发生。

1. 病原

本病病原为布鲁氏菌，为球状短杆菌，共有 6 个种和 20 个生物型。猪布鲁杆菌生物 1 型和 3 型的易感宿主是猪，对人有强的致病性。布鲁氏菌对外界环境因素的抵抗力较强，但对消毒药的抵抗力不强，兽医常用的一般消毒药，如 3% 苯酚、来苏儿、臭药水、5% 漂白粉、2% 甲醛液、5% 石灰水、0.5% 洗必泰、0.1% 新洁尔灭、消毒净等，都能在较短时间内将其杀死。

2. 诊断要点

【流行特点】 本病广泛分布于世界各地，各地均有不同程度的发生和流行。猪不分品种和年龄都有易感性。猪种布鲁氏菌除感染猪外，也可感染牛、马、鹿、羊和人。病猪和带菌猪是本病的主要传染源。母猪在流产期间，布鲁氏菌随胎儿、胎水、胎衣排出体外，污染饲料、地面、饮水、垫草及外界环境；布鲁氏菌可随病猪的粪便、乳汁、精液、尿排出体外，造成传播。本病的传染途径主要是消化道，即通过采食被污染的饲料和饮水而感染。其次是皮肤、黏膜及生殖道。交配传播，是猪的重要传染途径之一。若病公猪精液中有病原体，人工授精时，可使母猪感染。本病一般为散发，接近性成熟年龄动物较易感。母畜感染后一般只发生 1 次流产，流产 2 次的较少见。

⚠ 【注意】 猪的布鲁氏菌病是人感染该病的重要传染源之一，猪布鲁氏菌病对人类具有很强的致病性，给畜牧业和人的健康带来较大的危害。

【临床症状】 大部分感染猪呈隐性感染，少数猪呈现典型症状。母猪流产者多发生于妊娠第 4~12 周，有的在妊娠 2~3 周即流产，最晚可能在接近分娩时流产。流产前，母猪精神沉郁，阴唇和乳房肿胀，阴道流出黏性分泌物，个别胎衣滞留。流产胎儿可能只有一部分死亡，如果接近预产期时流产，所产仔猪可能有完全健康者，也有虚弱或者不同时期死亡者。公猪发生睾丸炎和附睾炎，单侧和两侧睾丸肿大，久而久之，失去繁殖能力。有的病猪两后肢或一后肢跛行、瘫痪、关节炎及皮下组织脓肿。

【剖检变化】 母猪子宫黏膜充血、出血和有炎性分泌物，约 40% 患病母猪的子宫黏膜上有许多如大头针帽至粟粒大的浅黄色小结节，质硬，切开可见少量化脓或干酪样物质；有的可见小结节互相融合成不规则的斑块，使子宫壁变厚和内腔狭窄，常称为粟粒性子宫布鲁氏菌病。淋巴结、肝、脾、肾、乳腺等也可能见到布鲁氏菌病性结节病变。流产胎儿的状态不同，有的为木乃伊干尸化，有的为弱仔或健活仔，死亡胎儿可见浆膜上有絮状纤维素分泌物，胸、腹腔有少量微红色液体及混有纤维素。流产的猪胎衣充血、出血和水肿，表面覆盖浅黄色渗出物，有的还见有坏死灶。公猪的睾丸及附睾常见炎性坏死灶，公猪睾丸及附睾肿大，切开可见豌豆大小的化脓和坏死灶、化脓灶，甚至有钙化灶。猪患布鲁氏菌病还常见有关节炎，主要侵害四肢较大的髋关节。

3. 防治措施

本病无治疗价值，因此，一般不予以治疗。主要采取淘汰病畜来防止本病的流行和扩散。为预防本病，坚持自繁自养，引进种猪时要严格隔离 1～3 个月，确认为阴性后，才可投入生产群使用。全场猪群应定期采血进行血清学检测，发现阳性者一律淘汰。流产胎儿、胎衣、羊水及阴道分泌物应做无害化处理，并且深埋，被污染的场所及用具用 3%～5% 的来苏儿消毒。凡有可能感染本病的人员均应进行预防接种，并做好个人防护，目前多采用 M-104 冻活疫苗，划痕接种，免疫期 1 年。曾经发生过该病的阳性猪场中的阴性猪可口服"布氏杆菌猪型二号"弱毒冻干苗进行预防免疫，最好在配种前 1～2 个月进行，饮服两次，间隔 30～45 天，每次剂量为 200 亿活菌，免疫期为 1 年。注意防止工作人员感染。

⚠️ 【注意】 不受布鲁氏菌病威胁和已控制的地区，一般不主张接种疫苗。

八 猪钩端螺旋体病

钩端螺旋体病是由致病性钩端螺旋体引起的一种人畜共患的自然疫源性传染病。大多数呈隐性感染，少数急性病例表现为发热、黄疸、血红蛋白尿、流产、出血性素质、水肿等症状。我国南方地区较为严重。

1. 病原

病原是钩端螺旋体，在水田、池塘、沼泽及淤泥中可以存活数月或更长时间。钩端螺旋体对热和日光敏感，在干燥环境中容易死亡，不耐酸碱，一般的消毒剂如苯酚（也称为石炭酸）、甲酚、乙醇、高锰酸钾等常用浓度均可将其杀死。

2. 诊断要点

【流行特点】几乎所有温血动物均可感染，猪的感染率较高。病畜和带菌动物是本病的传染源，鼠类为储存宿主，可终生带菌。病畜和带菌动物可经多种途径排菌，但主要从尿液排出，污染水源、土壤等。主要经皮肤、黏膜感染，特别是破损的皮肤感染率高，也可经消化道感染。本病呈散发或地方性流行，一年四季均可发生，以夏、秋季最为流行，气候温暖、潮湿多雨、鼠类繁多的地区为高发区，特别是暴雨后的 1~2 周或洪水过后多发。

【临床症状】潜伏期一般为 3~7 天，可分为亚临床型、急性型、亚急性型与慢性型。亚临床型病猪大多呈隐性感染，携带钩端螺旋体但不表现临床症状。急性型病例有的无明显症状，在食欲良好的情况下突然死亡；有的体温升高至 40℃ 以上，精神沉郁，食欲不振，黄疸，神经性后肢无力，便秘，粪便呈深褐色的球状，震颤与脑膜炎，有时出现血红蛋白尿（尿如浓茶）或无明显症状就突然死亡，死亡率较高达 50% 以上。亚急性型与慢性型以损害生殖系统为特征，母猪妊娠不足 5 周感染的发生流产、死胎，死的胎儿皮肤有出血点，妊娠后期感染的则产弱仔，不会吸乳，并经 1~2 天死去。

【剖检变化】病理变化是可视黏膜呈现黄疸、黄脂、黄肝，膀胱积尿，尿呈红茶色。淋巴结肿大、充血、出血。有腐败胎和木乃伊胎。

3. 防治措施

本病分布广，隐性感染普遍，需采取综合性防治措施。及时隔离病畜和可疑病畜，防止水源污染，搞好环境及猪圈卫生，开展群众性捕鼠、灭鼠工作。对病猪粪尿污染的场地及水源，可用漂白粉或 2% 氢氧化钠液消毒。在本病常发地区，应注射钩端螺旋体多价菌苗免疫接种，间隔 1 周，2 次肌内注射，用量 2~5mL，免疫期约为 1 年。

治疗本病的目的是控制排菌，防止病原扩散。一般认为链霉素、庆大霉素、强力霉素（多西环素）、土霉素等都有较好的疗效。若使用青霉素，必须大剂量才能有效。可按照以下剂量及方法进行投药：链霉素每千克体重25～30mg，每日2次肌内注射；庆大霉素每千克体重1～1.5mg，每日2次肌内注射；强力霉素每千克体重5～10mg，每日口服1次，混饲剂量为每吨饲料100～200g。此外，除配合药物治疗外，静脉输液对提高治愈率有重要作用。

九 猪李氏杆菌病

猪李氏杆菌病是由李氏杆菌引起的一种散发性人畜共患传染病。猪感染本病后，主要表现为败血症和中枢神经功能障碍。本病分布于世界各国和地区，我国内蒙古、青海、新疆、甘肃、辽宁、黑龙江、四川、湖北、江苏、广东、广西和江苏等省、自治区发生过本病，对养猪业造成一定危害。

1. 病原

病原体为单核细胞增多症李氏杆菌，对周围环境的抵抗力很强，在土壤、粪便、干草上能存活很长时间，能耐食盐和碱，但常用的消毒药能将其杀死。

2. 诊断要点

【流行特点】本菌可侵害多种动物，自然发病的家畜以绵羊、家兔、猪较多，牛、山羊次之，马、猫、犬很少。家禽中以鸡、火鸡、鹅较多，鸭较少。人也可以感染本病。患病和带菌动物是本病的传染源，另外也可能与鼠类等啮齿动物传染有关。病原菌主要随患病、带菌动物的排泄物及分泌物污染饲料、饮水及垫草等，经消化道感染，其次可经呼吸道、眼结膜及破损的皮肤等途径侵入体内。本病多为散发，偶尔呈暴发性流行，病死率很高，各种年龄的动物都可感染发病。主要发生在冬季或春季。天气骤变、营养不良、寄生虫感染和其他细菌存在都可成为本病的诱因，一般小猪较多发。

【临床症状】潜伏期一般为2～3周，最快仅数天。临床上可分为败血症型、脑膜炎型和混合型，以混合型常见，多见于哺乳仔猪，常突然发病，病初体温升高达41～42℃，吮乳减少或不吃，粪干尿少，中后期体温降至常温或常温以下。多数病猪表现为脑膜脑炎症状，病猪意识障碍，共济失调，主要表现为：无目的行走或转圈运动，不自主地后退或头抵地不动，头颈后仰，前肢或四肢张开，呈观星姿势，受到轻微刺激发出惊叫。严重者常突然倒地，口吐白沫，四肢划动如游泳状，后肢有的麻痹、战栗，拖地而行。病程 1 ~ 3 天，长的可达 4 ~ 9 天，幼猪死亡率很高。成年猪患本病时呈进行性消瘦，长期食量减低，身体摇摆，步态无力，妊娠母猪常无明显症状而发病流产，病程可达 1 个月以上。成年猪多能耐过而痊愈，但成为带菌猪。单纯的脑膜炎型，多发生于断乳后仔猪，脑膜炎症状与混合型相似，但较缓和，病猪体温、食欲、粪、尿一般正常，病程较长。

【剖检变化】死于神经症状的病猪，一般可见脑膜炎病变，脑膜及脑组织充血、水肿，脑脊液增加，微混浊，脑干实质变软，有小脓灶，血管周围有以单核细胞为主的细胞浸润。死于败血症状的病猪，一般可见肺水肿、充血，气管及支气管出血性炎症及胃肠黏膜充血，心内外膜出血，肝、脾、肾发生出血或出血性变化，肝脏表面有白色坏死灶，肠系膜淋巴结肿大，切面多汁，成年猪慢性病例病变不明显，流产母猪的子宫内膜和胎盘可见到充血以及广泛坏死。

3. 防治措施

应用本病病原菌所制疫苗进行免疫接种尚未获得成功，故预防本病应着重搞好环境卫生，经常处理粪便，对污染的猪舍、用具、水源，可用 2% 氢氧化钠溶液或 5% 漂白粉溶液消毒处理。加强营养，定期驱虫，使动物保持高水平的抗感染能力。一旦发病，应立即隔离治疗，严格消毒，病尸一律深埋，防止人感染本病。早期应用大剂量磺胺类药物，或青霉素、链霉素配合使用，有良好的治疗疗效。如 20% 磺胺嘧啶钠注射液 5 ~ 10mL，肌内注射；氨苄青霉素，每千克体重 4 ~ 11mg，肌内注射，每日 2 次，连注 3 ~ 4 天。除此以外，还可采取一些对症治疗，如病猪兴奋不安时，可注射盐酸异丙嗪镇静，用法用量按药剂使用说明。

✚ 猪气喘病

猪气喘病又称猪支原体肺炎、地方性流行性肺炎，是由猪肺炎支原体引起的一种以咳嗽和气喘为主要特征的慢性、接触性传染病。

本病在世界各国广泛存在，在正常饲养管理条件下，死亡率不高，但在恶劣条件下，也可造成严重死亡，给养猪业带来一定损失。近年来由于经常和猪繁殖与呼吸综合征、圆环病毒等其他病原混合感染，造成重大的经济损失而凸显其重要性。

1. 病原

猪肺炎支原体是一类无细胞壁的多形态微生物，对外界自然环境及理化因素的抵抗力不强，病原体随病猪咳嗽、喘气排出体外而污染猪舍墙壁、地面、用具，其生存时间一般不超过36h，日光、干燥及常用的消毒药液，都可在较短时间杀灭病原。一般常用的化学消毒药剂均能达到消毒目的。对青霉素、链霉素和磺胺不敏感。在人工感染时，用金霉素、土霉素、卡那霉素、林可霉素、泰乐菌素等广谱抗生素可阻止肺炎病变发展。

2. 诊断要点

【流行特点】支原体能引起多种动物患病，但各种动物的支原体病互不感染，猪肺炎支原体仅感染猪。不同品种、年龄、性别的猪均能感染，其中哺乳仔猪和断乳仔猪易感性高，其次是妊娠后期及哺乳母猪。公猪、成年猪多呈慢性或隐性感染。病猪和隐性感染猪是本病的传染源。新疫区往往由于购入隐性感染猪而引起本病暴发。本病传播途径是呼吸道，病猪和隐性病猪咳嗽喷嚏时，随飞沫及分泌物，排出大量病原，被健康猪吸入而感染。尤其是通风不良、潮湿和拥挤的猪舍，最易引起发病和流行。本病一年四季均可发生，没有明显的季节性，但冬、春寒冷天气多见。当天气突变，阴湿寒冷，饲养管理和卫生条件不良时可使病情加重，病死率增高。如果为继发感染或混合感染，则造成更大损失。

【临床症状】本病为一种发病率高、死亡率低的慢性疾病。主要症状为慢性干咳和气喘。病猪体温一般不高，吃食正常，但病情严重者食欲减退或不食。病初为短声连咳，在清晨出圈后受到冷空气的刺激，或采食和运动后最容易听到，同时流少量清鼻液，病重时流灰白色黏性或脓性鼻液。病中期咳嗽少而低沉，呼吸加快，每分钟达40~50次，严重者可达100次以上，呈现明显的腹式呼吸。病后期气喘加重，有的猪前肢撑开，呈犬坐姿势张口喘气，并发出哮鸣音，精神沉郁，身体消瘦。如果有继发感染时，可出现咳嗽加剧、体温升高及衰竭症状。有些病猪因久病不愈而成僵猪。感染猪之间身体大小差异相当明显。

【剖检变化】主要病变发生在肺脏和肺部淋巴结，两肺肿胀，病变一般从肺心叶开始，逐渐扩展到尖叶、中间叶及膈叶的前下部。病变部为浅灰色或红灰色，和健康组织界限明显，两侧肺叶病变分布对称，切面湿润致密，像新鲜肌肉，俗称"肉变"，指压从上支气管流出灰白色、混浊、黏稠的液体。病情加重时，病变部位颜色变深，呈浅紫色或灰白色，坚韧度增加，透明度降低，外观似胰腺，俗称"胰变"或"虾肉样变"。肺门和纵隔淋巴结显著肿大，呈灰白色，切面外翻，湿润多汁，有时边缘轻度出血。慢性病猪常继发细菌感染，肺脏上可见脓灶形成，引起肺与胸膜纤维素粘连，若无其他病并发，除呼吸器官外，其他内脏器官病变不明显。

3. 防治措施

未发病地区预防本病，需贯彻"自繁自养、全进全出"的原则，尽量不从外地购入猪只。对引进的种猪或购进的商品猪苗要进行严格隔离和检疫。同时，还要防止猪群过度拥挤，定期驱虫，做好猪舍卫生消毒工作，保持舍内新鲜空气和适当温、湿度，尽力排除应激因素。已发病地区或猪场要做到早诊断，早隔离，及时消除传染源。妊娠母猪实行单圈饲养，断乳仔猪按窝集中育肥，兽医要严格检查母猪是否带菌或发病，确定病猪及早挑出并集中隔离饲养，进行有效的药物治疗和消毒处理，逐步确定无本病的健康母猪群。在喘气病发生严重的猪场，应给猪进行猪肺炎霉形体兔化弱毒疫苗预防接种，增加猪的免疫能力。

治疗本病的关键是早期用药，可选用泰妙菌素、利高霉素、泰乐菌素、土霉素、氟苯尼考、喹诺酮类药物（恩诺沙星、诺氟沙星、氧氟沙星、环丙沙星等）、大观霉素、多西环素、螺旋霉素、替米考星等。宜选用复方制剂，连续用药5~7天为一疗程，必要时需要进行2~3个疗程的投药，可大大减缓症状，但较难根治。对病猪实行胸腔内或肺内注射给药，效果比较理想。

> **【提示】** 实践证明，如果能改善卫生条件，注意防寒保暖，增喂优质青饲料，定期驱虫等对提高本病药物疗效具有重要意义。

十一 猪衣原体病

猪衣原体病是由鹦鹉热亲衣原体（旧称鹦鹉热衣原体）的某些菌株引起的一种慢性、接触性传染病，又称流行性流产、猪衣原体性流产。临床上可表现为妊娠母猪流产、死产和产弱仔，新生仔猪肺炎、肠炎、胸膜炎、心包炎、关节炎，种公猪睾丸炎等。

1. 病原

衣原体是一类介于细菌和病毒之间，类似于立克次体的一类微生物。较重要的衣原体有 4 种，其中，鹦鹉热衣原体在兽医上有较重要的意义，可致畜禽肺炎、流产、关节炎等多种疾病，是猪衣原体病的病原。2% 的来苏儿、0.1% 的甲醛、2% 的氢氧化钠或氢氧化钾、1% 盐酸及 75% 的乙醇溶液可用于衣原体消毒。对四环素、泰乐菌素、多西环素、红霉素、螺旋霉素敏感，对庆大霉素、卡那霉素、新霉素、链霉素、磺胺嘧啶钠均不敏感。

2. 诊断要点

【流行特点】 不同品种及年龄结构的猪群都可感染，但以妊娠母猪和幼龄仔猪最易感，其他动物也有易感性。病猪及隐性带菌猪是主要传染源，几乎所有的鸟都可能携带该菌，有些哺乳动物，如绵羊、牛和啮齿类动物都可受到感染，这些动物都可能成为猪感染衣原体的疫源。传播的主要途径是通过吸入污染的空气及空气中的尘埃，也可通过摄入污染的食物或与生殖道感染的病畜接触，特别是通过交配而感染。该病无明显的季节性，常呈地方流行性。猪场可因引入病猪后暴发该病，康复猪可长期带菌。该病的发生和流行与一些诱发因素有关。

【临床症状】 自然感染的潜伏期为 3 ~ 15 天，有的长达 1 年。妊娠母猪感染后引起早产、死胎、流产、胎衣不下、不孕症及产下弱仔或木乃伊胎。母猪流产前一般无任何表现，体温正常，也有的表现为体温升高（39.5 ~ 41.5℃）。产出仔猪部分或全部死亡，活仔多体弱、初生重小、拱奶无力，多数在出生后数小时至 1～2 天内死亡。公猪可出现睾丸炎、附睾炎、尿道炎等生殖道疾病。仔猪还会表现出肠炎、多发性关节炎、结膜炎，断乳前后常患支气管炎、胸膜炎和心包炎。

【剖检变化】母猪子宫内膜充血、出血、水肿，并伴有 1～1.5cm 的坏死灶。流产死胎及产后死亡的新生仔猪的头、颈、肩胛部及会阴部皮下组织水肿，胸部皮下有胶样浸润，头顶和四肢呈弥漫性出血，肺常有卡他性炎症。患病公猪的睾丸变硬，有的腹股沟淋巴结肿大，输精管出血，阴茎水肿、出血或坏死。衣原体性肺炎性猪剖检可见肺水肿，表面有大量的小出血点和出血斑，尖叶和心叶呈灰色，病灶呈不规则形凸起，质地硬实并连成片，往往扩散到肺组织深部，病健肺组织有明显的界线。

3. 防治措施

预防本病必须认真采取综合性措施。平时定期对猪舍、猪圈进行预防性消毒，避免健康猪与病禽和其他病鸟及其粪便接触，同时防止与其他感染哺乳动物接触。严格隔离病猪，单独饲养，及时治疗。感染猪只治疗痊愈后方可作种用。在本病流行区，应制订疫苗免疫计划，定期进行预防接种。许多抗生素对衣原体都有作用，治疗效果最好的是四环素，为了完全排出或抑制潜伏期感染，应按治疗水平连续给药 21 天。四环素、土霉素和金霉素可通过饮水或饲料使用，长效土霉素可用于治疗个体感染猪。

十二 猪弓形虫病

猪弓形虫病是由龚地弓形虫在猫肠上皮细胞内行有性繁殖，在猪、牛、羊、犬等多种动物和人的有核细胞内行无性繁殖过程而引起的一种人畜共患原虫病。猪暴发弓形虫病时，死亡率很高。

1. 虫体特征及生活史

猪体内的龚地弓形虫呈新月形（弓形、香蕉形），一端稍尖，一端钝圆，称为滋养体。猫是弓形虫的终末宿主，在猫小肠上皮细胞内形成卵囊，随粪便排到外界发育成感染性卵囊，可感染包括哺乳类、鸟类、鱼类、爬行类和人等 200 余种动物（中间宿主）。在中间宿主体内，弓形虫可在全身组织器官的有核细胞内进行无性繁殖，形成滋养体。

2. 诊断要点

【流行特点】本病多发生于 3～4 月龄小猪，常呈暴发性，死亡率很高（30%～40%）；大猪亦可少数发病。全年均可发生，但多见于 7～10 月份。感染源主要为患病和带虫动物，患病和带虫动物的唾液、痰、粪便、尿、乳汁、蛋、腹腔液、眼分泌物、流产胎儿、胎盘等均可能含有滋养体成为传染源。此外，被病猫和带虫猫排出的卵囊污染的土壤、饲料、饲草和饮水等也可成为传染源。滋养体可经口腔、鼻腔、呼吸道黏膜、眼结膜和皮肤感染，也可垂直感染。如果猪营养不良、受寒等可诱发本病。

【临床症状】病初体温升高至 40.5～42℃，稽留 7～10 天。精神不佳，食欲减退，甚至废绝。呼吸困难，后肢无力，常呈腹式呼吸或犬坐式，每分钟 60～85 次。小便黄，大便干燥带黏液。断乳仔猪常见拉稀，但无恶臭。一些病猪咳嗽、呕吐，流水样或黏性鼻液。严重时食欲废绝，步态不稳，肢体末端及腹下部发绀或出现紫红色斑。后期猪不能站立，呼吸极度困难，体温下降后不久死亡。病程 7～15 天，病死率 50%。仔猪生长发育不良。妊娠母猪常发生死胎、流产及早产。急性发病后耐过的病猪，食欲逐渐恢复，体温逐渐降为正常，但由于包囊的逐渐形成，以及病变恢复需要时间，病猪仍表现一定的呼吸道症状及消化道症状，有的留有运动障碍等后遗症。

3. 防治措施

预防弓形虫病要做到保持圈舍清洁，定期消毒，经常灭鼠。弓形虫病是由于摄入猫粪便中卵囊而受感染，因此，猪场内严禁养猫，防止猫进入猪舍。发现病猪及时治疗，治愈后不留作种用。勿用未经煮熟的屠宰废弃物喂猪。受弓形虫病威胁的猪场及发病猪场中未病猪可用磺胺甲氧嘧啶混料给药，连用 7 天，以预防感染。

本病临床表现及病变与猪瘟近似。确诊可用腹水涂片及小鼠接种查出虫体。治疗以磺胺类药物和抗菌增效剂联合应用为佳，各种抗生素无效。常用磺胺嘧啶钠注射液，按 70mg/kg 体重肌内注射，配以甲氧苄氨嘧啶，按 14mg/kg 体重口服，每天 2 次，连用 3～4 天。

其他如磺胺甲氧吡嗪、磺胺-6甲氧嘧啶等均可应用，但需注意，磺胺类药物需早期应用，治疗过晚效果欠佳。

第二节 母猪常见产科疾病

一 卵巢囊肿

卵巢囊肿是猪生殖器官疾病中比较常见的一种疾病。卵巢囊肿分为卵泡囊肿和黄体囊肿两种。卵泡囊肿是由于卵泡上皮变性，而泡壁结缔组织增生变厚，卵细胞死亡，卵泡液未被吸收或者增多而形成的。黄体囊肿是由于未排卵的卵泡壁上皮黄体化而形成的，称为黄体化囊肿；或是正常排卵后由于某些原因，黄体化不完全，在黄体内形成空腔，腔内聚积体液而形成，称为黄体囊肿。猪主要是形成黄体囊肿。

1. 病因

卵巢囊肿发病的原因目前虽然尚未完全查明，可能与内分泌失调有关，即促黄体素分泌不足或促卵泡素分泌过多，使排卵机制和黄体的正常发育受到了扰乱。从实践来看，下列因素可能影响排卵机制：①饲料中缺乏维生素A或含有多量的雌激素；②垂体或其他激素腺体机能失调以及使用激素制剂不当（如注射雌激素过多）；③子宫内膜炎、胎衣不下及其他卵巢疾病可以引起卵巢炎，使排卵受到扰乱，继发囊肿。

2. 临床症状

卵泡囊肿的主要症状是无规律地频繁发情和持续发情，甚至出现慕雄狂。黄体囊肿则表现为长期不发情，猪主要是黄体囊肿。体型较大的猪直肠检查，可在子宫颈稍前方发现卵巢上葡萄状的囊肿物。多数病例是一侧性的，但也有两侧交替发病的。卵巢上有1个或几个大而出现波动的泡囊，卵泡囊表面光滑，外膜厚薄不匀。壁薄的有波动感；壁厚的像葡萄状，无波动感。如果出现多数小的囊肿，则感觉卵巢表面上有许多富有弹性的小结节。

3. 防治

主要采取的措施是改善饲养管理条件，消除病因。对卵巢囊肿的治疗，多采用激素疗法；①可联合或单独应用促黄体生成素和人绒毛膜促性腺激素，一般在注射促黄体生成素后 3~6 天，囊肿即形成黄体，症状消失，恢复发情，发情后再注射人绒毛膜促性腺激素。卵巢若无变化，可重复一个疗程。②肌内注射黄体酮，每日或隔日 1 次，连用 2~7 次。在治疗同时，补喂碘化钾，待发情后再注射垂体前叶促性腺激素。③中药治疗，马兰、梵天花、茵陈草各 20g，金樱子䓖 250g，黄竹叶（烧灰）100g，将前四味药煎水，兑黄竹叶灰混入饲料，1 次内服。或阳起石、淫羊藿、卷柏各 50g，煎水，1 次内服。

二 持久黄体

在性周期或分娩后，母猪卵巢中的黄体机能完成后，超过应消退的生理时限（如 25~30 天）仍不消退，称为持久黄体。持久黄体同样可以分泌孕酮，抑制卵泡发育，使性周期停止循环，引起母猪繁殖障碍。

1. 病因

饲养管理不当，如长期舍饲、缺乏运动、饲料单纯、某种矿质元素和维生素不足，造成新陈代谢障碍，内分泌机能紊乱，引起脑下垂体前叶分泌卵泡激素不足，黄体生成过多，致使黄体持续时间长，易形成性周期持久黄体。产后子宫复旧缓慢、恶露和胎衣滞留，患有子宫内膜炎、子宫积水或积脓、子宫肿瘤，子宫内有死胎或木乃伊胎等，都可使黄体不能及时吸收，从而形成持久黄体。

2. 临床症状

持久黄体临床上的主要特征性表现是，性周期循环停止，母猪长期不发情，也无性欲。母猪外阴皱缩，阴道黏膜苍白，没有分泌物流出，易被误认为是已经妊娠。个别病猪可能出现发情和性欲，但无排卵性周期，多次交配或授精而不孕。

3. 防治

治疗先从改善饲养管理，积极治疗原发病着手，才能收到良好效果。应用前列腺素 F_{2a} 及其合成的类似物、促卵泡素、孕马血清、雌激素及激光疗法、电针疗法也可用于治疗持久黄体。

三 流产

流产是指母猪未到预产时间产出胎儿，并且胎儿无生活能力，若胎儿有生活能力则称为早产。流产可发生于妊娠的任何阶段，但多发于妊娠早期。

1. 病因

流产的原因很多，也很复杂，大致可分为传染性和非传染性两类。

(1) 非传染性流产 非传染性流产的病因非常复杂，包括遗传、营养、应激、内分泌失调、创伤、母体疾病、管理等。已孕母猪受到撞击、滑倒、咬架等外部机械性作用时易发生流产，在精神上突然受到惊恐、冲动，对膘情不好的猪给予寒冷刺激都能引起流产。由于饲喂冰冻饲料、腐败变质饲料、酒糟类的酸酵性饲料、黑斑病的甘薯和含有龙葵素的马铃薯可造成流产。饲喂麦角、毒扁豆碱、胆碱药、麻醉药及利尿药，发生便秘，内服大量泻药，长距离运输时等都可引起流产。

(2) 传染性流产 它是由病原微生物和寄生虫感染所引起的。如细小病毒、布氏杆菌病、衣原体病、钩端螺旋体、弓形虫、伪狂犬病、繁殖与呼吸综合征等均可发生流产。

2. 临床症状

多数病例常常是突然发生，特别是在妊娠初期流产一般没有特殊症状。有些在流产前几天有精神倦怠，腹痛起卧，阴门流出羊水，努责等症状。在妊娠初期胎儿发生损伤时，可能发生隐性流产，即胎儿被吸收而不排出体外。在妊娠后期胎儿发生损伤时，因受损伤程度不同，多数胎儿受损伤后因胎膜出血、剥离，于数小时至数天排出。

3. 防治

为预防流产应对妊娠母猪精心管理，特别是妊娠后期母猪最好单圈饲养，避免各种机械性碰撞，防止急追猛赶，猪舍的上下坡不能太陡，保持猪舍清洁、温暖、干燥。母猪饲料营养要全面，维持母猪膘情，保证胎儿能获得生长发育所必需的一切营养，不要喂霉烂变质及刺激性大的饲料，应尽量喂些豆科青、粗饲料、豆饼、玉米、胡萝卜等优质饲料，喂酒糟不能过多，用少量与其他饲料搭配喂，棉籽饼及菜籽饼要经脱毒处理后喂给；禁止饲喂马铃薯芽、蓖麻叶和含有农药或有毒的饲料，酸性过大的青贮饲料、粉浆和粉渣等。认真做好乙型脑炎、细小病毒和流行性感冒等疫病的预防，发现疾病及时治疗。投药时，要防止误投药物或用药剂量过大，造成不良后果。对有习惯流产史的母猪，在妊娠50~60天时，可用黄体酮3~5mL一次肌内注射，间隔10天重复注射1次；同时用中药当归、白术、黄芪、茯苓、白芍、艾叶、川朴、枳壳各20g，加水煎汁，连渣拌入少量饲料，让母猪空腹取食，每天1剂，连服2天，可预防流产。

若有流产先兆，可肌内注射黄体酮15~25mg一次。如果已到达到预产期，并有产仔表现，乳房膨胀并分泌乳汁，但既无胎动也不见胎儿产出，时间一久腹部逐渐收缩，则可能是死胎残存在子宫内，对这样的母猪应及早采取人工流产的方法，促进死胎完全排出。最简单的方法是芒硝250~500g，用开水溶化过滤除渣，加童子尿500mL（取早上的新尿液）调匀，再拌入饲料喂给，或用胃管投服，一般1~2次见效；或注射脑下垂体后叶激素3~6mL，即可排出死胎。流产母猪出现全身症状时，应对症治疗。对传染性流产，要特别注意隔离和消毒，针对不同病原实施治疗，如弯杆菌病用链霉素，滴虫病用吖啶黄或二硝基咪唑。对有流产症状的母猪亦可采用中药防治措施：①对胎动不安的母猪，取川芎、甘草、白术、当归、人参、砂仁、熟地黄各9g，陈皮、紫苏、黄芩各3g，白芍、阿胶各2g，共研细末，每次取45g药末，加生姜5片，水200mL，共同煎沸，候温灌服。效果不明显时，可适当加大剂量。②对母猪体质虚弱有流产前兆的，取熟地、杭白芍、当归、川芎、焦白术、阿胶、陈皮、党参、茯苓、炙甘草各30g，大枣60g，水煎取汁灌服。③对发生流产后的母猪，也需用药物调理。用川芎、当归、桃仁、益母草各60g，龟板、血竭、红花、甘草各30g，水煎取汁，候温灌服。促进早发情、早配种。

四 死胎

死胎是指母猪在小产过程产出一个或多个死亡胎儿的现象。死亡胎儿在母体内通常经过3周以上时间，便会因组织分解吸收而形成木乃伊胎。

1. 病因

妊娠母猪感染猪瘟、细小病毒、乙型脑炎病毒、钩端螺旋体、布氏及沙门氏菌病等可引起死胎。饲料过于单一，蛋白质、矿物质特别是钙、铁、碘的缺乏，维生素A和维生素E不足，镁过多等引起营养障碍；饲喂大量冰冻、腐败、霉烂和变质饲料；妊娠后期不分圈饲养，配种过早及近亲繁殖等都可引起胎儿死亡；妊娠母猪过肥，脂肪沉积过多，影响子宫壁血液循环；妊娠母猪腹部受到猛烈冲击；妊娠母猪患心脏病，引起全身血液循环障碍不足，氧气供应不足，胎盘中积聚大量代谢产物等均可致使胎儿死亡。

2. 临床症状

病猪精神不佳，食欲不振，有时有腹痛表现，不安，时站时卧，努责，外阴肿胀，阴门娩出黄褐色带恶臭的污浊液体。在妊娠后期，用手按腹部检查久无胎动。如果时间过长，病猪呆滞，不吃，逐渐消瘦。若病程长、死胎腐败的，病猪精神沉郁，拒食，消瘦，体温升高，呼吸急促，若不及时治疗，常因急性子宫内膜炎而引起败血症死亡。

3. 防治

为降低母猪的死胎率，要加强饲养管理，增加母猪运动，提高母猪抵抗力。合理使用优质的配合饲料，补充适量的维生素、矿物质和微量元素，并根据妊娠母猪不同阶段的营养需要，适当调整饲料配方是防止因饲料因素造成死胎的关键。另外严格执行兽医卫生制度，加强平时性防疫的同时，应加强能引起繁殖障碍的传染病的预防工作。

对病猪主要依据病猪的表现进行治疗，若病猪出现体温升高、呼吸急促等全身性变化时，应立即注射抗生素及安乃近等进行抗感染和降温。死胎由于母猪宫缩无力无法排出时，可注射催产素以促使死胎排出。母猪生产完毕后，用高锰酸钾溶液、双氧水（过氧化氢）等冲洗子宫，并在子宫内投入抗生素，必要时可进行全身性抗菌消炎。因死胎而发生难产的必须慎重地拉出死胎，先用润滑剂润滑产道和胎儿，将消毒过的手缓缓插入阴道，握住死胎儿慢慢牵引出来。切勿粗暴牵拉，否则死胎关节骨骼断端损伤产道，可引起产褥热。由于乙型脑炎病毒造成死胎时，则推迟分娩期，尽早施行人工取胎术。

五 产后瘫痪

产后瘫痪是母猪分娩前后突然发生的一种严重代谢疾病。以四肢运动能力丧失或减弱、轻瘫为特征。本病遍布世界各国，多为散发。

1. 病因

一般认为，分娩前后母猪血钙浓度剧烈降低是本病直接原因。引起血钙降低的原因可能有下列几种因素共同作用的结果。妊娠日粮钙、磷和维生素 D 不足及比例不当，母猪产后从乳汁中要排出大量的钙和磷，若从饲粮中得不到足够钙、磷的补充，母猪出现负钙、负磷，骨组织大量脱钙、脱磷，骨质变疏松，四肢发软，可出现后躯瘫痪，甚至骨折。产后母猪、泌乳量高的母猪发病比例大，泌乳高峰期发病率较高。

2. 临床症状

母猪产后瘫痪见于产后 2~5 天。主要症状为食欲减退或废绝，病初粪便干硬而少，以后则停止排粪、排尿。体温正常或略有升高；精神极度萎靡，呈昏睡状态，长期卧地不能站立。仔猪吃乳时，乳汁很少或无乳，有时母猪伏卧时对周围事物全无反应，也不知让小猪吃乳，轻者虽能站立，但行走时后躯摇摆极度困难。病期较长时逐渐消瘦最后死亡。

3. 防治

静脉注射 10% 葡萄糖酸钙 50~150mL；或氯化钙溶液 20~50mL；或肌内注射维丁胶性钙溶液 2~4mL，每日或隔日 1 次，连用 10~15 天。为缓解便秘，可一次内服缓泻剂（硫酸镁或硫酸钠 40g）。如果患有严重的低磷酸盐血症，须用磷剂治疗，20% 磷酸二氢钠注射液 100~150mL，缓慢静脉注射，每日 1 次，连用 3 天。同时用 5% 葡萄糖盐水注射液 250mL 混合，静脉注射，效果更好。体质弱、血糖低时，用 10% 葡萄糖注射液 400mL，10% 氯化钙 20mL 混合一次静脉注射。为防止母猪长期卧地发生褥疮，应增垫柔软的褥草，经常翻动病猪，并用草把或粗布摩擦病猪皮肤以促进血液循环和神经机能恢复。

预防本病主要是合理配合母猪饲料，一定要喂给营养全价的饲料。每天加喂骨粉、蛋壳粉、贝壳粉、碳酸钙、鱼粉和食盐等。冬季注意保持母猪圈的干燥，妊娠母猪要加强运动。

六 难产

妊娠期满，胎儿发育成熟，母体不能将胎儿、胎衣从产道顺利地排出体外，统称为难产。

1. 病因

难产的原因大致可分为娩出力弱、产道狭窄和胎儿异常三类。娩出力弱主要是由于母猪瘦弱或过肥、运动不足、饲料品质不良等以及胎儿过多、子宫过度扩张使子宫收缩力减弱。此外，不适时地给予子宫收缩剂，也可引起娩出力异常。由于胎位不正和产道堵塞，使分娩时间延长致使子宫和母体衰竭也会引起子宫收缩无力。产道狭窄多为骨盆狭窄，主要是由于母猪发育不良或母猪配种过早，骨盆未发育完善所造成。胎儿异常主要是胎儿活力不足、畸形、过大、胎位不正等。胎儿过大，多因母猪发情期配种时间过早或过晚，使母猪怀胎少而过大，或以小型母猪用大型公猪配种，胎儿发育大。至于胎位不正一般猪很少发生。

2. 临床症状

母猪的预产期已超过，但未见努责反应；或虽有努责，但不见胎儿排出；或先前产出一头或几头后就停止分娩。母猪烦躁不安，时起时卧，时间久后母猪表现衰竭。

3. 防治

当难产发生时，应立即仔细检查产道、胎儿及母猪全身状态，弄清难产的原因及性质，根据原因和性质，采取相应的措施。分娩力弱引起的难产，当子宫颈未充分开张，胎囊未破时，应稍待。此时应隔着腹壁按摩子宫，以促进子宫肌收缩。如果子宫颈已开张，并且胎儿及产道均正常，可皮下或肌内注射垂体后叶素或催产素注射液 10 ~ 50 单位。当无法拉出胎儿时，且药物催产无效时，可行剖腹产手术。子宫颈已张开时，可向产道注入温肥皂水或油类润滑剂，然后将手伸入产道抓住胎儿头部或两后肢慢慢拉出。在产出两三个胎儿后，如果手触摸不到其余胎儿时，可等待20min，将母猪前躯抬高，以利于拉出胎儿。

骨盆狭窄造成的难产，可用手术助产。可按分娩力弱的助产手术进行。抓住胎头或上颌及前肢，倒生时抓住两后肢，慢慢拉出胎儿。若无拉出可能或强拉而损伤产道时，应进行剖宫产手术。

胎儿过大的难产，可用手术助产。手术方式同前两种难产，可用少量催产素作为辅助。

预防本病需合理饲养妊娠母猪，及时治疗原发病，增加运动，避免过肥，防止早配，并消除遗传因素的影响。

> ⚠️ **【注意】** 母猪子宫颈未张开、骨盆狭窄以及产道有阻碍时，不能注射催产素。

七 子宫内膜炎

子宫内膜炎通常是子宫黏膜的黏液性或化脓性炎症，为母猪常见的一种生殖器官疾病。子宫内膜炎发生后，往往发情不正常，或者发情虽正常，但不易受孕，即使妊娠，也易发生流产。临床上以不发情、阴道流出多量的分泌物为特征。

1. 病因

本病主要是由于配种、人工授精及阴道检查等操作时消毒不严以及难产、胎衣不下、子宫脱出、产道损伤之后，造成细菌侵入，引起子宫感染导致内膜发炎。子宫内膜炎常见的细菌有葡萄球菌、链球菌和大肠杆菌等。母猪运动不足，缺乏维生素和微量元素，或母猪过度瘦弱，抵抗力下降时，其生殖道内非致病菌也能致病。此外，某些传染病如布氏杆菌病、副伤寒等也常并发子宫内膜炎。

2. 临床症状

急性子宫内膜炎多发生于产后几天或流产后，全身症状明显。母猪产后不吃，精神沉郁，体温升高，鼻盘干燥，时常努责。阴道流出的分泌物呈灰红色或黄白色脓性，具有腥臭味，常黏附在尾根及阴门外，病猪做排尿动作。如果治疗不及时，可形成败血症和脓毒血症或转为慢性子宫内膜炎。

慢性子宫内膜炎一般由急性子宫内膜炎转变而来，病猪全身症状不明显，临床症状也不明显。在病猪尾根阴门周围附近有结痂或黏稠分泌物，其颜色为浅灰白色、黄色、暗灰色等，站立时不见黏液流出，卧地时流出量多，吃料不长膘，逐渐消瘦。病猪不发情或发情不正常，不易受胎等。有的未表现临床症状，其他检查均无发现变化，仅屡配不孕，发情时从阴道流出多量不透明液体，子宫冲洗物静置后有沉淀物。病期更长的病猪，表现弓背、努责、体温微升高、逐渐消瘦。

3. 防治

子宫内膜炎的治疗，一般采用先清除子宫内炎性分泌物，再将药物注入子宫内的方法。急性子宫内膜炎的治疗原则是局部治疗加全身疗法。在炎症急性期首先应清除积留在子宫内的炎性分泌物，选择0.02%新洁尔灭溶液、0.1%高锰酸钾、1%~2%碳酸氢钠、1%明矾、0.1%雷佛奴尔等冲洗子宫。冲洗后必须将残存的溶液排出，最后，可向子宫内注入20万~40万国际单位青霉素或1g金霉素胶囊。

对慢性子宫内膜炎的病猪，可用青霉素20万~40万国际单位、链霉素100万国际单位，混于高压消毒的植物油20mL内，向子宫内注入，为了促使子宫蠕动加强，有利于子宫腔内炎性分泌物的排出，亦可使用子宫收缩剂，如缩宫素。

⚠️ **【注意】** 向子宫内投药或注入冲洗药应在产后若干天内或在发情时进行，因为只有这些时期，子宫颈才开张，便于投药。若病猪有全身症状，禁止使用冲洗法。

在子宫内有积液时，可注射雌二醇2~4mg，4~6h后注射催产素10~20单位，促进炎症产物排出。配合应用抗生素，可收到较好效果。

子宫内膜炎的全身疗法，在大型猪场每季度取分泌物做药敏试验，选择最敏感的药物。对体温升高的病猪，首先注射青霉素、链霉素各200万国际单位，或诺氟沙星和思诺沙星类药物，肌内注射安乃近液10mL，或安痛定注射液10~20mL。

预防本病需注意保持产房干燥，清洁卫生，发生难产后助产时应小心谨慎。取完胎儿、胎衣，应用弱消毒溶液洗涤产道，并注入抗菌药物。对子宫和阴道等各项检查操作要严格遵守消毒规程。

八 母猪无乳综合征

母猪无乳综合征，是一种病因较为复杂的产科疾病。该病导致母猪产后少乳和无乳，造成仔猪饥饿、衰竭和抵抗力下降，给养猪生产造成较大的经济损失。

1. 病因

排除先天性的乳腺发育缺陷因素，母猪产后无乳的病因主要有：①临产母猪便秘、缺乏运动或乳腺先天发育不良等，造成母猪无乳。②饲养管理不当，后备母猪早配，体质瘦弱，母猪过肥、过瘦或胎龄较高，造成激素分泌机能紊乱；天气太热，母猪饲料变质、发霉；经常变更配方或突然变换饲料等因素引起应激反应导致母猪无乳。③猪饲养环境的卫生条件差，在进行配种、人工授精、人工助产等工作时操作不当，或因产后胎衣及胎衣碎片不能及时排出，感染细菌（如大肠杆菌和克雷伯菌）而使子宫、乳房发生炎症。④母猪低血钙及维生素 E 和硒缺乏等原因。

2. 临床症状

无乳综合征的母猪通常发生在分娩后3天之内，一般在分娩前12h到分娩结束这段时间还有乳，但在产后1~3天泌乳量减少或完全无乳。母猪可出现便秘，食欲下降，体温升高等症状。新生仔猪围绕母猪尖叫，母猪表情淡漠，不愿哺乳。随后仔猪出现孱弱、脱水甚至死亡。有些母猪有乳房炎症状或恶露，也可能没有其他明显症状。仔猪因饥饿饮用地面污水和尿液，可能引起腹泻。孱弱的幼仔可能被母猪压死。

3. 防治

为防止新生仔猪饥饿，长期得不到哺乳的仔猪需寄养，稍大的仔猪可人工喂养。乳房饱满而无乳排出者，用催产素20~30单位，10% 葡萄糖100mL，混合静脉注射，每天1~2次；或皮下注射催产素 30~40 单位，每天 3~4 次，连用 2 天。用热毛巾温敷和按摩乳房，并用手挤掉乳头塞。乳房松弛而无乳排出者，可用苯甲酸雌二醇 10~20mg + 黄体酮 5~10mg + 催产素 20 单位，混合肌内注射，每天 1 次，连用 3~5 天，有一定的疗效。同时加强饲养管理。母猪便秘的可在饲料中添加适量硫酸镁，或用温肥皂水灌肠；有子宫炎和乳房炎的可配合抗生素治疗。也可应用中药治疗：王不留行 25g，白芍、通草、当归、党参、黄芪各 15g，穿山甲、白术、陈皮各 10g，煎煮后加少量米酒灌服。

由于导致泌乳失败的因素多和应激有关，所以，应采取减低围产期应激水平的措施。首先要控制母猪舍的噪声；其次控制母猪舍的湿度，使母猪保持安静；第三要尽量保持产仔舍和母猪舍的差异，产前及早转圈。另外，在妊娠期间要控制母猪不要过肥，适当增加粗饲料，可在产前 1 周逐渐增加麸皮含量，最多可加到饲粮的一半。产房经常消毒，产后开始哺乳，之前仔细地消毒乳房。顽固的无乳母猪可淘汰。

九 乳房炎

乳房炎是由各种病因引起的乳房的炎症，其主要特点是乳汁发生理化性质及细菌学变化，乳腺组织发生病理学变化。临床上以乳腺出现肿大及疼痛，拒绝仔猪吃乳为特征。

1. 病因

猪舍卫生条件不良，乳头被未剪乳牙仔猪咬伤，地面不平过于粗糙使乳房受到挤压、摩擦而受伤，造成大肠杆菌、链球菌、葡萄球菌或绿脓杆菌等病原菌侵入而引起乳房炎。此外胎衣不下、产后急性子宫内膜炎也可继发乳房炎。

2. 临床症状

发生急性乳房炎时，病猪精神沉郁，无食欲，体温升高，乳房潮红、肿胀、水肿，触诊有热感和疼痛反应。由于乳房疼痛，母猪拒绝仔猪吮乳，仔猪健康状况迅速恶化。大部分病例发生在产后 1~3 天，乳汁极少或完全没有乳汁。

发生慢性乳房炎时，患病乳腺组织弹性降低，有硬结。乳汁稀薄，呈黄色，含有乳凝块。有些病例由于结缔组织增生而变硬，致使丧失泌乳能力。多数病例无全身症状。

3. 防治

预防本病，首先要搞好猪舍卫生，及时给仔猪剪断乳牙，防止乳房受到任何损伤。母猪在分娩前及断乳前3~5天，应减少精饲料及青饲料的喂量，以减少乳腺的分泌，同时应防止给予大量发酵饲料。

发生急性乳房炎时，首先隔离仔猪，由其他母猪代养或人工哺乳。给母猪肌内注射青霉素160万单位和链霉素0.5g，每天2次，连用3天。也可选用新霉素、土霉素、氨苄青霉素或磺胺类药物。可同时用0.25%~0.5%的盐酸普鲁卡因溶液50~100mL，加入青霉素10万~20万国际单位在乳房实质与腹壁之间进行封闭疗法。

发生慢性乳房炎时，可挤出乳汁后，进行乳房基部封闭疗法。同时按摩或热敷乳房后涂上10%鱼石脂软膏或10%樟脑软膏或碘软膏。在治疗期间可静脉注射10%葡萄糖酸钙100mL，有良好的辅助治疗作用。

十 产褥热

本病又称为产后败血症，是因产后子宫感染病原菌而引起高热的一种疾病。临床上以产后体温升高、寒战、食欲废绝、阴户流出带有腥臭味分泌物为特征。

1. 病因

助产时消毒不严，或产房不清洁，或助产时损伤母猪软产道黏膜，致产道感染细菌（包括金黄色葡萄球菌、溶血性链球菌、化脓性棒状杆菌、致病性大肠杆菌等），病原菌进入血液中，大量繁殖，产生毒素，引起一系列严重的全身性变化。

2. 临床症状

母猪产后2~3天内发病，体温升高到41℃左右，呈稽留热，病猪精神不振、喜欢卧地、不愿站立和行走、食欲减退甚至废绝、心跳和呼吸加快、四肢末端和耳朵发凉、泌乳减少甚至停止、阴门排出褐色恶臭分泌物和组织碎片，常常发生下痢。病程通常较短，呈亚急性。如果不及时治疗往往引起死亡。

3. 防治

预防本病主要是尽量避免生产过程中产道受损伤，在产道检查和难产助产时须注意消毒，防止损伤产道。同时，应保持产舍清洁卫生、干燥舒适。为排净子宫残留内容物，在母猪产出最后 1 头仔猪后 36~48h，肌内注射前列腺素 2mg，能避免发生产褥热。

已经发病后，主要从消除污染源、抗菌消炎、强心、调节离子平衡等几个方面进行防治。如子宫排污物，用垂体后叶素 2~4mL 皮下注射或肌内注射，以加强收缩，促使炎性分泌物的排出。可用抗生素和磺胺药进行抗菌消炎，消除全身性感染，如肌内注射青霉素、链霉素各 150 万~200 万国际单位，每日 2 次，连用 2~3 天。必要时肌内注射强心药如 10% 安钠咖注射液 10~20mL。调节离子平衡可静脉注射 10%~20% 葡萄糖注射液 300~500mL，内加 5% 碳酸氢钠溶液 100mL。

> ⚠ 【注意】 不允许冲洗子宫，以防将阴道病原菌带进子宫使感染恶化。

十一 阴道脱出

阴道脱出是指阴道壁的一部分或全部脱出于阴门之外。本病多发生于妊娠末期和产后。

1. 病因

本病主要是因母猪饲料中缺乏蛋白质和矿物质（常量元素及微量元素），造成母猪营养不良，肌肉弛缓无力；或缺乏运动，阴道损伤及老、弱猪等，使固定阴道的组织及阴道壁本身松弛，造成阴道脱出。此外，母猪便秘、腹泻、阴道炎以及分娩、难产时的阵缩、努责等，致使腹内压增加，都可继发本病。

2. 临床症状

起初母猪常在卧下时，见到阴门外突出有形如鹅卵到拳头大的红色或暗红色的半球状物，站立时缓慢缩回。由于反复脱出和脱出时间的延长，则很难自行缩回，且可能发展成阴道全部脱出。阴道全部脱出一般由阴道部分脱出发展而成，可见阴门外有形似网球大的球状物突出，初呈球状脱出于阴门之外，黏膜呈粉红色、湿润、柔软。久不缩回者，脱出的阴道壁黏膜呈紫红色，随后因黏膜下层水肿而呈苍白色，阴道壁变硬，有时黏膜外粘有粪便、垫草、泥土而污秽不洁，黏膜有伤口时常有血渍。脱出的阴道压迫尿道外口时，因排尿受阻则努责更强烈。个别病猪伴有膀胱脱出。由于努责强烈，病猪疼痛不安。发病初期病猪食欲、精神、体温一般正常。可见病猪不安、弓背、回顾腹部和频频排尿状。若继发感染时，则可能出现全身症状。

3. 防治

阴道部分脱出的病猪若站立时能自行缩回，一般不需要整复和固定，主要在于加强运动，增强营养，减少卧地，站立时要保持前低后高，应用"补虚益气"的中药方剂，一般能治愈。如果站立时不能自行缩回者，则应进行整复固定，并结合药物治疗。其方法如下：将病猪保定在前低后高的地方或提起后肢，以减轻腹压和盆腔压力。努责强烈时用2%普鲁卡因进行后海穴或尾椎外膜硬麻醉。选用0.1%高锰酸钾溶液或新洁尔灭清洗脱出的阴道，去除坏死组织，伤口大时进行缝合。水肿严重时，热敷挤揉或划刺以使水肿液流出。然后用消毒的湿纱布或涂有抗菌药物的细纱布把脱出的阴道包裹，趁母猪没有努责的时候用手掌将脱出的阴道推入，然后取出纱布。在治脱穴（阴唇中点旁侧1cm）及后海穴电针，或在两侧阴唇黏膜下蜂窝组织内注入70%酒精30~40mL，或以栅状阴门托或绳网结予以固定，亦可用消毒的粗缝线将阴门上2/3做减张缝合或纽孔状缝合。如果全身症状明显，要应用抗生素等进行全身治疗。必要时，可行阴道部分切除术。

预防本病要加强饲养管理，饲粮中要含足够的蛋白质、矿物质及维生素，母猪要适当运动，增强肌肉的收缩力。

十二 子宫脱出

子宫全部翻出于阴门之外，称为子宫脱出。

1. 病因

病因不完全清楚，但现在已知主要和产后强烈努责、外力牵引以及子宫弛缓有关。临床上也常发现，许多子宫脱出病例都同时伴有低钙血症，而低钙则是造成子宫弛缓的主要因素。当然，能造成子宫弛缓的因素还有很多，如母猪衰老、经产，营养不良（如单纯喂以麸皮，钙盐缺乏等），运动不足，胎儿过大、过多等。

2. 临床症状

猪脱出的子宫角很像两条肠管，但较粗大，且黏膜表面状似平绒，出血很多，颜色紫红，因其有横皱襞很容易和肠管的浆膜区别开来。猪子宫脱出后症状特别严重，卧地不起，反应极为迟钝，很快出现虚脱症状。

3. 防治

猪脱出的子宫角很长或猪的体型大，可在脱出的一个子宫角尖端的凹陷内灌入淡消毒液，并将手伸入其中，先把此角尖端塞回阴道中后，剩余部分就能很快被送回去；再用同法处理另一子宫角。如果脱出时间已久，子宫颈收缩，子宫壁变硬，或猪体型小，手无法伸入子宫角中，整复时可先在近阴门处隔着子宫壁将脱出较短的一个角的尖端向阴门内推压，使其通过阴门，这样操作往往并不困难，在整复脱出较长的另一个角时向阴门推进较困难。这时要耐心仔细操作，只要把猪的后躯吊起，角的尖端通过阴门后，其余部分就容易被送回去。

十三 胎衣不下

一般在母猪分娩后经 10～60min 即可排出胎衣，胎衣一般分 2 次排出，若胎衣较少时，胎衣往往分数次排出。如果产出后 3h 未排出胎衣，或只排出一部分，就属胎衣不下。临床上以产后不见胎衣排出而长时间排出恶露，或部分胎衣悬垂于阴门之外为特征。

1. 病因

胎衣不下的原因主要有以下几种：①子宫收缩无力。由于妊娠期饲料单一，营养不足或过量（如缺乏钙盐等无机盐）使母猪瘦弱或过肥，以及妊娠后期运动不足等引起子宫弛缓。②胎儿胎盘与母体胎盘粘连。当子宫内膜及胎盘炎症时，胎儿胎盘与母体胎盘发生粘连，引起胎衣不下。布鲁氏菌病猪可见到此种现象。此外，胎儿过大、难产等也可继发产后子宫收缩微弱而引起胎衣不下。

2. 临床症状

猪每个子宫角内胎囊的绒毛膜端凸入另一绒毛膜的凹端，彼此粘连形成管状，分娩时一个子宫角的各个胎衣往往一起排出来。母猪产仔后应及时检视每个胎衣的脐带断端数与分娩仔猪数是否相符。如果有缺少，即说明滞留胎衣数。母猪分娩后 3h 胎衣部分或全部滞留在子宫内，也有胎衣悬挂于阴门之外。初期没有明显症状。随着病程延长胎衣在子宫内滞留时间过久，发生腐败分解，引起全身症状，母猪不断努责，精神不安，食欲减少或消失，从阴门流出暗红或红白色带有臭气或恶臭的排泄物。胎衣不下可伴发化脓性子宫内膜炎及脓毒败血症，后者常能引起母猪死亡，临床上需及时治疗。

3. 防治

预防本病的主要措施是加强妊娠母猪饲养管理，喂给全价饲料，每天适当运动，防止母猪消瘦或过肥，使其肌肉收缩力正常，防止子宫收缩无力。当猪分娩后发生本病时，可一次性皮下注射垂体后叶素或催产素注射液 10~50 单位，常能促使胎衣排出。也可皮下注射麦角新碱 0.2~0.4mg。为了提高子宫收缩的兴奋性，促使胎衣排出，可同时静脉注射 10% 氯化钙注射液 20mL，或 10% 葡萄糖酸钙液 50~150mL。药物治疗无效的、体型大的母猪可采用剥离胎衣的方案。剥离前，应先消毒母猪外阴部，然后将经消毒并涂油的手（可戴长臂乳胶手套）伸入子宫内，轻轻剥离和拉出胎衣，最后投入金霉素或土霉素胶囊 0.5~1g，或将金霉素或土霉素 1g 加入蒸馏水中，注入子宫内。当胎衣腐败时，先用 0.1% 高锰酸钾水 500~1000mL 冲洗子宫，并将洗液全部导出，然后注入抗菌药物，如此连续几天。但一般情况下不宜采用药物冲洗，以免引起子宫弛缓影响子宫复原。

十四 产后厌食

1. 病因

该病的病因主要是猪的营养缺乏或过剩，以及患病造成的。

2. 临床症状

主要表现为母猪分娩后，发生食欲不振或不食、体温不高。该病一旦发生，轻则造成母猪体重快速减重；长时间厌食会造成母猪泌乳功能下降，影响仔猪的生长或造成仔猪死亡；更严重的可造成母猪高度消瘦，使母猪断乳后发情和配种受到影响。

3. 防治

首先，按母猪的饲养标准饲养母猪，给母猪以全价的优质配合饲料，满足母猪的各种营养需要，使母猪保持合理的体况。其次，防止母猪产后发生各种疾病，特别要搞好猪的繁殖障碍病的防疫，防止猪瘟、猪细小病毒病、猪乙型脑炎、伪狂犬病和猪繁育与呼吸综合征等各种传染病发生，防止由于分娩时气温过高、环境不洁、护理不当等造成产后病原微生物感染，使母猪体温升高，引起母猪不食。再次，加强妊娠期和分娩后母猪的饲养管理。在母猪的饲养过程中要合理搭配饲料，不要饲喂发霉饲料，不要突然更换饲料，要为妊娠和分娩母猪创造一个卫生、舒适的环境，减少各种应激因素。

十五 霉饲料中毒

1. 病因

自然环境中霉菌种类很多，常寄生在青草、干草、青贮饲料、玉米、小麦、稻米、豆类制品或其他饼粕中，在温暖潮湿情况下，霉菌（主要是黄曲霉菌、镰刀霉菌等）迅速生长繁殖并产生大量毒素（主要有黄曲霉毒素、赤霉病毒素、玉米赤烯酮等），猪采食后就会引起中毒。

2. 临床症状

本病主要发生在春末和夏季，由于玉米等谷物饲料中含水分较高，若存放条件不良，当气温升高、环境潮湿时饲料就容易发霉，给猪连喂1周后，即可出现病状。急性中毒较少见，临床表现以神经症状为主，病猪沉郁、垂头弓背、不吃不喝、粪便干燥，有的呆立，有的兴奋不安，病死率较高。慢性中毒妊娠母猪表现流产；空怀母猪可引起不孕；后备小母猪阴户、阴道肿胀呈发情征候；哺乳母猪食欲减少，泌乳量下降，严重时引起哺乳仔猪慢性中毒。

3. 防治

母猪霉变饲料中毒目前尚无有效解毒剂，首先，应立即停喂霉变饲料，改喂新鲜适口饲料，增喂青饲料，对病猪只能采用对症疗法，采取排毒、保肝等措施进行治疗。同时加强饲养管理，更换垫草，并对圈舍消毒。预防该病应杜绝用发霉饲料喂母猪，改善饲料储存条件，并添加防霉剂。

第三节　母猪的综合防疫措施

母猪的疫病是关系到猪场生死存亡和经济效益高低的大问题，猪场必须坚持"预防为主"的方针，结合具体情况及疫病防治原则制定合理而有效的措施。实践证明，要做到科学的饲养管理、提高猪群的健康水平和抗病能力、杜绝猪群中疫病的传播与蔓延、降低发病率与死亡率，须建立科学的防疫体系，严格认真地做好平时的预防工作、定期消毒和驱虫工作。一旦发生疫病，要采取综合性防控措施，使疫病得到及时控制。

一　严格隔离

将猪群控制在一个有利防疫和生产管理的范围内进行饲养的方法称为隔离。隔离是国内外普遍采用的最有效的基本防疫措施之一。

1. 隔离设施

理想的猪场应建在背风向阳、地势高燥、不受洪涝灾害影响，有利于排污和污水净化，较为偏僻易于设防的地区。猪场应远离各种饲养场及其产品加工厂、城镇居民区和村落，与交通干道、河流和水渠、污水沟等保持足够距离。猪场生产区内不同猪群应实行隔离饲养，相邻猪舍间应保持相应距离，生产区只能设置一个专供生产人员和车辆进出的大门，一个只供装卸猪只的装猪台。生产区下风向处设立病猪隔离治疗区、引种猪的隔离检疫舍、尸体剖检及处理设施。有条件的还应在猪舍内安装防鸟、防鼠设备等。场区外围应依据具体条件使用隔离网、隔离墙、防疫沟等建立隔离带，以防野生动物、家畜及无关人员进入生产区。

2. 隔离制度

为了使隔离措施得到贯彻落实，必须根据本场条件制定严格的隔离制度。猪场工作人员进入生产区要更换工作服和鞋帽，原则上谢绝参观。在生产区外设专门的圈舍供交易经营用，场外车辆、用具不准进场。各猪舍用具、工作服、鞋严格分开使用，定期消毒。

第十二章　母猪的疾病防治

饲养人员坚守岗位，不得串猪舍，搞好猪舍内外环境卫生，每天清扫猪圈，定期消毒，发现疫情随时消毒。养猪的各种用具如饲槽、饮水器、运料车、铲、桶等，需每天刷洗，定期用百毒杀、漂白粉水、次氯酸钠等消毒。垫草要勤更换，新换垫料应事先消毒。猪场大门口应设消毒池，主要用于消毒往来车辆的轮胎；在猪舍、病猪隔离舍、隔离检疫舍门口应放浸有消毒液的麻袋片或草垫（消毒药可用2%烧碱水、1%复合酚液或百毒杀），每周更换1次。场内禁止饲养其他动物及禁止携带动物、动物产品进场。新购入种猪和病猪要严格隔离。另外，加强粪便与死尸处理的管理。

二　隔离饲养，全进全出

养猪生产有连续饲养和全进全出两种方式。"连续饲养"是在一栋猪舍饲养几批年龄不同的猪群，转群或出售时未能一次全部调出，新猪群调入时部分猪舍仍留有尚未调走的猪群，这样容易造成各种慢性传染病的循环感染，使猪的生产性能和健康水平日趋下降，治疗费用增加，经济效益下降。"全进全出"即同批猪同期进一栋猪舍（场），同期出一栋猪舍（场），猪全部调出后，经彻底清扫消毒后空闲一周再进下一批猪。有条件的猪场可根据生产过程划分为配种期、妊娠和分娩期、保育期、育肥期，将这些处于不同阶段的猪放在三个分开的地方饲养，距离最少在500m以上；也可采用两点系统，即配种、妊娠和分娩在一个地方，保育猪和育肥猪在另一个地方。采用这一方法宜进行早期断乳（10~20日龄），并在每次搬迁隔离前对猪群进行监测，清除病猪和可疑病猪，这样有利于消灭原猪群中存在的病原体，防止循环感染。实践表明，采用全进全出饲养工艺，结合严格的隔离制度，可以消灭上批猪留下的病原体，给新进猪提供一个清洁的环境，进一步避免循环感染和交叉感染。同时，同一批猪日龄接近，也便于饲养管理和各项技术的贯彻执行。

> ➡ 【提示】　中小规模的养猪户无法做到全进全出饲养制度时，应避免建大猪舍，至少在不同批次之间或几个月彻底消毒1次。

三 预防饲料中毒

猪的饲料中毒多因饲料储存、调制不当、喂量过多而引起，常常给养猪生产造成严重损失。为预防猪饲料中毒，不得用有毒的植物、霉变的饲料、变质的糟渣、带毒的饼粕饲喂母猪，不饮被工业"三废"、农药污染的水，应定期对饲料和饮水进行微生物学和毒物学检查，侧重检查是否含有沙门氏菌、霉菌毒素等有害物质，饮水中大肠杆菌等细菌数是否超标。猪对霉菌毒素敏感，饲料玉米赤霉烯酮污染时，可导致母猪繁殖障碍。猪只长期摄入霉菌毒素后，机体免疫功能和抵抗力会降低，从而易患某些传染性疾病。在雨季或高温季节，应在猪饲料中加入防霉剂。当怀疑猪群大批发生饲料中毒时，在没有进一步确诊前，须采取隔离措施防止误诊而造成传染病的发生和蔓延；应立即停喂可疑饲料，改喂其他优质饲料或禁食，并及时使用药物对症治疗。

四 搞好环境卫生

1. 适宜的生活环境

适宜的饲养环境对母猪养殖生产十分必要。适宜的温度、湿度、光照能更好地发挥母猪的生产性能，保持猪舍清洁舒适，通风良好，冬天保温防寒，夏天凉爽防暑，舍内合理空气流通，降低病原微生物及有毒、有害气体的含量，更有利于母猪的健康生产。

2. 保持猪舍清洁卫生

猪场的环境卫生好坏，与疫病的发生有密切关系。环境污秽，有利于病原体滋生和疫病的传播。因此，猪舍、猪圈、场地及用具等应保持清洁、干燥，每天清除圈舍、场地的粪便及污物。为防止环境污染，对猪场的粪便污水应进行无害化处理。粪便要经发酵进行无害化处理，稀薄粪便用发酵池发酵，干粪用堆积发酵。污水的处理可用化学药品处理法。

3. 保证饮水清洁

母猪每天都需要大量的饮水，水的需要量与饲料性质、气候条件不同而不同。泌乳母猪的乳中含有 70% ~ 80% 的水分。因此，有条件时，应设置自动给水装置，满足饮水量和饮用水清洁无污染，保证母猪正常代谢，维持健康水平。

4. 消灭老鼠、蚊、蝇，防止疾病传播

老鼠、蚊、蝇等是病原体的宿主和携带者，能传播多种传染病和寄生虫病。及时清除猪舍附近的垃圾堆、乱杂草丛等；定期洗、冲、消毒污水沟；适当使用灭鼠、灭蚊蝇的工具和药械，搞好环境卫生，防止疫病发生和流行。

五 消毒制度

消毒是采用物理学、化学、生物学手段杀灭和减少生产环境中病原体的一种重要技术措施，其目的在于将存在于猪体表面及猪场环境中病原菌的数量减少到无害程度，杜绝疫病发生与流行，是综合性防疫措施中最常采用的重要措施之一。

1. 消毒设施

在猪场大门及各区域和各排猪舍入口处，应设消毒设施，如车辆消毒池、脚踏消毒池、喷雾消毒室、更衣换鞋间等。装设紫外线灯，应强调安全时间，以 3~5min 为宜。大型集约化猪场，卫生防疫制度更应严格。进入生活管理区的外来人员，先在大门入口处的消毒通道进行喷雾消毒，再到更衣室用肥皂水洗手后，换上猪场提供的防疫服及胶靴、戴上帽子，再次经消毒通道消毒后才允许进入场内。凡进入生产饲养区的人员，必须在生活管理区隔离缓冲 2 天，经洗澡、消毒、换上本场提供的工作服后，才允许入内，其在生活管理区所穿衣服不允许带入生产区。一般场外运行的车辆不准进入生产区，场内应有自备的车辆，如果场外车辆必须进入生产区时，车轮一定要在消毒池内滚动一周以上。

2. 猪舍消毒

消毒的步骤一般为清除污物、彻底清洗、喷洒消毒药液 3 个程序。一般先进行机械清扫，彻底清除污物后，再用清水冲洗干净，干燥后喷洒消毒药液，如已知舍内猪有传染性疾病，则首先应使用消毒药液进行洗刷，然后用高压动力喷雾器喷射高强力药液，此法迅速可靠，可省去清洗过程。用化学消毒药消毒时，消毒液的用量以每平方米面积猪舍用 1L 药液计算。常用的消毒药主要有 10%~20% 石灰乳、10% 漂白粉、0.5%~1.0% 菌毒敌、0.5%~

1.0%二氯异氰尿酸钠和0.5%过氧乙酸等。消毒方法是将消毒液盛于喷雾器内，先喷地面，然后喷墙壁和门窗，再喷天花板，过2h后用清水刷洗饲槽、用具，将消毒药味除去、防止残留。一般情况下，猪舍消毒每年进行2次（春、秋各1次）。产房消毒，可在分娩母猪进产房前消毒1次，产仔高峰期进行多次，产仔结束后进行1次。

> **【提示】** 机械性清扫必须在能防止传染源散布的条件下进行。当发生传染病时，清扫前，必须用消毒剂或烧碱水（5%）将污物湿润后，再进行清扫。对疑为传染病的猪粪便和垫料等污物，应立即集中火烧或深埋。

3. 地面和运动场消毒

平时应随时清除地面、运动场地的粪便，地面可用10%漂白粉溶液、4%福尔马林或10%氢氧化钙溶液消毒。运动场消毒前铲除表层土5~10cm，然后用药液喷洒（10%~20%漂白粉溶液），再加净土压平。运动场围栏，以15%~20%石灰乳刷拭达1m高度。

4. 猪舍进出口消毒

在猪舍进出口处常设消毒池。池内常用3%~5%甲酚皂液、2%烧碱液、10%~20%石灰乳，亦可用草席或麻袋等浸湿药液后置于进出口处，应注意药效，定期更换药液。尤其要时常更换脚踏消毒槽内的消毒液及易受有机物、紫外线影响的药液。用阳离子类型药物（如巴可马加倍稀释）可保持1天内有消毒效果。

5. 垫料和粪便消毒

清除的垫料和粪便应集中堆放，如果无传染病可疑时，可用生物自热消毒法处理。即距猪场100~200m的地方设立堆粪场，将猪粪堆积起来，上面盖上10cm厚沙土，堆放发酵30天左右，即可作为肥料。如果确认有某种传染病时应将全部垫料和粪便深埋或焚烧。对病猪粪便可用漂白粉，按5:1比例，即每千克粪便加入漂白粉2kg拌和，干结的粪球应加水软化拌和，以达到消毒目的。病料、病尸采用焚尸炉、火炉、大锅进行焚烧、煮沸或化制处理；或采取消毒药物浸泡、生物热发酵或深埋处理。

⊙【提示】 猪场经营者应严禁销售死猪，场内要有专门的不漏水的袋、桶装死尸及分娩时产生的胎盘、死胎，并移出生产区外处理，对死猪应依患病性质分别采取高温、深埋处理，必要时焚烧。被死尸污染的场所要彻底消毒。

6. 污水消毒

最常用的方法是将污水引入污水处理池，加入漂白粉或其他氯制剂进行消毒，一般1L污水用2~5g漂白粉。

六 免疫接种

免疫接种是激发猪体产生特异性抵抗力，使猪对某种传染病从易感转化为不易感的一种手段。有组织、有计划地进行免疫接种是控制猪传染病的重要措施之一。尤其是对于病毒性疾病等一些药物不能预防或预防效果不很理想的疾病。免疫程序是免疫接种的次序，包括疫苗种类、猪群类别、接种时间、方法、剂量、次数，并考虑母源抗体的影响，猪场免疫程序要根据所处地区及猪场具体情况来确定。预防接种应有周密的计划，为了做到预防接种的有的放矢，应该对当地各种传染病的发生和流行性情况进行调查。猪群免疫程序的制定，应该至少考虑以下8个方面的因素：国内及周边地区猪疫病的流行情况、本场疫病的历史流行情况、本场的生产管理水平及防疫设施情况、猪群的健康状况及猪群抗体水平消长情况、特定疫病的流行特点、饲料中添加药物的情况、母源抗体的因素、疫苗的特性等。农业部于2007年下发了《农业部关于做好2007年猪病防控工作的通知》，其中猪病免疫推荐方案见表12-1，各猪场可根据场内实际情况参考执行。

表 12-1 种母猪推荐免疫程序

免疫时间	使用疫苗
每隔4~6个月	口蹄疫灭活疫苗
初产母猪配种前	猪瘟弱毒疫苗
	高致病性猪蓝耳病灭活疫苗
	猪细小病毒灭活疫苗
	猪伪狂犬基因缺失弱毒疫苗

免疫时间	使用疫苗
经产母猪配种前	猪瘟弱毒疫苗
	高致病性猪蓝耳病灭活疫苗
产前4~6周	猪伪狂犬基因缺失弱毒疫苗
	大肠杆菌双价基因工程苗①
	猪传染性胃肠炎、流行性腹泻二联苗①

注：1. 种猪70日龄前免疫程序同商品猪。

2. 乙型脑炎流行或受威胁地区，每年3~5月份（蚊虫出现前1~2个月），使用乙型脑炎疫苗间隔一个月免疫两次。

3. 猪瘟弱毒疫苗建议使用脾淋疫苗。

① 根据本地疫病流行情况可选择进行免疫。

七 药物预防

药物预防是为了控制某些疾病而在猪群饲料、饮水中添加某些安全的药物，达到机体的化学预防目的。猪场可能发生的疫病种类很多，其中有些病已有了有效疫苗，还有不少病尚无疫苗可供使用，因此，用药物预防这些疫病也是一项重要措施。猪场应结合自身的实际情况，制定适合本场的药物预防程序，坚持定期进行各类抗生素的药敏试验，筛选出当期预防效果最佳的药物。根据不同季节气候的特点，在饲料中添加预防性药物，减少发生细菌性疾病的机会。如母猪产前产后1周，在饲料中添加阿莫西林、强力霉素可显著降低母猪子宫炎、乳房炎和泌乳障碍综合征的发生，降低哺乳仔猪腹泻的发生率。仔猪断乳前1周和断乳转栏后1周在饲料中添加阿莫西林、金霉素、泰乐菌，可防止断乳仔猪感染支原体肺炎、链球菌、大肠杆菌、胸膜肺炎放线杆菌等。

⚠ 【注意】 使用药物预防时，需注意停药期。

药物驱虫是猪群保健工作不可或缺的一部分。为了预防猪的寄生虫病，应给猪群进行预防性驱虫。驱虫前应做流行病学调查，弄清猪体内外寄生虫的种类和危害的程度，以便有的放矢地选择驱虫

第十二章 母猪的疾病防治

药。后备种猪应在进行体内、外寄生虫驱虫处理后，再转入配种舍使用。优良的驱虫药具有广谱、高效、安全、持效时间长且使用方便等优点，常用的驱虫药有左旋咪唑、丙硫苯咪唑、硫苯咪唑等，均是较理想的驱除内寄生虫药物，但对外寄生虫无效；阿维菌素、伊维菌素、多拉菌素等是较理想的驱除体内外寄生虫药物。驱虫工作应注意以下几点：①驱虫应在隔离条件的场所进行，以便于粪便收集和清扫，防止虫体和虫卵污染猪舍。②猪驱虫有一定的时间间隔，直到被驱出的病原体排完为止。因驱虫药物不同，猪用药后的排虫时间也不同。③驱虫后的粪便应集中处理，做到"无害化"。否则现有的驱虫药只能驱除虫体，不能杀灭虫卵，猪驱虫后排出的虫卵会污染猪舍成为新的污染源。④为提高驱虫效果，要正确使用驱虫药，一般在第一次用药后1周再用药1次。

> 【提示】 后备种猪应在进行体内、外寄生虫驱虫处理后，再转入配种舍使用。种猪在配种前4周应驱虫1次。由于蠕虫的感染能引起母猪泌乳下降和仔猪下痢，母猪分娩前2~3周应进行驱虫，避免母猪把蠕虫、疥螨等寄生虫传染给仔猪。仔猪断乳后1周也应进行驱虫，以改善其生长性能。

八 检疫检验

检疫是应用诊断的方法（临床或实验室），对猪及其产品进行疫病（主要是传染病和寄生虫病）检查，并采取相应措施，以防疫病的发生和传播。

1. 入场检疫

养猪应提倡自繁自养，以减少疫源传入。但为了不断更新品种防止近亲繁殖，还要从无疫场引入旁系种猪。养猪场（户）引进种猪时，只能从非疫区引进，经当地兽医检疫部门检疫，并签发检疫合格证明书。运抵目的地后，再经本场（户）所在地兽医验证，检疫并隔离观察1个月以上。检疫的一般方法是，在进行流行病学调查的基础上，将被检猪隔离在安全的检疫舍内，通过感官或借助仪器对猪只的精神、状态、被毛、运动、饮食、呼吸及大小便等情况每天进行检查。若在 1 个月以上的检疫期内无明显症状表现，并按农业部重点疫病监测方案和本场需检疫病项目检测结果为阴性者，即可认定为无疫猪。经两次驱虫（间隔 14 天）后，方可进入本场健康猪群。否则，应按病猪进行就地无害化处理。此外，猪场所有饲料和用具，也要从安全地区购入，以防疫病传入。

2. 定期检疫

规模化猪场应定期对猪群进行某些传染病的检疫，如布鲁氏菌病、伪狂犬病等。并采取相应措施，如扑杀、隔离治疗等，防止其在猪群中扩大传播。

九 发生传染病时及时采取措施

猪群一旦发生传染病，应立即采取紧急措施，就地扑灭，防止疫情扩大。

1. 控制传染来源

当猪群发生传染病或疑似传染病时，应立即向有关部门报告疫情，以便组织人力调查，共同会诊，确定病性，及时采取紧急防治措施。发病猪场所有的猪必须进行全面仔细检查，病猪及可疑病猪应立即隔离观察和治疗，这是控制传染源的重要措施。根据疫病种类和实际情况，划定疫区，进行封锁。在疫区封锁期间，应禁止生猪及其产品交易活动。直到最后 1 头猪痊愈（或死亡）后，经过该病的最长潜伏期，再无新的病例出现，经全面彻底消毒后，方可解除封锁。对同群尚未发病的猪及其他受威胁的猪群，要加强观察，注意疫情动态。可根据病的种类，进行隔离治疗或淘汰急宰。

2. 切断传染途径

病猪及其隔离场所、用具、猪舍、粪便及其他污染物等必须进行严格彻底消毒及无害化处理。病猪尸体要焚烧或深埋，不得随意抛弃。没有治疗价值的病猪，根据国家规定进行严格处理，如烧毁、深埋或化制后作工业原料等。

3. 保护易感猪群

对假定健康猪及受威胁的健康猪应立即进行紧急免疫接种，保护猪群免受传染。如发生猪瘟时，对尚未出现症状的猪可用猪瘟弱毒活疫苗进行紧急免疫接种。这是因为猪瘟的发病率高、治愈率低，而猪瘟弱毒活疫苗产生免疫力快的特点所采用的一项积极措施。一般来说，采取紧急预防注射以弱毒疫苗为好。对目前尚无菌苗的细菌性传染病，可在饲料中加入抗生素或其他抗菌药物进行药物预防，一般饲喂5~7天。同时加强饲养管理以提高猪的抵抗力。

—第十三章—
猪场的经营管理

从发展的观点看，我国养猪生产业逐步进入规模化、集约化生产，猪场规模日趋扩大，人们对优质安全猪肉的要求不断提高，猪产品市场竞争程度空前加剧，单位盈利水平日趋缩小，猪场经营管理的作用显得更为突出和重要。多年来我国养猪生产发展的实践也充分证明，无论是多大的养猪场（户），经营管理已处在与现代养猪技术同等重要的位置，必须在抓好生产技术的同时，高度重视养殖场的经营管理，生产目标和经济目标才能得以实现。

第一节　了解市场、分析市场、适应市场

猪场经营者必须明白：市场决定猪场的命运。猪场要获得最佳的经济效益，必须认识市场、了解市场、分析市场、适应市场。所以，猪场经营者必须对市场有较深刻的认识。由于市场因素，养猪生产业具有较大的波动性，是一个风险较高的行业。

一　影响猪市场波动的因素

影响猪市场波动的主要因素有居民消费水平、猪种本身、肉品价格、重大疾病、自然灾害等。

1. 居民消费水平

在我国老百姓的肉食品消费中，猪肉约占70％。随着生活水平的提高，我国人民对瘦肉的需求量越来越大，国内瘦猪肉供不应求的局面还将继续延续。在以后相当长的时期内，生产高品质猪肉将

是养猪业的发展方向。

2. 猪肉价格

母猪生产受猪肉或生猪价格的影响。一般情况下，如果猪肉的市场价格高，生产者和经营者就愿意向市场提供更多的猪肉产品或生猪。反之，如果价格下降，供给量就会减少。实践表明，当某一时期猪肉的批发价格发生变动时，就会使仔猪价格受到影响；随着仔猪价格的变动，又影响到繁殖母猪头数；随着繁殖母猪头数的变动，又影响仔猪生产头数的变动；随着仔猪生产头数的变动，又影响到育肥猪的屠宰头数；随着育肥猪屠宰头数的变动，影响到生猪的供给量，继而又影响到猪肉的批发价格。

3. 饲料成本

在养猪生产过程中，饲料成本占养猪成本的60%以上，其价格高低直接影响到养猪生产。在我国，猪的主要饲料是玉米，玉米价格的升降会使生猪生产成本升降，进而影响到农民养猪的积极性。在我国一般可用生猪收购价格与玉米收购价格的比来计算猪粮比价，猪粮比价合理，养猪数量就增加，比价不合理，则养猪数量就会下降。在现有条件下，正常的猪粮比价一般为 5.5∶1，低于 5.5∶1 即会出现养猪亏本的现象。当然随着科学技术的进步与饲养管理水平的提高，养猪的饲料报酬也会提高，猪粮比价也会发生变化。

4. 重大疾病

疾病一直威胁养猪生产的健康发展，国际上对一些影响较大的疾病有严格的要求，中国是猪肉及生猪出口大国，一旦出口不了，则大部分产品需转为内销，又如某地出现一些疾病，则必须大面积封锁、宰杀，造成市场供应短缺或人们不愿消费的情况。

5. 自然灾害

自然灾害通过对种植业的影响，进而影响养猪生产的发展。如洪灾、地震、旱灾等，都或大或小地影响饲料粮的丰歉。如玉米的多少和价格变化，都会制约养猪生产的发展。

6. 其他

养猪技术水平的高低，以及与市场相关的畜、禽、水产品的价格，也对猪市场供给量的变化和价格的波动产生影响。如禽肉、蛋和鱼的产量增加快而多，价格又低廉，从而影响到肉猪和猪肉产品的价格下滑；反之，则肉猪及猪肉产品的价格上扬。

二 猪市场波动的规律

养猪生产作为市场经济条件下的一项产业，必然受到市场机制的制约，猪市场的周期性波动也必将存在。生猪生产的周期性波动是一种市场经济条件下带有的规律性现象。因为造成周期性波动的因素不可能在短期内消失或很难消失，所以养猪生产周期性波动是正常现象，不足为奇。当生猪数量满足不了市场需求时，母猪价格就会上升，养殖就赚大钱。此时，人们看到机会来了，于是大规模地发展母猪养殖，造成种猪短缺，不该留种的都会留为种用。当大量种母猪开始生产后，生猪数量开始猛增，使猪肉及产品价格逐渐下滑，养殖场（户）又看不到希望了，有的压缩规模，有的不养了，于是大量宰杀母猪，猪肉市场受淘汰种猪的冲击，将使价格更进一步下跌；母猪的大量宰杀，造成仔猪数量大量减少，市场猪肉供应又开始紧张，由上面分析可以看出，养猪有赚钱的时候，也有亏本的可能，只要把握规律，学习经营，抓住机会，发展养猪是大有可为的。

三 如何应对市场的波动

市场波动与养猪效益的关系密切，掌握市场波动规律需要进行市场预测，只有在此基础上才能把握猪场起步的机遇。

1. 把握猪场起步的机遇

在前面分析的生猪市场波动规律中，在别人宰杀母猪时，筹建猪场或大量购买母猪扩大生产规模，不但母猪种源不紧张，而且价格较低，往往在不久的时间内就能赶上好的行情，可以赚大笔钱。

2. 认识市场波动与养殖效益的关系

市场波动对养猪效益的影响是双向的，既可能赚钱也可能赔钱，但赚与赔的数额差异较大，许多养殖者对这一点认识不足。在养殖生产处于赚钱阶段时，吸引不少人起步养母猪或扩大规模等。因而需要大量种猪，许多不能作种的都作了种猪。但考虑到母猪的繁殖性能，发展到过剩需要 2~4 年时间，甚至更长，而当养猪生产处于收益持平阶段时，甚至赚钱少时，有的人又改行了。在赔钱时，又有人大量宰杀母猪，因而商品猪下降的速度要比上升的速度快得多，这种速度差异使得赚钱与赔钱在数额上有较大差异。母猪养殖是持久性行业，所以说，"久则发""坚持就是胜利"，其根本原因在于赚得比赔得多得多。

3. 掌握市场预测方法

掌握正确的市场预测方法可减少经营风险。猪市场预测方法主要有主要因素变动判断法、规律判断法、数字模型法等。

(1) 主要因素变动判断法 在前面提及的影响生猪市场波动的主要因素中，消费水平、自然灾害、粮食丰歉（主要是玉米、大豆等）则有市场预测价值。

(2) 规律判断法 前面说明的生猪市场价格波动规律表明，生猪存栏数量与价格密切相关，而且其周期是 2～4 年，根据市场价格波动的一般规律做出判断，并采取措施。

(3) 数学模型法 利用以前的调查资料，对经过鉴定、筛选和整理后的书籍资料，通过定性和定量分析，找出事物发展变化的规律，建立数学模型。然后将获得的资料数据代入数学模型进行计算，求出预测结果，并分析预测误差，找出误差原因。

第二节　建账与记账

养猪场（户）的经营核算是经常持久的经营管理活动。养猪场（户）必须学会建立健全猪群生产凭证和手续，做好原始记录工作，科学设置猪场账户和科目，准确划分对象和界限，以便经常检查，从中发现问题和门道，从而提高经营管理水平。建账、记账是经济核算的基础性工作，准确是根本前提。目前，许多养殖户以各种方法进行经济核算，但由于文化程度和掌握会计知识的不同有各种形式。如有的不设账目，"以本代账"，以票证代账，或只记流水账。这些方式的弊病，不是因不分类、不易汇总，难以分析，就是不能准确核账。正确的做法应包括凭证的整理、记账、算账、保存、分析等基本内容和步骤。它是严密的科学记录，具有连续性、系统性、全面性和综合性的特点，是生产经营活动的真实记录。账簿中反映的情况和变化，可以指明改善经营的方向。

一 设账的主要科目

根据我国多数养猪场（户）经营者没有学过会计学知识的情况，本着删繁就简、方便易行、从实际出发，介绍一种简单的建账方法。我国养猪场（户）的账户一般可按"收入类""支出类""结存类"三大类设置。具体主要科目见表13-1。

表13-1　猪场主要会计科目

收　入　类	支　出　类	结　存　类
仔猪收入	饲料支出	现金
肉猪收入	工作或劳动报酬支出	银行存款
粪肥收入	燃料和动力费支出	固定资产现值
固定资产收入	猪医药费支出	库存物质折价
劳务收入	仔猪支出	其他物资
折旧收入	配种支出	
其他收入	猪死亡支出	
贷款	运费支出	
暂收款	暂付款	
	低值易耗品费用支出	
	用具支出	
	税利支出	
	其他支出	

二 账户的主要分类

账户是日常进行经济核算的工具，是反映生产经营活动的资金运用、物质消耗、财产变动等情况的一种分门别类的连续记录。按照用途不同，账户一般可分为总账户（总账）和明细账户（明细账）两类。

1. 总账

总账是反映猪场全部生产经营活动，以货币为计量单位总括归类登记的账簿。它将汇总记账的凭证进行定期登记，结出本月或本生产期的发生额合计和余额，它是明细账的汇总和制约，余额用于试算平衡。总账登记方法较简单，但要注意登记要遵循时间先后顺序。详见表 13-2。

表 13-2　总账　　　年　月　第　页

科　目	收或付	月初余额	凭账号码	收　入	支　出	月末余额
仔猪收入				√		
饲料支出					√	

2. 明细账

明细账是会计科目的分类账户。明细账为总账提供详细、具体的资料，采取货币和实物计算法。每次既登记数量又登记数额，可同时用来进行实物、价值形式的核算。较为清楚、明了、简便。若饲料所含种类多样，可用表 13-3 综合记账。若某一种原材料详细记账可用表 13-4。

三 常用的记账方法

在设置了会计科目，并按会计科目开设了账户之后，就需要按照"收入类""支出类"（或"发出类"）、"结存类"的各项目，分别登记入账。记账的方法很多，其中收付记账法与实际经济活动中的"收""支""存"的概念相符，道理简明易懂，方法简单易用，适用于养猪场（户）采用。收付记账法要点是：①以现金、实物的收、支为核算对象：如猪产品的销售收入，购买饲料、用具等均可以钱、物的收、支形式反映在收付账户上。记账时，以"收""付"为记账符号，对所发生的各种经济业务都以资金的收付决定记账方向。②账户设置按具体经济内容分为收入、支出和结存三大类。它又按收支项目划分为许多明细科目，以"同收、同付，有收有支"

表 13-3　原材料明细账之一

类别：饲料支出　品名及规格：玉米，豆粕，配合饲料

编号：0189　计量单位：吨，元

2012年		记账凭证		摘要	收入			支出			结存		
月	日	字	号		数量	单价	金额	数量	单价	金额	数量	单价	金额
4	1	购	01	购入玉米				10	2450	24500.00			
	8	购	02	购入豆粕				5	3300	16500.00			
	16												
4	30			本期发生额						41000.00			

表 13-4　原材料明细账之二

会计科目：饲料豆粕　类别：饲料　品名及规格：豆粕

编号：0148　计量单位：吨，元

2012年		记账凭证		摘要	收入			发出			结存		
月	日	字	号		数量	单价	金额	数量	单价	金额	数量	单价	金额
3	1			月初余额							6	3300	19800.00
3	8	购	18	购入	5	3300	16500.00				11	3300	36300.00
3	16	用	06	生产领用				7	3300	23100.00	4	3300	13200.00
3	31			本期发生额及余额	5	3300	16500.00	7	3300	23100.00	4	3300	13200.00

第十三章　猪场的经营管理

的形式作为记账规则。如出售仔猪、猪肉的收入，须在收入类和结存类科目中同时计入收入栏；生产费用的支出，也须同时在支出类和结存类账户中记入支出栏。③用收入（余额）－支出（余额）＝结存（余额），作为平账试算的公式。

四 记账的基本原则与要求

为做到记账准确、及时、完整、可靠，必须遵循以下原则与要求：记账和凭证及数据要真实无误；记账的凭证日期、数量、金额等必须与原始凭证完全相符；总账与明细账的记载必须相符；做到逐笔登记，切忌遗漏；字迹清楚，数字不跨位或空格，前后页要连续登记；发现错误，用红笔划杠，以示注销改正。无收支凭证时，可自制凭证；先记入明细账，后记总账；定期将明细账余额与总账余额进行核对；定期进行会计核算，每月或季度进行一次分析，写出财务报告书与财务报表，年终做好决算。

第三节 猪场经营管理的主要内容

养猪场（户）养猪，都必须注重经营管理。经营管理的目的在于取得高产、优质、低成本和高收益的成果。

一 生产计划

生产计划是猪场全年生产任务的具体安排，是猪场最基本的生产经营活动，是年度计划的中心环节。该计划是根据年度的总任务制订的。制订生产计划应尽量切合实际，只有切合实际的生产计划，才能更好地指导生产、检查进度、了解成效，并使生产计划能顺利完成，以及通过努力有超额完成的可能性。

1. 制订生产计划的主要依据

过去各项生产实际成绩，特别是前两年中正常情况下场内达到的水平，这是制订生产计划的基础。将当前生产条件和过去的进行对比，主要在猪舍、设备、种猪、饲料和人员等方面比较，看有否改进或倒退。根据过去的经验，以及采用新技术、新工艺或开源节流、挖潜等可能增产的数量，确定新订计划增减的幅度。

2. 生产计划的基本内容

主要包括猪群结构、配种分娩计划、猪群周转计划、产品生产计划、饲料供需计划、卫生防疫计划、成本计划、财务计划等。

（1）猪群结构 繁殖猪群是由种公猪、种母猪和后备猪组成的，各自所占的比例叫猪群结构。科学地确定猪群结构才能保证猪群的迅速增殖，提高生产水平。不同规模猪场猪群结构见表13-5。

表13-5　不同规模猪场猪群结构　（单位：头）

猪 群 类 别	母 猪 数					
	100	200	300	400	500	600
空怀配种母猪	25	50	75	100	125	150
妊娠母猪	51	102	165	204	252	312
分娩母猪	24	48	72	96	126	144
后备母猪	10	20	26	39	46	52
种公猪及后备公猪	5	10	15	20	25	30
哺乳仔猪	200	400	600	800	1000	1200
幼猪	216	438	654	876	1092	1308
育肥猪	495	990	1500	2010	2505	3015
合计存栏	1026	2058	3107	4145	5157	6211
全年上市商品猪	1621	3432	5148	6816	8632	10348

（2）配种分娩计划 制订猪群种猪配种分娩计划应阐明计划年度内全场所有繁殖母猪每月（周）的配种、分娩，仔猪的断乳及商品猪的出售头数。配种分娩计划是各项生产计划的基础，是猪群周转的主要依据。制订该计划必须掌握年初猪群结构、上年度末母猪妊娠情况、母猪分娩方式（是常年分娩还是季节分娩）、母猪计划淘汰数量和时间以及母猪分娩胎数等有关资料。同时还应考虑猪场所处的地理环境条件、圈舍设备、饲养管理水平、饲料供应状况等生产条件，以及本年度要完成的产仔、出栏商品猪数，合理安排所有繁殖母猪各月或各周的配种头数、分娩窝数和产仔数，努力实行全年均衡产仔。小规模的家庭猪场，应尽量避开最冷与最热的季节产仔，以利于母猪安全分娩、仔猪存活和生长发

育。编制配种分娩计划，首先，应根据母猪的繁殖周期推算出年产仔窝数；其次，确定每周应产仔的母猪头数，以周为单位安排母猪的繁殖和生产周转；最后，确定每周配种的母猪头数，根据每周应产仔窝数和母猪配种受胎率，来安排每周应该配种的母猪头数。有关公式如下：

$$猪的繁殖周期 = 妊娠期 + 配种期 + 哺乳期$$

$$母猪年产仔窝数 = \frac{365}{猪的繁殖周期}$$

$$每周产仔窝数（头数） = \frac{基础母猪数 \times 母猪年产仔窝数}{52（周）}$$

$$每周配种母猪数 = \frac{每周产仔窝数}{受胎率}$$

(3) 猪群周转计划 猪群周转计划是确定各类猪群头数及增减变化情况，以保持常年合理的猪群结构。这是制订产品生产计划的基础，是制订饲料供应计划和劳力需要计划的依据。规模化猪场猪群周转采用全进全出制，种猪每年的淘汰更新率为25%~35%；后备公猪和后备母猪的饲养期16~17周，母猪妊娠期17~18周，母猪分娩前1周转入哺乳母猪舍，仔猪哺乳期4周，断乳后，母猪转入空怀妊娠母猪舍，仔猪转入保育舍，保育舍饲养期6周，然后转入生长育肥猪舍，生长育肥猪饲养14~15周体重达到90kg以上时出栏。在编制猪群周转计划时，必须依据：①年初各种性别、年龄猪群中猪只的实有数。②计划年末要达到的猪只头数。③母猪年内各月份出生的仔猪头数。④出售和购入猪只头数。⑤年内种猪淘汰数量。⑥主要生产指标如种公猪的利用率，母猪的产仔率，仔猪成活率以及各月份商品猪出售的头数等。猪群周转计划表见表13-6。

表13-6 ××××年度猪群周转计划表 （单位：头）

		上年末结存数	××××年度（月份）1 2 3 4 5 6 7 8 9 10 11 12	计划年末结存数
哺乳仔猪	0~2月龄			
育成猪	2~4月龄			

		上年末结存数	××××年度（月份） 1 2 3 4 5 6 7 8 9 10 11 12	计划年末结存数
后备猪	月初头数			
	转入			
	转出			
	淘汰			
鉴定母猪	月初头数			
	转入			
	转出			
	淘汰			
鉴定公猪	月初头数			
	转入			
	转出			
	淘汰			
基础母猪	月初头数			
	转入			
	淘汰			
基础公猪	月初头数			
	转入			
	淘汰			
生长育肥猪	2~4月龄			
	4~6月龄			
月末存栏总数				
出售淘汰总数	月末结存			
	出售种猪			
	出售仔猪			
	出售育肥猪			
	淘汰			

（4）**产品生产计划** 这是猪场最终生产成果的一项计划，它能反映猪场的生产能力及管理水平，是成本核算的重要依据，该计划的主要内容是全年产品的总数量及逐月分布状况。

（5）**饲料供需计划** 采购员要及时向场领导反映市场行情、原料价格，通过合理的分析后进行采购。采购时一定要把好质量关，对于已收到或入仓的原料，如果发现问题要及时地向卖主反映，适时退货。该计划应根据猪群周转计划来拟订。饲料供需计划是以各类猪群数量、饲料消耗定额和饲养日数为依据进行编制的，其编制该计划的方法如下：①根据猪群周转表详细计算出各月及全年各猪群的数量；②确定猪群的饲料定额，应分别按公猪、妊娠母猪、哺乳母猪、仔猪、育成猪和育肥猪，计算出每头每天的饲料需要量；③计算饲料总需要量，根据猪群头数及饲料定额，计算出各月及全年各种饲料的需要量，要注意留有余地，一般在总需要量基础上，增加 10% ~ 15% 的储备量。

（6）**卫生防疫计划** 猪场的卫生防疫计划是根据卫生防疫要求和生产工艺流程而制订的，其主要内容包括防疫对象、防疫时间、防疫药品和数量等。卫生防疫计划需要在各饲养阶段的饲养员配合下，由防疫员组织实施。

（7）**成本计划** 目的是控制费用支出，节约各种成本。

（8）**财务计划** 财务计划一般也作为生产计划的一部分，实际上是猪场的年度预算，分收、支两部分。收入主要包括主产品、联产品、副产品及其他收入。支出主要包括猪苗、饲料、各类物资、工资及附加工资、交通运输、房舍维修与房舍设备折旧、管理费、利息等。收入与支出的差额是正数为利润，是负数为亏损。

二 劳动管理

养猪场劳动组织的原则应分工明确，相互协作，实行场长统一负责制。一般可分两大部分：一是行政管理部分，负责全场的管理，搞好后勤管理，如猪场的各种计划、技术措施等的制定；二是生产、经营销售管理部分，负责猪场的生产计划和饲养管理，负责种猪或断乳仔猪、育肥猪的销售工作，其目的是提高劳动生产效率。猪场的劳动管理主要包括以下三方面的内容。

1. 劳动组织

劳动组织与生产规模有很大的关系，规模越大，分组管理显得越重要，因而多数猪场都成立各种专业化作业组，如饲料供应组、种猪饲养组、保育猪饲养组、后备猪饲养组、育肥猪饲养组等。各组都有固定的技术人员、管理人员和工人。

2. 劳动力的合理使用

在生产中，养猪对技术的要求比较高，必须充分调动饲养人员、技术人员和管理人员的积极性和创造性，根据猪场的生产情况及有关人员的特点，合理安排和使用劳动力，做到人-猪-环境科学组合，人尽其力，猪尽其能，物尽其用。

3. 劳动定额

劳动定额通常是指一个青年劳动力（或一个作业组）在正常生产条件下，一个工作日所能完成的工作量。猪场的劳动定额一般要根据本场机械化水平及环境条件，把繁殖、成活、增重、出栏和各种消耗指标落实到人或作业组，做到责、权、利关系明确，多劳多得、多产多得。

三 产品营销

流通是连接生产和消费不可缺少的重要一环，可促进生产，引导消费，吞吐商品，平衡供求，合理组织货源和营销，以缓解供需不平衡的矛盾。如产品销售不畅造成积压，必然影响资金周转和正常生产，使企业陷入困境。只有搞好产品营销，才能加快资金周转，提高资金利用率，增加经济效益。猪场的生产经营活动是由生产分配、交换和消费等环节组成，其中一个环节受阻，必然影响全局；必须搞好营销，扩大销售范围，提高竞争能力，面向市场，主动适应买方市场的需要。

第四节　成本核算与盈亏分析

一 成本核算

生产成本是衡量生产活动最重要的经济尺度。它能反映生产设备的利用程度、劳动组织的合理性、饲养管理技术的好坏、种猪生产性能潜力的发挥程度，说明猪场的经营管理水平。通过成本核算可以考核养猪生产中的各项消耗，分析各项消耗增减的原因，从中寻找降低成本的途径，以低廉的价格参与市场竞争。

1. 生产成本的分类

（1）固定成本 养猪场（户）必须有固定资产，如圈舍、饲养设备、运输工具及生活设施等。固定资产的特点是使用年限长，以完整的实物形态参加多次生产过程，并可以保持其固有的物质形态，只是随着它们本身的消耗，其价值逐渐转移到猪产品中，以折旧费方式支付，这部分费用和土地租金、基金贷款和利息、管理费用等，组成固定成本。

（2）可变成本 也称流动资金，是指生产单位在生产和流通过程中使用的资金。其特性是参加一次生产过程就被消耗掉，例如，饲料、兽药、燃料、垫料、猪仔等成本。之所以叫可变成本，就是因为它随生产规模、产品的产量而变。

2. 成本项目与费用

（1）饲料费 指饲养各类猪直接消耗的配合饲料，青、粗饲料、各类添加剂、维生素等的费用，运杂费也列入饲料费用中。

（2）工资 指直接从事养猪生产人员的工资、奖金及福利等费用。

（3）固定资产折旧费 指猪饲养应负担的并能直接记入的猪舍、圈栏、设备设施等固定资产基本折旧费。建筑物使用年限较长，15~20 年折清；专用机械设备使用年限较短，7~10 年折清。其计算公式为

$$固定资产折旧费 = \frac{固定资产原价 - 残值}{预计有效使用年限}$$

（4）固定资产维修费 指上述固定资产所发生的一切维护和保养与修理费用。

（5）燃料和动力费 指用于养猪生产的燃料费、动力费、水电费等。

（6）猪医药费 指用于猪病防治的疫苗、药品及化验等费用。

（7）繁殖猪摊销费 指饲养中应负担的种公猪和母猪的摊销费用。若成批购买断乳仔猪育肥饲养，则不必考虑这一项开支。

（8）利息 指以贷款建场每年应交纳的利息。

（9）低值易耗物品费 指当年购买的低值工具、兽医器械、劳保用品、垫料等易耗品的费用。

（10）企业管理费 企业管理费指场一级所消耗的一切间接生产费。销售部属场部机构，所以也把销售费用列入企业管理费。

（11）其他费用 没有列入以上各项的费用如接待费、推销费等。

虽然新会计制度不把企业管理费、销售费和财务费列入成本，而养猪场（户）为了便于核算每群猪的成本，都把各种费用列入产品成本。

3. 成本计算

计算成本，首先需要在一个生产周期或一年内，根据成本项目的记账和汇总，核算出各猪群的总费用；其次要有各猪群的饲养头数、活重、增重、主副产品产量等统计资料。运用这些真实准确的数据资料，才能计算出各猪群的饲养成本和各类产品的成本。猪场的成本核算主要包括以下几部分：

（1）成年猪成本核算

$$生产总成本 = 直接生产费用 + 共同生产费用 + 管理费$$

$$成本 = 生产总成本 - 副产品收入$$

$$单位产品成本 = \frac{产品成本}{产品数量}$$

（2）仔猪成本核算 仔猪生产成本应包括母猪和种公猪的全部饲养费用。以基础猪群的饲养总费用（减副产品收入）与仔猪补料费用之和，除以断乳仔猪活重总量，即得断乳仔猪单位活重成本。副产品收入主要指粪肥及对外配种或出售精液等收入。

$$断乳仔猪单位活重成本 =$$

$$\frac{（基础猪群的饲养总费用 - 副产品收入）+ 仔猪补料费用}{断乳仔猪活重总量}$$

（3）活重成本核算

$$猪的全年活重 = 年末存栏猪活重 + \frac{本年内离群猪活重}{（不包括死亡猪活重）}$$

$$\frac{\text{猪的全年活}}{\text{重总成本}} = \frac{\text{年初存栏}}{\text{猪的价值}} + \frac{\text{购入转入}}{\text{猪的价值}} + \frac{\text{全年内饲养费用}}{\text{(包括死亡猪的费用)}} - \frac{\text{全年粪}}{\text{肥价值}}$$

$$\text{猪的每千克活重成本} = \frac{\text{猪的全年活重总成本}}{\text{猪的全年活重}}$$

(4) 增重成本核算 增重成本核算主要计算每一增重单位重量的成本。

$$\frac{\text{猪群的}}{\text{总增重}} = \frac{\text{期内存栏}}{\text{猪活重}} + \frac{\text{期内离群猪活重}}{\text{(包括死亡猪)}} - \frac{\text{期内购入转入和}}{\text{期初结存的活重}}$$

$$\frac{\text{猪每千克}}{\text{增重成本}} = \frac{\text{该猪群全部饲养费用(包括死亡猪在内)} - \text{副产品收入}}{\text{猪群的总增重}}$$

二 盈亏分析

养猪生产效益分析是根据成本核算所反映的生产情况，对猪场的产品产量、劳动生产率、产品成本、盈利进行全面系统的统计分析，对猪场的经济活动做出正确的评价，及时处理生产中存在的问题，保证下一阶段工作顺利完成。

1. 利润核算

养猪场（户）生产不仅要获得量多质优的猪肉、仔猪和种猪，更主要的是为得到较高的利润。利润是用货币表现在一定时期内全部收入扣除成本费用和税金后的余额，它是反映猪场经营状况好坏的一个重要经济指标。利润核算包括利润额和利润率的核算。

(1) 利润额 利润额是指猪场利润的绝对数量，分为总利润和产品销售利润。总利润是指猪场在生产经营中的全部利润，产品销售利润是指产品销售收入时产生的利润。

$$\text{销售利润} = \text{销售收入} - \text{生产成本} - \text{销售费用} - \text{税金}$$
$$\text{总利润} = \text{销售利润} \pm \text{营业外收支净额}$$

营业外收支净额是指与猪场生产经营无关的收支差额。如房屋出租、技术传授、罚款等非生产性营业外收入；职工劳动保险、物资保险等为营业外支出。

(2) 利润率 因猪场规模不同，以利润额的绝对值难以反映不同猪场的生产经营状况。而利润率为相对值，可以进行比较，可真实反映不同猪场的经营状况。用利润率与资金、产值、成本进行比较，可从不同角度反映猪场的经营状况。

1）资金利润率：为总利润与占用资金的比率。它反映猪场资金占用和资金消耗与利润的比率关系。在保证生产需要的前提下，应尽量减少资金的占用，以获得较高的资金利润率。

$$资金利润率（\%）= \frac{年总利润}{占用资金总额} \times 100$$

其中占用资金总额包括固定资金和流动资金。

2）产值利润率：为年利润总额与年产值总额的比率。它反映了猪场每百元产值实现的利润，但不能反映猪场资金消耗和资金占用程度。

$$产值利润率（\%）= \frac{年总利润}{年总产值} \times 100$$

3）成本利润率：指利润总额与总成本的比率关系。它反映了每百元生产成本创造了多少利润，比率高表明经济效果好，但没有反映全部生产资金的利用效果，猪场拥有的全部固定资产中未被使用和不需用的设备也未得到反映。

$$成本利润率（\%）= \frac{销售利润}{销售产品成本} \times 100$$

2. 盈亏平衡分析

猪场要想获得好的经济效益，不仅取决于科学养猪技术的应用程度，在很大程度上也取决于经营管理的好坏，特别是经营决策的科学与否。猪场的经营决策是猪场经营管理的重要环节。一项科学英明的决策可以给猪场带来巨大收益；而一项错误的决策也能使一个猪场很快倒闭。如何进行科学有效的经营决策，很多猪场的经营管理者却并不知晓，往往凭经验、靠感觉，使本来充满风险的养猪行业更添风险。现在，编者就介绍一种简单易行、科学有效的经营决策方法——盈亏平衡分析法。

盈亏平衡分析法又称保本分析法或成本、产量、利润关系分析法，是通过分析产量（产品产量或销售量）、成本（生产总成本）、利润量之间的关系，计算出保本点，然后与实际生产相比较，从而指导猪场进行经营决策的方法。从图 13-1 所示可以看出，在总费用线与销售收入线相交的两点 *A*、*B* 上，收入与总费用相等。这两点就

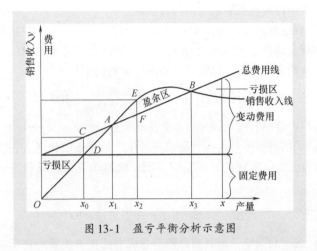

图 13-1 盈亏平衡分析示意图

称为盈亏平衡点（也叫保本点），其中 A 为低位盈亏平衡点，B 为高位盈亏平衡点。当产量低于 X_1 且高于 X_3 时，销售收入低于总费用，表示猪场出现亏损；当产量高于 X_1 且低于 X_3 时，销售收入高于总费用，表示企业获得盈利。盈亏平衡点是盈亏分析的基础，一般来说，它是生产经营的最低水平。在制订计划时，不论是产量指标还是销售量指标，都应大于平衡点，而且越大越好（在市场容量和本场生产能力允许条件下）。下面以几个例子来说明它在猪场经营决策中的应用。

（1）进行目标产量决策　很多猪场想扩大生产规模以获取更大收益，但又不知如何确定扩建方案。

例 1. 某猪场打算扩大生产规模，需要投入固定费用 10 万元，单位产品的变动费用为 600 元，商品猪的价格预测为 16 元/kg，扩大生产规模后每年可增加 90kg 商品猪 800 头。如果按此方案进行扩大生产规模，此猪场是否能够盈利？

分析：在此可以先计算出盈亏平衡点的产销量，然后再用盈亏平衡点的产销量与方案中预计的产销量进行比较，如果方案预计的产销量大于盈亏平衡点的产销量，则此猪场就可盈利，扩建方案就可行，反之则此养猪场就会亏损，此扩建方案就不可取。

决策：扩建后盈亏平衡点的销量 = 固定费用投入 ÷（单位产品销

286

售额 – 单位产品变动费用) = 100000 元 ÷ (90kg × 16 元/ (kg・头) – 600 元/头) = 100000 元 ÷ 840 元/头 = 119 头。

由计算可知，猪场扩建后盈亏平衡时的产量为 119 头，而扩大规模后实际能生产商品猪 800 头，所以扩建后必定盈利。盈利额为

盈利额 = 销售收入 – 总成本 = 90kg × 16 元/ (kg・头) × 800 头 – (100000 元 + 600 元/头 × 800 头) = 1152000 元 – 580000 元 = 572000 元。

(2) 进行利润目标决策　利润目标是猪场经营决策方案的重要目标之一，而猪场的产销量达到多少时，才能实现目标利润，此时也可用盈亏平衡分析法来解决。

例 2. 某猪场年固定费用为 20 万元，每头商品猪的平均变动费用为 700 元，每头商品猪的平均销售价格为 1800 元，猪场确定今年实现利润 10 万元的利润目标，试决策该猪场商品猪年出栏多少头时方可达到此利润目标？

分析：我们可以通过对比年总目标销售额和单位产品利润额来求得。

决策：目标产销量 = (年固定费用 + 年利润目标) ÷ 单位产品利润额 = (200000 元 + 100000 元) ÷ (1800 元/头 – 700 元/头) = 273 头。

因此可知，欲实现年 10 万元的利润目标，需要此猪场年出栏商品猪 273 头。

(3) 进行成本目标决策　在销售量和生产成本已经确定的情况下，运用盈亏平衡分析法，可以确定销售产品的最低保本价格。

例 3. 某猪场年出栏商品猪 1000 头，年固定费用为 10 万元，每头商品猪的变动费用为 900 元，那么每头商品猪售价为多少时才可以保本？

分析：我们可以运用盈亏平衡分析法通过对比年总生产费用和年总产销量来求得。

决策：单位产品保本价 = (年固定费用 + 总变动费用) ÷ 年销售总量 = (100000 元 + 1000 头 × 900 元/头) ÷ 1000 头 = 1000 元/头。

由此可知，该猪场年出栏 1000 头商品猪时，每头猪销售的价格在 1000 元以上时方可盈利。

运用盈亏平衡分析法进行猪场的经营决策时还有其他方面的应

用，这里只是列举了它的三方面应用加以说明，希望能起到抛砖引玉的作用，能为猪场的领导层在进行决策时提供参考，从而增加决策的科学性，而减少决策的随意性和盲目性。需要指出的是，这种方法虽然简单易学，但较为粗糙，只能是粗线条的分析，它的结果往往有一定误差。因此，在应用时还需结合其他方面的分析、预测，全面综合考虑政策、市场、生产等因素后才能做出科学的经营决策，而不应简单从事。

附录 常见计量单位名称与符号对照表

量的名称	单位名称	单位符号
长度	千米	km
	米	m
	厘米	cm
	毫米	mm
面积	平方千米（平方公里）	km²
	平方米	m²
体积	立方米	m³
	升	L
	毫升	mL
质量	吨	t
	千克（公斤）	kg
	克	g
	毫克	mg
物质的量	摩尔	mol
时间	小时	h
	分	min
	秒	s
温度	摄氏度	℃
平面角	度	(°)
能量，热量	兆焦	MJ
	千焦	kJ
	焦［耳］	J
功率	瓦［特］	W
	千瓦［特］	kW
电压	伏［特］	V
压力，压强	帕［斯卡］	Pa
电流	安［培］	A

参 考 文 献

[1] 吴建华. 猪的生产与经营 [M]. 2 版. 北京：高等教育出版社，2010.

[2] 陈清明，王连纯. 现代养猪生产 [M]. 北京：中国农业大学出版社，1999.

[3] 季海峰. 目标养猪法 [M]. 2 版. 北京：中国农业出版社，2011.

[4] 杨公社. 猪生产学 [M]. 北京：中国农业出版社，2002.

[5] 段诚中. 规模化养猪新技术 [M]. 成都：四川科学技术出版社，2005.

[6] 张永泰. 高效养猪大全 [M]. 北京：中国农业出版社，1994.

[7] 史秋梅，吴建华，杨宗泽. 猪病诊治大全 [M]. 北京：中国农业出版社，2009.

[8] 苏振环. 科学养猪 [M]. 3 版. 北京：金盾出版社，2012.

[9] 郝正里. 畜禽营养与标准化饲养 [M]. 北京：金盾出版社，2004.

[10] 席克奇，张书杰，张桂荣. 家庭科学养猪 [M]. 北京：中国农业出版社，2013.

[11] 赵书广. 中国养猪大成 [M]. 北京：中国农业出版社，2003.

[12] 韩俊文. 猪的饲料配制与配方 [M]. 北京：中国农业出版社，2004.

[13] 方旭主. 现代无公害养猪 [M]. 北京：中国农业出版社，2008.

[14] 朱宽佑. 养猪生产 [M]. 北京：中国农业大学出版社，2007.

[15] 郑友民. 中国养猪 [M]. 北京：中国农业科学技术出版社，2005.

[16] 刘清海，梁铁强. 新编实用科学养猪 [M]. 哈尔滨：黑龙江科学技术出版社，1998.

[17] 董修建. 新编猪生产学 [M]. 北京：中国农业科学技术出版社，2012.

[18] 苏振环. 母猪科学饲养技术 [M]. 北京：金盾出版社，2008.

[19] 苏振环，丁壮，等. 科学养猪指南 [M]. 3 版. 北京：金盾出版社，2006.

[20] 刘彦编. 无公害母猪标准化生产技术 [M]. 北京：中国农业出版社，2008.

[21] 苏振环，陈隆. 小猪科学饲养技术 [M]. 北京：金盾出版社，2006.

[22] 陈宝江. 畜禽营养与饲料 [M]. 北京：金盾出版社，2009.

[23] 李炳坦，赵书广，等. 养猪生产技术手册 [M]. 2 版. 北京：中国农

业出版社，2004.

[24] 王爱国. 现代实用养猪技术［M］. 北京：中国农业出版社，2003.

[25] 陈焕春. 规模化猪场疫病控制与净化［M］. 北京：中国农业出版社，2000.

[26] 韩俊文，李清宏. 瘦肉猪快速饲养综合配套技术［M］. 北京：中国农业出版社，2010.

[27] 黄功俊. 猪的繁殖技术问答［M］. 兰州：甘肃人民出版社，1979.

[28] 熊家军. 养猪必读［M］. 武汉：湖北科学技术出版社，2006.

[29] 蒋寿林. 规模化猪场母猪屡配不孕的原因探析及对策［J］. 畜禽业，2012（3）：48-50.

[30] 赵书广. 中国养猪大成［M］. 2版. 北京：中国农业出版社，2012.

[31] 梅书棋，孙华，刘泽文. 种猪生产配套技术手册［M］. 北京：中国农业出版社，2013.

[32] 梁永红. 实用养猪大全［M］. 2版. 郑州：河南科学技术出版社，2008.

[33] 宋云海. 猪人工授精技术［M］. 郑州：河南科学技术出版社，2003.

参考文献

特点：500 张诊断图，全彩精装

定价：59.80

特点：包括设备、操作程序及效果检测技术，图文并茂

定价：25.00

特点：按照养殖过程安排章节，配有注意、技巧等小栏目

定价：35.00

特点：按照养殖过程安排章节，配有注意、技巧等小栏目

定价：35.00

特点：养殖技术与疾病防治一本通

定价：29.80

特点：常见猪病的快速诊断、类症鉴别与防治

定价：29.80

特点：解答猪病诊治过程中的常见问题

定价：25.00

特点：98 种猪病的诊治，类症鉴别详细

定价：25.00

特点：以图说的形式介绍养猪技术，全彩印刷，形象直观

定价：39.80

特点：按照临床症状进行分类，鉴别诊断与用药详细，全彩印刷

定价：39.80